犬たちを救え!

アフガニスタン救出物語

ペン・ファージング
北村京子 訳

作品社

日本語序文——犬たちは、こちらがいい人間かどうかをちゃんと知っている。

わたしはいま、本の結末を明かさないように気をつけなければと思いながらこの文を書いているわけだが、わたし自身と周囲の人々の人生に多大な影響を与えたこの物語の「しっぽ」の部分は、ちゃんと後に取っておくので、どうか安心してほしい。この序文に続いて始まる物語で、それ自身が雄弁に語ってくれるはずだ。

それにつけても、アフガニスタンで動物福祉活動をスタートさせ、それを運営していくなどということは、そもそもわたしの「人生設計」には入っていなかった。だが考えてみれば、じっくりと考えぬかれた緻密な「設計」に従って生きる人間など、現実にはひとりもいないのではないだろうか。王立海兵隊員《ロイヤル・マリーン》として母国イギリスに奉仕をしていた二二年のあいだ、わたしの胸にはつねに、いつか日本をはじめ世界中のまだ見たことのない場所へ行って、大好きなロック・クライミングを存分に楽しみたいという願望があった。もちろん崖を登り切ったその上で、地元産のビールを味わうというお楽しみもはずせない！　その夢がかなうころ、わたしはきっとごく平凡な家庭生活を送っていて、毎日のように使っていた軍支給の雑嚢は、ベッドの下に丸めて放り込まれているはずだった。

ところがそこへ、アフガニスタンでの任務が飛びこんできた。そしてわたしのそうした思惑は、すっかりどこかへ吹き飛んでしまった。動物の救済活動についてなど、はるか昔にほんの少し耳にしたことがある程度で、その実情はまったく知らなかった。ときどきはお金を寄付して、あとはどこかの誰かがなんとかしてくれるだろうと思っていた。直接何かを手伝おうにも、わたしは自分の生活で手一杯だったし、それに本当のところ、未来も希望もないままケージや小屋のなかで暮らすあの動物たちについて、真剣に考えたことは一度もなかった。時間を割くだけの価値がある問題を、わたしはそのまま放っておいたのだ。

それにしても、動物たちの実情をこんな形で知ることになろうとは！　同時にわたしは、動物救済団体の人々が日々直面している、圧倒されるほどの仕事量と日常的なストレスにも気付かされた。すべてを変えたのは、虐待され、ボロボロになった一匹の闘犬だった。彼には楽しみにする未来もなく、あるのはただ絶え間ない空腹と、ほかの野犬と戦わされて受けた怪我の痛みだけだった。わたしが「ナウザード」と名づけたその犬は、人間が代弁しない限り主張する声も、希望も持たない動物たちが生きている絶望の世界への窓を開いてくれた。わたしがかつて、一度ものぞいてみようとしなかった窓だ。

そして現在、わたしの人生はまったく新しい意味を持つようになった。いまのわたしは、お腹をすかせ、家もなく、アフガニスタンのさびれた路地裏のゴミ溜めのなかで暮らしている、わたしがまだ会ったことのない犬のために、自分が何かしら前向きなことができることを知っている。ときには昔のように趣味を楽しむこともないではないが、いまはチャリティこそがわたしの世界だ。その世界はじっと止まってはいないし、わたしも止めるつもりはない。自分の力でなんとか生きていくしかない動物（犬でも猫でもロバでも）を助けることから得られる満足感は、わたしにとって、活動を続けるための資金繰りに費す長い時間や、はてしなく発生する問題に対処する苦労を補って余りある。

あるとき、わたしたちは「Ｊバッド」という犬を見つけた（Ｊバッドはわたしたちがつけた名だ）。かつては堂々たる姿をしていたはずのクーチ犬が、ぼろぼろになった後ろ足を二本とも引きずりながらカブールの道端を這っていく姿にはひどく胸が傷んだが、このできごとはまた、わたしたちがアフガニスタンでやっていることには意味があるという証でもあった。残念ながら、これだけの怪我（おそらくは車にひかれたのだろう）をしたJバッドがこの先、長く生きられないだろうことはわかっていた。それでもわたしたちには、もうひとつわかっていたことがある。それはJバッドが、人間のやさしさや、まっとうな食事を一度も経験しないまま、孤独に死んでいくことだけはないということだ。

まだ会ったこともない人たちからの力強い支えのおかげで、わたしたちは福祉団体としてアフガニスタンで活動し、Jバッドのような、われわれの診療所やシェルターに治療と愛情を求めてやってくるすべての犬や猫のために、そこにいてやることができる。わたしにはもう、ただ知らないふりをしていたあのころを想像することもできない。犬たちは、こちらがいい人間かどうかをちゃんと知っている。

動物福祉団体に寄付をしたり、状況の改善に貢献するのは実際のところ、驚くほど簡単だ。わたしたちの活動の場合でも、それはとても単純で、たとえばわたしがツイッターで最近の救助活動についてつぶやくと、それを読んだ世界の反対側にいる支援者たちや、わたしたちの活動についてそれまで何も知らなかった人たちが、それをリツイートする。するとそのなかの誰かが、団体に寄付をしてくれる。

あなたがいま、この本を読んでいることも貢献になる――この本が生みだす売上は、アフガニスタンでのわたしたちの活動を直接支えてくれるのだ。どうかこの本は誰かに貸したりせずに本棚にしまっておき、友だちや家族の人たちには、書店へ行って自分で一冊買うように勧めてほしい。それが本当に、世界を変える力になる。そうしたちょっとした行動と、わたしの団体「ナウザード・ドッグズ」の熱心な支援者たちの膨大な努力とがあわさって、アフガニスタンに大きな変化を生みだす。団体に寄せられた寄付は、われわれが開設したささやかな動物病院を運営し、そこで働く四人のアフガン人獣医に給料を支払うための一助となる。四人の獣医のうち二人はアフガン人女性だ。社会における女性の正当な役割を認めることも、与えることもできずにいるこの国で、二人は歴史上初めて、女性の獣医として働いている。シェルターには現在、一〇〇匹を越える犬が収容されており、またわれわれはアフガニスタンで初となる、野良犬を「捕らえ、不妊手術をし、ワクチンを打ち、放す」活動を展開している。その目的は野良犬の数を人道的に減らし、それによって狂犬病の危険を軽減して、地元アフガンの人々に貢献するというものだ。

あの人里離れたヘルマンド州の前線基地のかたすみで、空いた時間にナウザードのそばにしゃがみこんで頭をなでてやっていたころ、わたしにはこれから自分とこの犬とがどんなことを始めることになるのかなど、まるでわかっていなかった。しかしいまのわたしは、なにかほかのことがやりたいなどとは夢にも思わない。世界中に新しい友情の輪が生まれている。多くの人々が力を合わせ、彼らがほとんどなにも知らず、もちろん行ったことなどあるはずもない国の動物たちのために、状況を変えようとしている。この事実は、嫌なことがこれでもかというほどあふれているこの世界にも、なにかしら前向きなことをするために時間と努力をつぎ込もうという、心やさしいひとたちがいることの確かな証拠だ。この事実はまた、戦禍に苦しむアフガニスタンのような国で動物福祉活動を始めることができるのならば、ほかの国におけるこうした活動の広がりには、無限の可能性があることを証明してくれている。必要なのはただ、アイディア、夢、そして腕まくりをして、さあやるぞと決意することだけだ。

ツイッターでわたしのアカウント（@PenFarthing）をフォローして、みなさんが状況を変えるためにどんなことをしているのかを教えてもらえたらうれしい。この本を読んでくれてありがとう。心からの感謝をこめて。

ペン・ファージング
二〇一四年三月

プロローグ

「軍曹なら、あれを放っておかないだろうと思いまして」

土嚢を積んだ上に設けられた歩哨所までわたしを無線で呼び出した若い海兵隊員のメイズが、そう言いながら道路をふさいでいる有刺鉄線の柵を指さす。柵は、ここアフガニスタンの荒野にぽつんとあるナウザードの前哨拠点から、北へ九〇メートルほど離れた場所にあった。

ギラリと光る新品の針金を何重にも巻いて作られたこの柵は、自爆テロリストが拠点を囲む分厚い土壁のなかへ車で突っ込んでくるのを防ぐために置かれている。しかし今回、柵が捕えたのはテロリストとはまったく別のもの——恐怖におびえる小さな白い犬だった。

ひと目見て、犬の首のまわりに、引っ張ると絞まるしかけになった針金の輪が巻いてあるのに気がついた。アフガニスタンでは以前にも、犬たちが同じような針金でつながれているのを見たことがあった。どうやらこの犬は捕らえられていた場所から逃げ出して、あの簡易柵を通り抜けようとしたところで、首の輪から長くのびた針金が有刺鉄線にからまってしまったものと見える。なんとかのがれようと暴れれば暴れるほど、首の輪がきつく絞まっていく。あれでは自分で自分の命を縮めているようなものだ。

「くそっ」わたしはつぶやいた。

わたしと犬のあいだに横たわる九〇メートルの土地は、敵と味方の中間地帯にあたる。当然、気軽に動物保護団体のまね事をしていいような場所ではない。

柵が設置されている道は、ヘルマンド州に位置するナウザード周辺で唯一の〝道路らしい道路〟で、アスファルト舗装がしてあり、北から南へ向かって四〇〇メートルにわたってのびている。道沿いに並んだ店ではかつて、野菜や果物、時計、靴、薬、音楽テープなどが売られていた。ついこのあいだまでは、あふれるほどの商品が、通行人たちの目を楽しませていたのに違いない。

しかしいま、あたりには人っ子ひとりおらず、店の前にはねじ曲がった金属や折れた木材が転がっていた。壁には弾痕がいくつも見える。たとえ世界一大きな白旗を掲げていたとしても、ここを散歩しようと思う人はいないだろう。いつライフルの弾が飛んでくるかわからないうえ、周辺に広がる迷路のように入り組んだ路地は、地元のタリバン兵にとって絶好の隠れ場所となっていた。ある路地などは、タリバン兵が拠点に撃ち込んできたRPGロケット弾にちなんで「RPG横町」と呼び習わされていた。

あたりを見まわしてみる。タリバン兵がどこかの建物に隠れていて、拠点からイギリス兵が飛び出してくるのを待ちかまえている可能性は大いにある。

目を閉じて、なぜこんなことになったのかと自問する。

心の底では、メイズに歩哨の仕事を続けろとだけ言って、犬は無視するのが賢明だとわかっていた。誰かがわたしと同じように呼び出されたとしても、普通なら犬のことなど気にもかけないだろう。放っておいて餓死させるか、首が絞まって死ぬのをただ見ているかのどちらかだ。悪くすれば、射撃練習のターゲットにするやつもいるかもしれない。

それでもわたしは、自分が犬を無視できないことを知っていた。とりわけ、わたしがヘルマンド州に来てからの四ヵ月あまりに起こった出来事を考えればなおさらだった。

わたしは目を開け、白い犬に意識を戻した。

犬はすでに暴れるのをやめ、地面に横たわっている。なんとかのがれようとがんばったせいで、荒い息をついていた。

まずはメイズに計画を伝える。とはいっても、計画と言えるほどたいしたことを考えたわけではない。身につけていた装備や無線をはずし、通称「サンガー」と呼ばれている、土嚢の上に設けられた歩哨所の床に置いた。予備の弾倉を取り出し、念のため戦闘服のズボンのポケットに押しこむ。

計画はシンプルだ。サンガーの前面には、歩哨が外を見るための細い隙間が開いており、これは人間が横向きに通り抜けられるだけの幅がある。まずはこの隙間から外に出て、サンガーが置かれている屋根の縁に降り、そこから三・五メートルほど下にある、建物の基礎を守るために置かれている砂の詰まったヘスコ防壁の上に飛び降りて、最後に防壁の脇からアスファルトの道路に着地するのだ。

わたしは隣のサンガーにいる歩哨に手を振った。相手が手を振り返す。

隙間から銃を先にのぞかせ、続いて体を外に出した。

メイズががらんとした道路に目を配り、怪しい影が見えないかどうかをチェックする。タリバンが襲ってきた場合のことは、あまり深く考えていなかった。屋根の上の歩哨所まで大急ぎで戻るのは、そうむずかしいことではないはずだ。銃弾に追われていれば、なおさら速く動けるだろう。

わたしはもう一度、道に沿って北のほうを、それから南のほうを見た。あたりは不気味なほど静まり返っている。

「じゃあ、あとでな」とわたしはメイズに言い、ヘスコ防壁に飛び降りた。

これまでの人生において、わたしはそれなりに馬鹿なことをやらかしてき

歩哨所《サンガー》の上から見るナウザードの町並

た。アスファルトの道路に着地する瞬間、わたしはいま自分がやろうとしていることが、そのなかでも最高に馬鹿げたことじゃないだろうかと考えた。

心臓が早鐘のように打っている。大きく深呼吸した。「撃たれるなよ、大馬鹿野郎。撃たれたら人の役にも、犬の役にも立てないぞ」そう言って自分に喝を入れた。

意識を前方に並んだ崩れかけの店舗に集中する。瓦礫が散らばった建物のなかには、影になった場所が数え切れないほどあり、それはつまり、敵が隠れる暗闇も数え切れないほどあるということを意味していた。しかしあたりは、あいかわらず静けさに包まれている。

「まあ、いまのところはな」

のんびりしてはいられない。最後にもう一度ライフルの照準器をのぞいてから、犬のほうへ足を踏み出した。わたしがあたりを見まわすのに合わせて、ライフルの筒先も動く。中腰のまま道路の中央まで走った。犬がいるところまでは、あと六〇メートルほどだ。犬は逃げ出すのをあきらめているようにも見えたが、わたしが近づくと再び暴れ出した。なにかひどいことをされると思い、パニックになっているのに違いない。

「大丈夫だ。おれは味方だぞ」犬のところにたどり着いたわたしは叫んだ。

自分の声が大きすぎるのはわかっていたが、犬が針金の柵を揺らして立てる音自体が、すでにかなりの騒音だった。有刺鉄線のかたまりが垂直の支柱にぶつかるガチャガチャという音を聞けば、一キロ四方にいる人間は、ひとり残らずわたしがここにいることに気づくだろう。

「頼むよ、ワン公。おまえだって、タリバンに見つかりたくないだろう?」

やさしくなだめているような時間はなかった。

ライフルを脇に下げてレザーマンのナイフを取り出し、針金のかたまりに手を突っ込んでできるだけ遠くまでのばす。犬が噛みつこうとしてきたが、あまり気にはならなかった。わたしは上着と革の戦闘用グローブを身につけていたし、そもそもたいして大きな犬ではなかった。薄汚れた白い毛皮が、栄養失調気味のやせた体を覆っている。おびえた目にじっと見つめられながら、わたしはからみあった細い針金をナイフで次々に切っていった。

最後の針金が切れる瞬間も、犬はわたしから離れようと必死で引っ張っていた。そしてあっと思う間もなく柵の向こう側へ抜けると、すごい勢いで走り去った。犬の首にはまだ輪になった針金がついていたが、自然にはずれてくれることを祈るしかない。

「どういたしまして」犬を見送りながらそう言った。

ふと、自分があまりに無防備な状態でいるのに気がつき、急いであたりを見まわした。タリバンがうろついている土地で、ひと気のない道のまんなかに突っ立っているのはあまりほめられた行為ではない。できるだけ急ぎ足で、道端に油断なく目を配りながら歩哨所まで戻る。

「おみごとでした、軍曹《サージ》」サンガーの床に頭から先に転がりこんだわたしに、メイズが言った。

気がつくと息が荒かった。この場所まで一気にのぼってくるのは、思っていたよりもきつかったようだ。振り返って道路を見渡し、ひとり微笑んだ。犬の姿はどこにもない。

「このことは誰にも言わないでくれよ」体についた埃を払いながらわたしは言った。

「このことって、なんのことですか?」メイズがにやりと笑った。

わたしはメイズに向かって親指を立てて見せ、装備をつかむと、拠点の内側に戻るはしごのほうへ歩いていった。

はしごを下りていると、たったいま自分のしたことの重大さが胸に染みてきた。

事態は徐々に、自分ひとりの手には負えなくなってきている。いったいどうしておれは、ヘルマンド中の野良犬を一手に引き受ける世話係みたいなことをやるはめになったんだろうか?

目次

日本語序文――犬たちは、こちらがいい人間かどうかをちゃんと知っている。 001

プロローグ 005

第1章 旅立ち 017

第2章 極秘作戦 028

第3章 アフガニスタンの犬たち 050

第4章 ナウザード 068

第5章 RPG 089

第6章 戦場のセレブ・シェフ 125

第7章 ジーナ 135

第8章　クレイジー・アフガン　155
第9章　バラクザイの町　172
第10章　離陸　180
第11章　慰労休暇《R&R》　187
第12章　懐かしの〝わが家〟へ　196
第13章　ＡＫ　206
第14章　戦地にサンタがやってくる　214
第15章　限界　232
第16章　笑う警察官　243
第17章　隙間から来た犬　253

第18章　新しい年、新しい命　264
第19章　パトロール・ドッグ　273
第20章　排水管騒動　281
第21章　ディナーへの招待　287
第22章　リワネイ　299
第23章　タクシー　311
第24章　さらばアフガニスタン　327
第25章　家に帰ろう　340
「ナウザード・ドッグズ・チャリティ」の活動について　361
訳者あとがき　367

犬たちを救え！

ONE DOG
AT A TIME

第1章　旅立ち

六カ月前

左手をいっぱいにのばし、砂でざらざらする小さなとっかかりに指をかけたが、あまり頼りになる感触ではない。たとえばこれがそれなりに頑丈だったとしても、自分の全体重を左手の指先だけで支えられる自信はなかった。

もう一度下を見おろし、落下に備えて七〇センチほど下の岩肌に設置してある細いワイヤーを確かめる。ワイヤーは、岩の表面に走る幅一センチほどの亀裂に押しこんだ分厚いアルミ片につながれており、さらにわたしが身につけている登山用ハーネスにきつく結ばれたザイルにも、金具で留めてあった。一見したところ、体重八二キロの海兵が地面に落ちるのを防ぐ道具としてはいかにも頼りない。それでもいざとなれば、このワイヤーがきちんと役目をはたしてくれることは、わたしにもわかっていた。

次はどう動こうかと考える。絶妙のバランスで岩につかまっている手足をいったん放してしまえば、もうあと戻りはできない。左手に体を預け、なんとか自分を押しあげて岩壁のてっぺんにたどり着くしかない。いちかばちかだ。

体勢を整えていると、一五メートルほど下から声がした。

「さっさと登ったら、ニンジャくん。一、二時間で日が暮れるわよ」

おそるおそる顔を下に向け、いやに細く見えるザイルがくねくねと岩肌を伝っていくのを目でたどると、その終点にリサがいた。いつものように、さあやってごらんなさいと言わんばかりの笑顔でこちらを見あげ、手にはザイルを固定する器具を握っている。そのおかげで万が一落下した場合でも、わたしは地面に激突せずにすむというわけだ。

WREN《レン》［王立海軍婦人部隊員］と結婚するのも考えものだと思うのはこういうときだ。彼女たちは王立海兵隊員《ロイヤル・マリーン》とそっくり同じユーモアセンスの持ち主で、つまりはわれら海兵同様、相手を発憤させるには、からかうのがいちばん効果的だと固く信じている。

「リサ。いまどう動くか考えてるところなんだよ。できれば黙っててくれないか」わたしはどなり返した。

「あんなの簡単よ。左手であそこにつかまって、上にあがればいいじゃない」リサはまるで世界一簡単な問題に答えるかのように、こともなげに言い放った。するとお次は、底なしにマヌケなわれらが愛犬、スプリンガー・スパニエルのビーマーが、わたしに向かって吠えはじめた。例によって「早く登ってよ。そうしたらぼくのかけっこの時間が増えるのに」と訴えているのだ。

おかげでビーマーと一緒にカシの木の根元につながれていたロットワイラーのフィズまでが、そわそわとしはじめた。そして二匹は声を合わせて「登れ登れ」の大合唱を繰り広げた。

「わかったから、全員黙れ。行けばいいんだろ」わたしは目を閉じ、息を深く吸って岩壁に向き直った。鼻の頭からわずか数センチ先は、ゴツゴツとした花崗岩の壁だ。

それ以上深く考えずに登りはじめる。左手で岩をつかみ、ひんやりとした花崗岩の岩肌に足をこすりつけるようにしてかけ、体を持ちあげて崖のてっぺんにある大きな突起《サンク・ゴッド・ホールド》に手をかける。崖の縁を乗り越えて、ゴール地点となる広々とした岩棚《レッジ》にごろりと転がると、リサ、ビーマー、フィズがいる崖下を見おろした。

こちらを見あげるリサの顔にはこう書いてある。「だから簡単だって言ったでしょ。なんで三〇分前にそれができなかったのかしら」犬たちは興奮して跳ねまわっている。木につながれるのを耐え忍ぶ苦行が終わりに近づき、じきに体を動かせるとわかっているのだ。

わたしは夏の休暇を満喫していた。

ここ四ヵ月というもの、わたしがしたことといえば、食べるか、寝るか、半年におよぶアフガニスタンでの任務を前に、タリバンとの闘いのまっただなかに放りこまれるその日に向けてひたすら準備に没頭するかのいずれかだった。イギリス王立海兵隊第四二大隊K中隊第五小隊に所属する約二〇名の部下とともに、全国各地で訓練に明け暮れる日々には、プライベートの時間はほとんどなかった。イギリス北東部のドロドロにぬかるんだ射撃練習場で、はてしない時間を過ごした。ゆるやかな起伏がどこまでも続くセットフォードの訓練所に何日も閉じこめられ、アフガニスタンで直面するであろう事態にわれわれがきちんと対応できるよう、現地を想定して組まれた訓練をこなした。

ときに苛酷で、己の限界を越えることを要求される訓練を、部下たちはしかし、立派にやりとげてみせた。わたしの目の前で彼らは大きく成長し、誇り高きロイヤル・マリーンになっていった。

あれだけの訓練をこなしたのだから、いまごろわたしは、アフガニスタンに乗りこむのが楽しみでしかたがないという気分になっていてもいいはずだった。

なんといっても、戦地へ行くのは、イギリス南東部の海沿いにある故郷の町にいた子どもの時分からの夢だったのだから。あのころは、友だちが集まれば決まって湿地で兵隊ごっこにいそしんでいた。おばあちゃんの家の裏手に広がる森で待ち伏せ攻撃をしかけて、敵に水入り袋の爆弾を投げつけながら、特殊空挺部隊《SAS》の隊員みたいにヘリコプターに乗って、悪いやつらをやっつけに行く日を夢見ていた。いま、その夢は現実になろうとしている。

しかし、われわれがあとを引き継ぐことになっている部隊から毎日のように伝えられてくる絶え間ない戦闘の様子を聞くにつけ、わたしの心にはかすかな疑念が生まれていた。もし訓練が十分でなかったら？　もし自分がやるべきことを忘れてしまったら？

それでも休暇にはいってからは、この三週間を、なにがなんでも仕事のことを考えずに過ごしてやろうと決意していた。犬たちの存在は大きかった。犬といれば、悩みごとなど吹き飛んでしまう。フィズとビーマーの二匹は、いつもわたしと一緒にいてくれた。あの子たちはダートムーアを散歩するのが大好きだったし、わたしの趣味は一帯にそびえる険しい花崗岩の岩山でのロッククライミングだったから、誰もがみんな満足だった。

雌のフィズは典型的なロットワイラーで、この種に特徴的な黒と焦げ茶の毛皮に覆われ、尾は短く切ってあった。六歳になるこの子は、マンチェスターのブリーダーのところから、まだ子犬のころにうちへやってきた。モコモコの毛玉のような九匹の子犬のなかから、リサがいちばん元気のよさそうな子を選んだ。精も根も尽きはてたといった様子の母親のそばで、子犬たちはぴょんぴょんと跳ねまわっていた。リサはひと目でフィズを気に入り、その日から今日までずっと変わることなく、フィズはリサの相棒だ。

それから数年、覚悟していたことではあるが、散歩の途中で行き会う人から嫌な思いをさせられることもままあった。そういう人たちはダックスフントとセントバーナードの違いも知らないくせに、ロットワイラーを凶暴な犬だと決めてかかる。しかしわたしは当時もいまも、重要なのはロットワイラーをどう育てるかだと確信している。猫やリスを夢中で追いかけているときを別にすれば、この地球上にフィズほどやさしい犬はいない。万が一、誰かに攻撃的な態度を取られた場合には、お返しに噛みつこうとはするかもしれないが、それは当然というものだ。もし誰かに殴られたなら、わたしだって殴り返す。もちろんわたしは誰かれ構わずフィズを預けたりはしないし、たいていはあの子にリードをつけている。

白と黒のスプリンガー・スパニエルの雄ビーマーは、とにかくいつもハイテンションで、あまりに騒々しいので、ときには心底うんざりさせられる。とはいえビーマーに文句を言ってもしかたがない。この子は、水に濡れていて、かつ汚ないものに並々ならぬ執着を見せる。たとえばビーマーがなにより好きなのは、恐ろしいほどの悪臭を放つ牛用の水飲み桶に飛びこむことで、彼はそのなかを頭と目だけを水面に出して泳ぎまわる。ビーマーがこれをやるのはなぜかいつも長い散歩の途中で、ライトバンのなかに体をふくタオルの用意もなく、そのうえ、家まで長時間運転して帰らなければならないときと決まっている。ビーマーは、サマセットにある動物保護センターからもらい受けた子だ。フィズを買ったあと、リサとわたしはいつかもう一匹犬を迎えるなら、保護された子にしようと決めていた。暖かい家を必要としている犬の数はあまりに多い。保護センターからビーマーを引き取ったとき、わたしはこの決断をしてよかったとしみじみ思った。あれから今日まで、彼のフワフワの尻尾は、一日も休むことなく元気に揺れている。保護センターをたずねたあの昼さがり、わたしの心にやるせない思いを残したのは、ずらりと並んだ、これでもかというほどたくさんの犬たちの姿だった。尻尾を振り、懸命に吠える彼らの望みはただひとつ、愛されることだ。できることなら全員を連れて帰りたかった。彼らをドッグランに置いてその場を離れるときには、胸がつぶれそうに痛んだ。

ビーマーを連れ帰るにあたり、わたしたちは保護センターの人たちに少しばかり嘘をつかなければならなかった。保護センターからは、犬が落ち着いた家で暮らすことを求められ、リサとわたしがあちこちの仕事場を行き来する際にもあまり長時間の移動をせず、ビーマーが一日に四時間以上、一人きりで過ごすことのないようにしてほしいと言われていた。

軍人の生活とは、あらゆることをやったとしても、家にじっとしていることだけはないといった類のものだ。それでもわたしたちには、ビーマーがフィズ同様、うちの生活になじんでくれるとわかっていたし、どちらの犬にもこのうえなく楽しい日々が待っているという確信があった。本当のところわたしは、うちの子たちが満喫しているいまの生活スタイルを嫌がるような犬は、この世の中にほとんどいないだろうと思っている。

あれから数年がたち、二匹はいまやかけがえのない仲間同士になった。ちょっと獣医に行くだけでも、どちらか一方を連れ出すことは許されず、二匹一緒に行きたがるので、いつも先生に笑われる。わたしが日帰りでプリマスの基地に行くときもそうだ。どちらの犬も、なにがなんでもわたしについてこようとするのだが、どうやら置いて行かれたら、自分だけなにか楽しい遊びから仲間はずれにされると思っているらしかった。プリマスでたびたび驚かされたのは、フィズがジムのガラスドアに寄りかかって自主的な見張り任務に従事しているところに、がっしりとした体格の海兵がやってくると、たいていはおびえた顔をしてドアをコンコンと叩き、ちょっとなかに入れてくれとわたしに頼んでくることだった。わたしはやれやれと頭を振って、怖くないからと言ってやる。彼らは自分でドアを開け、フィズの横をそろりそろりと通り過ぎたところで、あからさまに胸をなでおろすのだが、フィズのほうはそのあいだ、まぶたひとつ動かしてはいないのだった。

それから、フィズもビーマーも車が大好きだ。ドライブに行きたい子はいるかと声をかけるだけで、あの子たちはすぐにライトバンめがけて庭の小道を駆けてくる。二匹はうしろのシートに陣取り、窓を通り過ぎていく田舎の景色を、何時間でもぶっ続けで眺めている。去年の夏、アルプスへロッククライミングに出かけたときには、フィズは後部座席の脇の窓に寄りかかったまま、九時間ものあいだごきげんで過ごした。

リサとは一〇年前、ノースウェールズで出会った。リサは海軍の体力練成指導教官になるための課程を終えたあと、軍の施設で勉強を続けており、わたしはそこで海兵隊員にロッククライミングを教える指導教官として働いていた。

わたしたちは馬が合い、連絡を取り合うようになったが、恋人同士になったのはその翌年、たまたま彼女にかけた電話がきっかけだった。話のなかでわたしたちはある週末、偶然にもお互いが同じ場所に行くことに気がつき、それからほどなくして、わたしの人生そのものとなる関係がスタートした。

ふたりには最初から共通点がいくつもあった。わたしの友人たちは以前からリサとも友だち関係にあったし、わたしは彼女の友人たちと軽口を叩き合って、気兼ねなく過ごすことができた。リサは海軍のサッカー・チームにもはいっているマンチェスター・ユナイテッドのファンで、わたしはロッククライミングが趣味だった。結婚するにあたっての約束は、わたしのほうはサッカーに興味を持つこと、そして彼女のほうはわたしと一緒に岩に登ることだった。

わたしにとってこれはさほどむずかしい約束ではなかった。わたしのサッカー熱のピークは少年のころ、当時好きだったイプスウィッチがマンチェスター・ユナイテッドを六対一で破った、一九七八年のポートマンロード・スタジアムでの試合だった。父も弟もマンUファンだったので、飛びあがるほどうれしかったものだ。リサのほうもしかし、きちんと約束を守ってくれた。

いまでは犬たちをバンに乗せて出かけ、荒れ野《ムーア》を歩いて登れそうな崖を探すのが、週末の定番コースになっている。夜のサッカー番組『マッチ・オブ・ザ・デイ』に間に合うように家に帰りつきさえすれば、リサはごきげんだった。わたしたちの関係はあのころも、そしていまも、信頼の上に成り立っており、お互いに隠しごとをすることもない。いつ思い出してもなんとなく愉快なのは、既婚の友人たちのなかでも、共通の銀行口座を使っているのは、リサとわたしのところだけという事実だ。

その日の岩登りを終えるころ、太陽はダートムーアの東端に沈もうとしていた。バンに飛び乗り、地元のパブを探しながら走ると、コーンウォルとデボンの境界を通る静かな田舎道におあつらえむきの店を見つけた。犬たちはパブの庭に置かれたテーブルの下におとなしく座り、ラザニアとチップス〔フライドポテト〕のおこぼれをもらえるのをお行儀よく待っている。これほどのんびりできることもめずらしいので、わたしはこのひとときを満喫していた。

リサとおしゃべりをする。いつものようにわたしたちは、退役したらどこに家を買おうかとあれこれ想像をめぐらせた。断トツの第一候補はミッドウェールズだ。山の近くの小さな農地を手に入れて、ささやかなＢ＆Ｂ［ベッドと朝食を提供する比較的安価な宿］を開く。わたしはお客さんにロッククライミングや登山を教えられるし、犬たちは広い土地を好きなだけ走りまわれるだろう。

しかし最近では、第二候補のアメリカも追いあげている。将来的にアウトドア・レジャーのビジネスをはじめるにしても、生活費がぐんぐんあがり続けるイギリスでやっていけるのかどうか、確信が持てないからだ。

日が暮れるにつれ、話題は日常の細々《こまごま》としたことに移っていった。しかし気がつくとわたしは虚空を見つめ、アフガニスタンと、これからの任務について思いをめぐらせていた。

彼の地で、自分の人生をがらりと変える出来事が待っていようとは、このときのわたしは予想もしていなかった。

小さな掘っ建て小屋の外では、北風が波形鉄板の壁に雨を叩きつけ、ときおりそれが激しくなると、近くの射撃練習場から響いてくる銃弾の音までがかき消された。

部屋の隅に置かれた電池式ラジオから流れる『ＢＢＣラジオ５ライブ』では、アフガニスタンに駐留するイギリス軍にかんする特別討論が行なわれている。自分があと一週間もしないうちに赴任する土地について語る出演者たちの声は、妙に現実感を欠いていた。

ラジオ討論が描き出す現状は、聞いてうれしくなるようなものではなかった。

その日のニュースのメイン・トピックは、昨日戦死したロイヤル・ウェルシュ・フュージリアーズ連隊所属の若者の身元だった。また、数日前にカンダハール近郊で墜落した戦闘機ＲＡＦニムロッドにかんする最新情報もあった。この事故では搭乗していた一四名の兵士全員が死亡し、そのうちの一名は海兵隊員だった。

ここ数週間、わたしの周囲には似たような話があふれていた。この手のニュースはラジオはもちろん、新聞からもはいってくる。そのうえ、わたしたちと入れ替わりに任務を終える予定のパラシュート部隊からは、より具体的な情報が続々と届けられていた。話題の大半は、人里離れた地域に位置する拠点での暮らしについてだ。ここは別名〝セーフハウス〟と呼ばれていたが、泥壁に囲まれた拠点の周辺には銃を持ったイスラム教原理主義者がうろつき、なかにいるやつらを皆殺しにしてやろうと手ぐすねを引いているというのに、そんな場所のどのあたりが「安全《セーフ》」なのかは、はなはだ疑問ではあった。

また別の報告によると、タリバンはイギリス兵を日に二、三時間しか眠らせないよう睡眠を妨害し、こちらが徐々に弱るのを待っているのだそうだ。迫撃砲の攻撃や激しい機銃掃射は日常茶飯事で、食料と水も不足しており、これは補給ラインに原因があるという。とうてい行きたくてわくわくするような場所ではない。

自分が海兵隊にはいったのはまさにこういう時のためだとわかってはいたが、いまはどうしても戦いに対して前向きな気持ちになれなかった。ほかのことばかりが気にかかる。リサも、そしてこれから任務に向かう兵士たちの家族や彼らの愛する人たちも、必ず新聞を読み、ラジオを聞くだろう。基地で諜報機関からの詳細な報告を聞いていたわたしには、現地の状況は、報道から想像されるよりもさらに悲惨なものだとわかっていた。

アフガニスタン行きをひそかに心待ちにしていた気持ちは、どこかに消え失せていた。心のなかには不安が渦巻き、正直少しばかり怖かった。わたしは人生を愛していたし、その時間をリサや犬たちと一緒に、のんびりと丘を歩きまわって過ごしたいと願っていたのだが、もうそんなことを言っている場合ではなかった。出発は三日後だ。誰かに命を奪われる危険性が、にわかに現実味を帯びてきた。

アフガニスタンに行ってしまえば、わたしの時間は止まるだろう。くよくよと考えこむことも、家での生活に思いをはせることも、犬を職場に連れて行くことも、リサとパブで過ごすことも、週末の崖登りはどうしようかと計画を立てることもない。目の前の仕事に邁進するだけだ。プライバシーも休息もなし。

なにかしらとんでもないトラブルのまっただなかにいつ放り込まれるかもわからない状況から、のがれることもできない。

しかも、わたしはいまや二〇人の若者を率いる責任者なのだから、覚悟を決めて彼らを、そして自分を、無事に帰国させることに集中しなければならないのだ。余計なことを考えるのはやめよう。やるべきことをやるだけだ。

第五小隊の若者たちを見まわすと、やはり全員がラジオから聞こえてくる一言一句にじっと耳を傾けている。ここにいるうちの何人かは、新兵訓練を終えて直接この場に参加していた。なかにはつい先週、訓練を終えたばかりの者もいる。一番若いのはたったの一八歳で、つまりはわたしより二〇歳近く年下ということだ。こんなたいそうな任務に赴くには、自分が年を取りすぎているような気がした。とはいえおそらくはそれこそが、小隊を率いる軍曹に必要とされている要素なのだろう。わたしには、ここにいる若者たちの面倒を見られるだけの経験がある。世界一過酷と言われる三二週間の訓練を終えたいま、いざとなれば兵士たちは、きっと期待どおりの働きをしてくれるはずだという自信はそれなりにあった。

それでも、ともすると不安がわいてくる。本当に準備が整ったと言えるのか？　この子たちは前線できちんとやっていけるのだろうか？

ラジオを聞いている若々しい顔をあらためて見まわすと、彼らの表情がだんだんと不安にくもっていくのがわかった。まずい。こういうときはあれに限る。わたしは立ちあがった。

ドロドロの泥炭湿地で行なわれる最後の実弾射撃訓練の順番がまわってくるまでには、まだ四〇分ある。しかしその前に三〇分ほど運動をしておくのも悪くないだろう。

「よし、全員外へ出ろ。体を動かして気合いを入れるぞ」

そう叫んで防水加工の迷彩ジャケットをすばやく身につけたが、反応はかんばしくなく、外へ出ようと立ちあがった部下はたったのひとりだった。

「お嬢さんがた、出発ですがよろしいですか」とさらに声を張る。

「だって軍曹、雨ですよ」隊のなかでいちばん若く、いちばん熱心なティムが声高に訴えた。

「なるほど。確かにタリバンは気が利くから、雨が降っているときに休憩の邪魔をしたりはしないだろうな」わたしはいかにも軍曹らしく、いやみたっぷりに答えた。

「だってアフガニスタンでは雨なんて降らないじゃないスか」と別の兵が言った。

わたしは信じられない思いでかぶりを振った。

「おまえが地理が苦手なのはよくわかった」そう言ってもう一度部屋を見まわす。「動け。いますぐだ！」

さよならを言うのはむずかしい。いつ戻ってくるかもわからないのにさよならを言うなど、世の中にこれほど気の滅入ることもない。

リサの顔を見ると、涙をこらえているのがわかった。わたしは冷徹なコマンドー然とした無表情をとりつくろってみたが、あまりうまくはいかなかった。

「そんな顔をしてると、おれが先に泣いちゃうぞ」無理に笑顔を作ってみても、ふたりの気分は晴れなかった。

フィズとビーマーでさえ、なにかが違うとわかっていた。家の外に置かれた荷物を見て、わたしがどこかへ行ってしまうのだと察したらしい。リードを取ってこようと駆け出すこともない。普段はわたしが表のドアを開けると、必ずそうするのに。二匹ともただ自分のベッドに背筋をのばしてきちんと座り、こちらを見つめている。わたしは腰をかがめて、二匹の頭をかわるがわる、ごしごしとなでた。

「フィズ。おまえがリーダーなんだから、いい子にしろよ。リスを追いかけるのはナシだぞ」

フィズは茶色い大きな瞳で悲しそうにわたしを見つめ、困惑したような表情を浮かべていた。

「さよならは苦手だ」頭を振りながらわたしは言い、最後にもう一度リサを抱きしめた。

そうしていたのはほんのつかの間だった。リサに軽くキスをすると、涙が彼女の頬を流れ落ち、わたしはくるりと背を向けてそのままドアに向かった。九月初旬の朝、わたしは家を出て、うしろを振り返らずに歩き出した。

第2章　極秘作戦

爆発の残響が消え去っても、高所から見渡す景色は、なにも変わっていないように見えた。唯一の例外は煙で、キノコのような形にふくらみながら、早朝の空にのぼっていく。

眼下に広がる町には、密集した路地にも、塀に囲まれた大きな屋敷や質素な泥造りの住宅にも、動くものはなにひとつない。いつもは朝早くから聞こえるにぎやかな鳥の声さえ、静寂を乱すことはなかった。最近わかってきたのだが、こんな風に鳥たちが黙りこむのは、どうやらこの拠点に向かって飛んでくる迫撃砲のせいであるらしかった。町の住民たち同様、アフガニスタンの鳥たちは、爆撃がはじまるとどこかへ隠れてしまい、騒ぎがすっかりおさまるまで決して姿を現さない。泥壁に囲まれた拠点の北側にぽつぽつと生えている木の指定席に鳥たちが戻ってくるまでには、まだしばらくかかりそうだった。わたしと、わたしが率いるK中隊の海兵五三名は現在、この拠点で寝起きしている。

うちの隊が小さな市場町ナウザードにやってきたのは、ほんの二週間前のことだ。たったそれだけのあいだにも、タリバンは毎日のようにちょっかいを出してきた。

たいていは朝一番か、あるいは夕方、あたりが暗くなる三〇分ほど前に、迫撃砲が飛んでくる。タリバンもバカではない。夜には迫撃砲の銃口から出る火花が目印となり、自動追尾ミサイルで簡単に反撃されることを知っているのだ。だからやつらは、夜のあいだは闇に乗じて森のなかを移動する。

やつらにとっての安全地帯であるタリバン・セントラルと呼ばれる広い森は、大きな〃ワジ〃の向こう側にあった。ワジとは、降雨があったとき以外は干あがっている川床のことで、乾期のあいだは地元民に道路として利用されている。だからわれわれはこのワジのことを、「タリバン高速《モーターウェイ》」と呼んでいた。噂では強大なソ連軍の力を持ってしても、あの森に侵入してイスラム原理主義派のゲリラたちを抑えることはできなかったようで、それが事実であれば、あまり喜べる話ではなかった。

拠点の周辺にそびえる山々

迫撃砲の着弾地点からあがる煙がようやく消え、わたしは照準器をのぞいて遠方を確認したが、敵の手がかりになるような動きはなにも見えなかった。

はじめて目にしたとき、ナウザードという土地は、まるで映画『ライフ・オブ・ブライアン』［一九七九年英。モンティ・パイソンが製作した、キリストと間違えられた男の生涯を描いた作品。砂漠の景色が多く登場する］の場面から抜け出てきたように見えた。この場所は何百年も前から、なにひとつ変わっていない。電気はなく、下水設備など夢のまた夢だ。絶え間なく舞い立つ埃は、鼻や口の内側を覆いつくし、われわれが持ちこんだありとあらゆる物体の表面に張りついた。人間の排泄物が放つにおいはすさまじく、冬を間近に控えたこの時期、まだときおり訪れる晴天の日には、いっそう強烈さを増した。

あたりに広がる景色は、率直に言ってすばらしかった。

南には、いかにもアフガニスタンらしいだだっ広い砂漠がはるか彼方まで続いており、やせた土地には生きものの姿は見えないが、唯一の例外はヤギを連れた遊牧民で、彼らはこの過酷な土地で細々と生計を立てていた。一方、町の西、東、北側に目をやると、拠点から五、六キロ離れたあたりで、広大な砂漠から唐突に山々が立ちあがっている。北の方角にそびえるドーム型をした急勾配の山、ナルム・コーは、西から東にかけて裾野を広げ、それを見おろすように、はるか奥のほうに雄大なザール山、マズデュラク山脈がそびえていた。

　一帯で緑が見られるのは山の周辺だけだ。背の高い立木や寒さに強い低木が、北東にのびるタリバン高速に沿ってたっぷりと生えている。こうした植物が生きていられるのは、冬に山からもたらされる雨のおかげで、水はある日突然不意打ちのように、轟音を立てながら深いワジを流れてくる。聞くところによるとナウザードは、連合軍がタリバンを政権の座から追い出して以来、とりわけ激しい戦闘の舞台となってきた土地だという。町はサンギン渓谷の先端に位置しており、タリバンはここを補給地点として利用している。やつらはナウザードを経由して戦略的に重要性の高いふたつの地点、カジャキにある大型ダムと商業の町サンギンへ向かうのだが、これらの場所もやはり、タリバンの攻撃によってかなりの被害を受けていた。おそらくやつらはわれわれのことを、このふたつの重要地点へ行く途中にある、射撃練習用の的だとでも思っているのに違いない。

　町からのびる道路は、出るにせよはいるにせよ決して安全とは言えないため、現地入りの際は唯一の移動手段であるヘリコプターを使ったのだが、これはなかなか大がかりな作業だった。われわれがそのあとを引き継いだ連隊は、砂漠のまんなかにポツンとあるこの拠点を、一〇〇日以上にわたってタリバンから守り続けてきた。ここにはじめてやってきたとき、彼らは世間一般の人々と同じように、政治家たちが口にする、イギリス軍が従事するのは平和維持活動であり、期間は三年間で、銃弾は一発も撃つ必要がないという言葉を信じていた。

　連合軍の空挺部隊はアフガニスタンを去る前に、計八万七〇〇〇発の弾薬をこの国に落としていったが、その成果は軍事的な意味で言えばゼロに近かった。英軍が出した犠牲者は二五〇名にものぼるが、タリバンはいまも変わらずここにいて、国の安定と再建を目指す国際治安支援部隊《ISAF》の努力を妨害し続けている。

歩哨所《サンガー》

今回の任務はしかし、同じような結果に終わらせたくないとわたしは考えていた。なにか少しでも、事態を進展させられないものだろうか。

「モーニングコールは終わりスかね？　朝めしを食いはじめたところだったってのに。くそ野郎どもが」

伍長としては隊のなかでも経験豊富なハッチが、目の前の土嚢に銃身をもたせかけた汎用機関銃《GPMG》をのぞきこんだままつぶやいた。

歩哨所《サンガー》のうしろに目をやると、確かに裏側に積まれた土嚢の下のほうに、ベーコン入りビーンズがまき散らしてあった。とっさに身を隠そうとしたはずみに、ハッチの朝食があそこに着地したのだろう。

「ああ、たぶんな」とわたしは言った。「でもいつもは三発続けて撃ってくるはずだろ？　まだ二発だ」

ハッチは黙っている。

「まあどっちにしろ、おまえはちょっとやせたほうがいいくらいだ。やつらに感謝しろよ」

プリマスの基地にいたころ、ハッチはやせるためではなく、体型を維持するためにジムに通うというタイプだった。既婚で子どももいて、若い伍長としてはこれ以上ないほど仕事熱心だったが、彼の妻はおそらく、ハッチがなにか別の仕事を選んでくれたほうがうれしかったに違いない。

わたしはまだ森に目を光らせていた。しかし迫撃砲の射手の姿はどこにも見えない。やつらいったいどこにいやがる？　その答えはじきにわかった。

「丘《ヒル》から全部署へ、来るぞっ」ヘッドセットを叫び声が貫く。町を見渡せる丘の上に置かれた観測所の兵が、遠くに煙があがるのを見つけたのだ。

「伏せろっ。またおでましだ」わたしは拠点の内側を見おろして叫んだ。そこには、さきほどの戦闘はどうなったのか確かめようと集まった非番の兵たちがうろうろしていた。「来るぞ隠れろ。早くっ」

彼らはやれやれまたかという目でこちらを見あげてから、踵《きびす》を返して走り出し、兵舎として使っている元警察の留置所のほうへ姿を消した。

徐々に大きくなるうなりを響かせながら、迫撃砲が空に弧を描いて飛んでくるのが格好いいと思えるのは、映画のなかだけだ。いまはただひたすらに恐ろしく、しかもどこに落ちるかは完全に運まかせなのだから、恐怖にも拍車がかかる。

幸い、迫撃砲の射手はたいした腕の持ち主ではないようだった。

拠点からずっと離れたうしろのほうで爆発音が聞こえ、わたしはまた顔をあげて、かつてはにぎやかだった町の被害状況を確認した。とはいっても、迫撃砲がどこか近所の建物に命中したところで、困るようなことはなにもなかった。この拠点から二〇〇メートル以内には、住んでいる者はひとりもいない。危険すぎるのだ。いちばん近い建物は大きな市場通り沿いに並んでいたが、いまではただの瓦礫と化し、店の入り口があったあたりには、ねじ曲がった金属や折れた木材が山と積まれていた。建物の中身は、とっくの昔に略奪されている。

町の北部には人が暮らしているが、われわれはまだ基地からさほど離れた地点まで哨戒に出かけておらず、いま残っているのが何人くらいなのかはわからなかった。絶え間ない戦闘で町が破壊されたあと、われわれが拠点を置くこの町の南部の住民は、彼らに残された唯一の理性的な選択をした。つまり、荷物をまとめてさらに南へ移動して、戦いが終わるのを待つことにしたのだ。

住民たちの選択の正しさを裏付けるかのように、ヒルの連中が、迫撃砲が発射された方角へ向けて機関銃掃射を開始した。先ほど偶然目撃された、迫撃砲の砲身からあがる煙が決め手だった。ヒルは敵を見つけたのだ。

サンガーにいるわれわれには、五〇口径機関銃の弾が頭上を飛んでいくズンズンズンという音以外、ほとんどなにも聞こえない。

「おい、ぽっちゃり系、朝めしはまたお預けだな」わたしはハッチに向かって声を張りあげた。

今度はこちらを振り向いたハッチは、興奮で目を爛々《らんらん》と輝かせ、わたしに向かって中指を立てて見せてから射撃体勢に戻った。


いまから一ヵ月ほど前、われわれは本国から直接、アフガニスタンにおけるイギリス軍の主要基地であるバスティオンに飛んできた。この戦いで命を落とした最初のイギリス兵の名を冠したこの広大な基地は、ヘルマンド州の砂漠のまんなかに位置し、周辺には何キロも先までただひたすらなにもなかった。アスファルト舗装の道路は存在せず、轍のついた埃っぽい道が、荒涼とした砂漠の彼方へと続いているだけだ。バスティオンはテントで形成された基地としては最大級の規模を誇っている。イギリス陸軍工兵隊は二〇〇六年、ここをたったの一二週間で作りあげたという。いまでは四〇〇〇名を越えるイギリス軍関係者が、この場所で寝起きしていた。

基地の大部分は、テントがずらりと並んだ、どれもそっくり同じ見た目の通路に埋めつくされている。炭酸飲料やチョコレート菓子が買える派遣軍協会《EFI》の店を探し出すだけでもひと苦労だ。ちなみにこの店では、周囲何千キロという範囲にプールなどひとつも存在しないこの土地で、スイミング用のゴーグルを売っているのだが、その理由は誰にもわからなかった。

アフガニスタンの太陽の下では、昼間の気温が四〇度近くになることもめずらしくない。映画『グッドモーニング、ベトナム』［一九八七年米。ベトナム戦争に従軍した空軍兵兼ラジオDJの物語］のロビン・ウィリアムズのセリフを借りれば、「暑い、くそ暑い、玉が煮え立つほど暑い」といったところだ。基地内を歩くだけでシャツの脇の下に汗染みができるのだから、フル装備で砂漠を駆けまわったらいったいどうなるのか、考えるのも恐ろしかった。少なくとも体重が増える心配はせずにすむと、わたしは自分に言い聞かせた。

暑さはともかくとして、アフガニスタンに到着した当初、われわれがもっとも手を焼いたのは埃だった。埃はあたり一面、とにかくそこらじゅうにあった。寝袋のなかにも、手の平にも、爪のあいだにも、ときには食事のなかにまではいりこんだり、水筒の口を詰まらせたりもしたが、とりわけやっかいなのは、軍用ヘルメットの内側にべったりと張りつくことだった。

バスティオンで過ごしたほんの数日のあいだに、埃はここでの生活における一大ストレス源となった。わたしから毎日武器の手入れをしろと言われずとも、部下たちは率先して銃を磨いた。しかし宿舎として使っているテントをえいやとばかりに出たとたん、その苦労も泡と消える。風がほんの少し強く吹いただけで、磨いたばかりの金属の表面にはあっという間に細かい埃がうっすらと積もり、ライフル・オイルに強力接着剤のようにがっちりと張りついてしまうのだった。

基地外の平地で演習を行なったときはさらに悲惨だった。砂埃が巨大な津波のように広い砂漠を吹き荒れ、スピードをあげながら迫ってくる。屋内に戻るころには、顔は砂に厚く覆われ、埃が汗に張りついて、まるで街の高級美容院で高価な泥パックをしてもらったような姿になった。埃をまぬがれたのは、戦闘用ゴーグルをしている目のまわりだけだった。

一日だけあった非番の夜、わたしは基地の周囲を囲む防弾加工のヘスコ防壁の上から、沈む夕日を眺めていた。腰をおろして物思いにふけっていると、その日最後のチヌーク［輸送ヘリコプター］が東のほうから急降下してきて、薄明かりを放つ太陽の前をまっすぐに横切るのが見えた。チヌークはメインで使われている着陸地点を通り過ぎると、設備の整った野戦病院の脇にある緊急用の着陸地点に向かい、これはつまり誰かがのっぴきならない状況にあるということを意味していた。その光景は、子どものころにテレビで見た『M*A*S*H』［一九七〇～八〇年代に人気を博した米のテレビ番組。朝鮮戦争中の米軍野戦病院を舞台にしたコメディ］のなかに出てきても、まったく違和感がないように思えた。

バスティオン基地で過ごしたような気楽な日々がこれからも続くという錯覚は、じきに捨て去らなければならない。K中隊に課せられた六ヵ月間の任務のうち、このテントの町で過ごせる期間は四週間もない。それ以外はずっと〝リアルな〟アフガニスタン――ここはまったくの別世界で暮らすのだ。

新しい環境に慣れる間もなく、数日後にわれわれは小さな市場町ゲレシュクに送られた。そしてそこで、徐々に調子をつかんでいけばいいという甘い考えを吹き飛ばされることになった。はじめての哨戒の最中に、タリバンとの撃ち合いに巻き込まれたのだ。

われわれはその日、古いゲレシュクの町を通って、アフガニスタン国家警察《ANP》の人々に会いにいった。彼らの任務は、この町を戦略的な重要地点たらしめている、中国人が建設した巨大ダムを守ることだった。ANPとの会話の最中、彼らが近くの丘の斜面に立っている一団を指さした。あれはタリバンだとANPは言ったが、こちらのほうからなにか行動を起こすわけにもいかないので、その場は戦いにならずに終わった。しかしわれわれが帰途について町にはいると、丘にいる連中がイギリス兵や現地の人々を狙って、迫撃砲と小火器で攻撃をしかけてきた。こうなってはもう戦うしかない。

ほんの短い時間ではあったが、われわれはタリバンと戦闘状態にはいり、しかもそのあいだ、背中は撃ってくださいといわんばかりにがら空きになっていた。やがて部隊長の救援要請で駆けつけた攻撃機ハリアーがミサイルを発射して、ようやく戦闘は収まった。兵士たちはみな、この出来事でハッと目を覚まさせられ、全員が自分たちにとっての訓練の時間はとっくの昔に、本当に終わっていたのだと、あらためて実感することになった。

二週間ほどで哨戒の要領を覚えると、われわれはふたたびバスティオン基地に戻されて、いよいよナウザードの〝隠れ家《セーフハウス》〟に配置される日に向けての準備にはいった。これから少なくとも二ヵ月のあいだは、そこがわれわれの拠点となる。そしてわたしはいまその〝隠れ家〟にいて、歩哨所の土嚢のうしろに立ち、新たな迫撃砲が飛んでくる兆候に目を光らせているというわけだった。

もうそろそろ腰をおろして、軍支給の茶色いビスケットと、「ミートパテ」というラベルのついた缶から出てきた物体からなる味気ない昼食を取ろうかと考えていたちょうどそのとき、わたしは無線で呼び出され、この拠点の本部である狭い作戦司令室に向かった。ここ何日か、昼食にまったく同じものを食べ続けていたので、ビスケットを緑色の小袋に戻す口実が見つかって、正直なところホッとしていた。司令室まで走っていき、ドアの内側に首を突っ込む。

「お呼びですか、ボス」そう言って見まわした部屋のなかは、たった四人が立っているだけだというのに、すでに満員になっていた。

K中隊の司令官であるわたしの上司は、無線で話をしている最中だった。

通信兵がこちらに手を振り、わたしが振り返しているあいだにボスは話を終え、中央歩哨所とヒルとを結ぶネットワークにつながれた予備のヘッドセットを受け台に戻した。

「軍曹、これはきみの得意分野だと思うんだが。ヒルから無線で、ANPが門の外に出ていると言ってきた。ひとつめの問題は、わたしが彼らに外出許可を出していないこと。ふたつめは、彼らが犬をしばりあげて虐待していることだ」ボスはわたしの犬好きをよく知っていた。プリマスの基地では、ジムにやってきたボスが、フィズの上をまたいで室内にはいったことが何度もあった。

「確認して連れ戻せ。うまいこと交渉しろよ！」

「お安いご用です、ボス。行ってきます」

わたしは狭い自室に駆け戻り、すばやく支度を整えた。ほんの少し外に出るだけでも、ボディアーマーとすべての装備を身につける必要がある。ひとりで行くわけにはいかないので、ハッチと、それからこちらも経験豊富な伍長のデーブを連れて行くことにした。

デーブは、アフガニスタンに来る前に初級指揮官コースを終えて伍長に昇進した。彼はこの仕事を大いに楽しんでいる。デーブがなにより好きなのは、海兵隊員としての職務に邁進することと、仕事のあとで女の子たちと騒ぐことだと、少なくとも本人はそう言っているのだが、同僚たちによると、デーブのナンパテクは口ほどにもないのだそうだ。以前にサンガーでかわした会話から、わたしはデーブが小さいころから犬と一緒に育ち、わたしと同様、犬に目がないことを知っていた。

大急ぎで状況を説明しながら身支度をし、西のゲートへ向かう。左耳につけたヘッドセットから、ヒルの歩哨が本部にいる歩哨に向かって、切羽詰まった口調で話しているのが聞こえた。

「0《ゼロ》、こちらヒル。ANPが犬をひどく痛めつけていると報告がはいった。指示を請う。どうぞ《オーバー》」

「ヒル、こちらゼロ。もうしばらく待機しろ。20Cが現場に向かっている。彼から目を離すな。オーバー」20C――読み方は「トゥー・ゼロ・チャーリー」――というのは、小隊軍曹としてのわたしのコールサインだ。

「ゼロ、こちらヒル。了解。やつらにガツンと一発お見舞いしてやってほしい。以上《アウト》」

ハッチとデーブには、ヒルがこちらに目を光らせてくれていることを話してあったが、それでもわたしたちは律儀に互いを援護し合いながらゲートの外に出た。ハッチがゲートから続く路地の角で泥壁の陰に膝をついてあたりを警戒するあいだに、デーブとわたしがゲートの前の狭い空き地を駆け抜ける。デーブはそこで身を隠して射撃体勢を取り、ハッチが追いつくと、わたしとハッチが次に身を隠せる場所まで走った。

現場からはまだ通り二本分離れていたが、すでに怒り狂う犬の吠え声が聞こえていた。

どう対処するか、具体的な考えがあるわけではなかった。

ANPはカルザイ政権からアフガニスタンの治安維持を任されていたが、彼らの賃金は安く、ほとんど訓練も受けていないのが実情だった。おまけに彼らは住民のあいだでも評判が悪い。ANPは安全対策としてわれわれと同じ拠点に駐留しているのだが、それが地元の人たちをひどく憤慨させる事態を招いていた。住民からはたびたび、ANPにお金や食べものを脅し取られたという訴えが届いていた。しかしわれわれには、それが本当かどうかを確かめるすべもないのだった。

さらに前進しながら、わたしは自分に、プロらしく振る舞えよと言い聞かせた。われわれが本来守るべきはアフガニスタンの人々であって、犬ではない。冷静にいこう。味方であるはずのANPともめ事を起こすわけにはいかない。とはいえ、動物が虐待されているのをわたしが黙って見過ごすと思ったら大間違いだ。こちらには銃もある。

哨戒の要領で泥壁が続く路地の端を進んでいくと、やがてひらけた場所に出た。ハッチが周囲の状況を見渡せる位置を確保する。

わたしが歩を進めると、デーブがその横をついてきた。これはアフガニスタンでの訓練で教わった知恵で、西欧とは常識が異なるこの世界における重要な戦術のひとつだった。リーダーの真横に護衛がついていると、威厳が格段にアップするのだという。こうすることで、こちらの権威を見せつけることができるというわけだ。
五、六メートルほど向こう、空き地のちょうどまんなかに、白いピックアップ・トラックが停まっていた。屋根の上にはANPの司令官が、丈の長いゆったりとしたオリーブグリーンのローブを着て座っている。副司令官はトラックの荷台に立ち、RPGロケットランチャーを肩に担いでいた。われわれが空き地にはいっていくと、ふたりの無表情な目がこちらの動きを追った。
やがて騒ぎの原因が目にはいった。彼らの目の前には、ふたりの若い警官がいて、見たこともないほど大きな犬に、それぞれ反対側から組みついていた。白とグレーの毛皮に覆われたその巨大な犬は、体高が一メートル以上あり、ハイイログマほどもありそうな頭には、それに見合う大きな歯がついていた。めくれあがった唇からは「来てみろ、頭を噛みちぎってやる」とでも言いたげなうなり声が漏れている。

ひと目見た瞬間、犬が耳を切り取られているのに気がついた。この風習のことは知っている。耳がないというのは、この犬がアフガニスタンでもっとも人気のあるスポーツ、闘犬に使われている証拠だ。

アフガニスタンに来る前に、この国の文化についてはインターネットで調べてあった。闘犬の存在を知ったときには、ひどく嫌な気分にさせられた。闘犬は数百年前から続く伝統で、各部族のあいだで日常的に行なわれている。闘いに勝利した犬の所有者は、大金と仲間からの尊敬を手に入れる。

ネット上で見た画像は酷いものだった。ペットを愛する人なら、いっさい関わり合いになりたくない類のものだ。闘犬に駆り出された大型犬は、互いを攻撃する以外にすべがなく、必然的に血で血を洗う闘いを繰り広げることになる。闘うか、運が悪ければ死ぬかだ。犬は闘いの前に、ナイフで耳と尾を麻酔もなしに切り落とされる。こうしておけば、耳や尾を引っ張られることによるちょっとした傷を負う心配がないため、闘いを長く続けられるのだ。アフガニスタンに犬は山ほどいるうえ、福祉の対象としての優先順位は極めて低い（しかしそれを言うなら、人間でさえ、ここではさほど優先順位が高いとは言えないのかもしれないが）。

皮肉にも、タリバンが政権を握っていたころ、やつらは女性の教育をいっさい禁じただけでなく、闘犬をすることも、イスラム的でないという理由で禁じていた。二〇〇一年、カブールで多国籍軍がタリバンを政権の座から追い出し、その後、政治の空白が続くうちに、闘犬は街の路地裏でふたたび人気を取り戻していった。一歩進んで二歩さがるとはまさにこのことだ。

犬は見るからにしばられることを嫌がっていた。切り落とされた耳を見ただけでもう十分だった。わたしはもともと犬を自由にしてやるつもりだったが、その決意はいま、さらに固くなっていた。

若い警官は必死に犬にしがみつき、犬はロデオの馬のように暴れている。細い針金を何本かより合わせて作った長いリードのようなものが、犬の首のまわりとうしろ足に巻きつけてあった。これでは犬は、前にもうしろにも進むことができず、のがれようとして暴れれば暴れるほど針金が体を絞めつけるので、さらに怒りが増すという状況だった。

この場で犬を放してやったとして、そのあと自分がどうすべきなのかはよくわからなかった。助けに来たことを犬にわかってもらえるとは思えないので、わたしはなるべくさりげない風を装いながら一歩うしろにさがった。

「サラーム・アライクム」わたしは司令官に向かって挨拶をした。配置前の訓練で、会話をはじめるときにはまず、年長者に声をかけろと教わっていた。

これに答えて司令官は同じ挨拶を返し、いちばん年下の警官に向かってうなずいた。ANPのなかで英語を話せるのはその子だけだった。

「なぜここにいるのですか?」わたしにそうたずねた彼の親指は、カラシニコフ自動小銃の引き金をなにげなくさすっている。うちの兵ならありえない所行だ。そもそも自動小銃は彼が扱うには大きすぎるように見えたが、きっとこの国にはこの国の常識があるのだろう。

「司令官に拠点のなかに戻るよう言ってくれ。きみたちは許可なく外に出ているし、丘の上にいる監視兵は、あやうくタリバンが来たと勘違いするところだった」

後半部分は嘘だったが、こう言ったほうが早く解決するかもしれないという気がしたのだ。

パシュトー語で短いやりとりをかわしたあと、小さな警官は、司令官は数週間後にラシュカルガーで開催される、地区の闘犬大会に参加するのだと言った。

「司令官はこの犬で優勝したいと思っているのです」と彼は言い、巨大な犬をあごで示した。こうしているあいだにも、犬の怒りはさらにふくれあがっている。

なるほど。即時解決という線はなさそうだ。

「わかった。では、司令官は当日まで犬をどこに置いておくつもりなのだろうか」とわたしはたずねた。

少年がその言葉を上司に伝えているあいだも、わたしはずっと、自分たちが無防備な場所にいることを意識していた。もしタリバン・セントラルから誰かが見ていたら、こちらの動きは手に取るようにわかるだろう。この場にいることの危険性を思い起こさせるかのように、ヒルが司令室に状況を伝える声がヘッドセットから聞こえてきた。ボスもことのなりゆきを見守っているようだ。

「20C、彼らを基地内に入れろ」無線の声が言った。

ハッチを振り返ると、彼はただ眉をあげてみせ、それから東にあるタリバン・セントラルの方角を身振りで示した。わかっている。

なんとかスピードアップを図らねば。

「司令官に言ってくれ。うちの司令官は、拠点のなかにその犬を入れるのを許可しない」とわたしは言った。「だけどわたしは、犬を入れておける場所を知っている」

犬はこれまで人間からひどい扱いを受けてきたに違いないのだから、誰かに襲いかかるリスクを冒してまで、拠点内に入れることはできない。それにANPが犬を飼うにしても、彼らが戸締まりに気を遣うとはとても思えなかったので、わたしはとりあえず仮の〝犬小屋〟を決めておこうと考えたのだ。拠点のすぐ脇の、塀に囲まれた敷地内にある崩れかけの建物がおあつらえむきだろう。

「すぐに移動しよう」拠点のほうを指さしながらわたしは言った。

司令官と警官のあいだでかわされた議論は、どうも一方通行のように見えた。しかし最後には司令官がトラックの屋根から飛び降り、こちらには一瞥もくれずに運転席に乗りこんだ。「司令官は犬を拠点の外に置いておくことにしました」と少年は言い、カラシニコフを肩に担いだ。まるで司令官がその解決策を提案したかのような言いぶりだった。

「わかった。問題ない」とわたしは言い、丘に向かってじきに戻ると合図を送った。

ANPと一緒に拠点に向かう一行は、なぜかこちらが彼らを護衛しているかのような妙な格好になった。先を歩くデーブのあとにトラックが続き、そのうしろを若い警官たちが、すでに抵抗をあきらめたかに見える犬を引きずりながらついていく。ハッチとわたしは、この小さなサーカス団のしんがりを務めた。

犬をにがしてやろうというわたしの魂胆は見え見えだったらしく、歩きながらハッチは、なにか言いたげな視線をちらちらと送ってきた。

わたしも視線で「あとで話す」と答えておいた。

「ボスの許可はとってあるんですよね、軍曹《サージ》」夕暮れの光のなかで準備を整えながらハッチが言った。

ハッチはわたしがサージと呼ばれると嫌がるのを知っている。サージという略称を使うのは陸軍だけで、海兵隊員は陸軍の所属だと思われるとひどく気分を害するのだ。

「まあな」

「まあなってどういうことスか」ハッチはわざと深刻そうなふりをしてこっちを見た。「まあなっていうのはつまり、ボスは知らないってことですよね」

「ボスはなんとかしろと言ったんだ。だからいま、なんとかしている」わたしはにっこり笑ってそう言い、彼にレザーマンのナイフを手渡した。「ほら、これを持っておけ」

拠点に戻ったわたしは、ボスに状況を説明した。ボスは、なんとかしろ、だができるだけANPを怒らせるなと言った。わたしがなにをたくらんでいるのかについては、とくに聞くつもりがないようだった。

夕方の冷たい空気に、背筋がブルッと震えた。日暮れ時になると、気温はすごい勢いでさがっていく。わたしはジャケットの襟を立て、ハッチと、それから部下のピートが立っている場所に合流した。ピートはみずから志願して、睡眠にあてるはずの三時間を、わたしたちの手伝いにまわしてくれたのだ。あまり言葉をかわさないまま、わたしたちは拠点の裏手の壁を形成している、古い建物の屋根にのぼった。屋根は熱を反射するために白く塗られており、そのせいで普段は一見したところ、泥と藁ではなく、なにかもっと頑丈な素材で作られているかのように見える。しかし今夜は月の光が弱いため、壁の本来の色がはっきりとわかった。

われわれは訓練さながらに暗闇に乗じて、屋根の端についている胸壁に沿って身をかがめたまま、低い月が落とす影のなかを駆け抜けた。

ＡＮＰが寝起きしているのは、拠点の裏ゲートのそばにある、荒れ放題の小さな建物だ。やっかいなことに、彼らはゲートが開くギーッという音がするたびに、外の様子を見に出てくる。犬を放してやるには、彼らに気づかれないことが肝要だ。ということはつまり、ゲートを通ることはできないのだから、裏手の壁から飛び降りなければならない。

壁がいちばん低くなっているところまで来ると、昼間にＡＮＰが犬を閉じこめるのをこの目で確かめた廃屋が見えた。なかは真っ暗だが、そこでは怒れる巨大犬がしばりあげられているはずだ。願わくば、あのときよりも少しは気持ちが落ち着いていてくれるといいのだが。

壁から下りたらその先は、犬が閉じこめられている場所まで一〇メートルちょっと走ることになる。わたしはＡＮＰがいる建物に目をやった。ドアはぴたりと閉じられている。窓からは薄汚れたカーテン越しにぼんやりとした光が漏れており、これはＡＮＰがなにかほかのこと、おそらくは彼らが毎晩のように吸っているマリファナに夢中になっている証拠だった。こちらにとっては好都合だ。

アルミ製の小さな特殊作戦用ラダーを、高さが四・五メートルほどある壁の脇におろす。地面に届くだけの長さがないので、下におろすために結んだロープを、ラダーが滑ったときのための支えにすることにした。

泥屋根の上にはロープを結びつけておくものがなにもなく、ハッチかピートが、最初に下りる人のためにロープを持っておくことになった。最初に下りるのはもちろんわたしだ。言い出しっぺなのだからしかたがない。

足を壁の向こうにおろし、胸壁に手をかけてぶらさがれば、ラダーの最上段にギリギリ足先が届くはずだ。しかしこれがなかなかむずかしかった。足とラダーの位置関係を下を見て確かめることができないし、そこへ追い打ちをかけるように、肩からかけていたライフルがグルッと背中側にまわって、銃口が膝の裏をガツンと直撃した。歯を食いしばり、ふいに襲ってきた激痛をこらえる。さらにはボディアーマーの重量までが、わたしを壁から引きずりおろしにかかった。

それでもどうにかこうにか、わたしはラダーの上に下り立った。壁に手をついて、一段ずつ確かめながらゆっくりとラダーを下りる。ジリジリと地面に近づきつつ、心のなかでは、どうかラダーが滑って倒れませんようにと祈っていた。ここから転げ落ちたら相当に痛いに違いない。ロッククライミングを楽しんでいるわけでもないのに、自分の姿のバカバカしさに、思わず笑いがこみあげてきた。

見あげると、ハッチがニヤニヤしながらこちらを見ている。

「おい、ロープをちゃんと握ってるか」わたしは小声で叫んだ。

「おっと忘れてました。こりゃ失礼」

地面に着いたわたしがラダーの下を支えると、ハッチが下りてきた。ピートには壁の上に残って、なにかあったときわたしたちがすぐに戻れるよう、ラダーを確保しておいてもらうことにした。

「行くぞ」

サンガーにいる歩哨には、出発前に話をして、わたしたちが外に出ることを伝えてあった。味方に撃たれるのはごめんだ。

銃を構えながら、腰をかがめて空き地を横切る。怒れる犬は、わたしたちが半分も近づかないうちに、こちらの気配に気づいたようだ。

「奇襲部隊が気づかれちゃ形無しだな」暗闇のなかを走りながら、ハッチに向かってささやいた。

犬は狂ったように暴れている。建物の前面にまわり、あたりをさっと見まわした。どちらを向いても、瓦礫がそこかしこに散らばっているだけだ。

犬が閉じこめられているのは、ある崩れかけの建物だった。ひどく古びた木製のドアに犬が体を激しく打ちつけている様は、まるでホラー映画の一場面のようだ。

「どうやって出すんです？」ハッチが小声で言ったが、もうそんな気遣いはいらなかった。いまや町中の人たちが、なにか常ならぬことが起こっていると気づいているだろう。夜中の騒音というものは、やけに大きく、遠くまで響くように思える。自分がいまから怒れるアフガニスタンの闘犬を助け出そうというときにはなおさらだ。

「ただ単にドアを開けて、放してやったらどうだろう？」とわたしは言った。

影になっているせいでハッチの表情は見えなかったが、わたしにはわかっていた。こんな風に無防備に突っ立ったまま、猛り狂ったクマ並みに大きな犬を放してやるというのは、ひどいアイディアだと思っているのだ。かく言うわたしも、その意見には同意せざるをえない。

「準備はいいか？」

わたしは答えを待たなかった。

ドアを思い切り蹴りつける。渾身の一撃を受けた古い錠はあっけなくはずれ、ドアがバリバリと砕けながら内側に開くと、うなり声をあげる犬の黒いシルエットが浮かびあがった。

「走れっ」

言われるまでもなく、ハッチはとうに走り出していた。

建物の脇にまわる。自分が自動小銃や手榴弾を持っていることなど、頭から吹き飛んでいた。ようやく立ち止まって息をついたとき、はじめて犬が追いかけてこないことに気がついた。影にひそんだまま、しばらく気持ちを落ち着かせる。真っ暗闇のなかでも、ハッチがいつもの皮肉めいた表情でこちらをにらんでいるのがわかった。どうやら犬は、まだ建物のなかにいるようだ。わたしはハッチをつついて、もと来た道を戻って様子を見にいった。

犬がなににしばられているのか、はっきりとは見えなかったが、どうやらこちらが近づいたらすぐに襲いかかれるくらいには、余裕を持たせてあるようだった。おそらくは昼間見た、首とうしろ足をしばる針金が、まだそのままにしてあるのだろう。ひと目見ただけで、部屋にはいって針金を解いてやるのは不可能だとの結論に達した。

最初の接触《ファースト・コンタクト》のあとは、プランなど役に立たない。海兵が繰り返し言われることだ。その教訓はどうやら、今回も有効なようだった。幸い、こういう事態は予想していた。わたしはポケットに手を入れ、出発前に拠点のお粗末な厨房からくすねておいたソーセージを取り出した。

「プランBだ」わたしは言い、ハッチは黙ってうなずいた。見ると、ハッチはまた駆け出そうと身構えている。賢明な判断だ。犬がさらに怒り狂って暴れれば、針金が切れないとも限らない。

ソーセージを、ちょうど怪物犬の顔の下あたりに落ちるように放り投げる。ふいに犬は暴れるのをやめ、空気のにおいをかいだ。そして二、三秒ほど鼻で地面をかぎまわってソーセージを探しあてると、それをひと口で飲みこんだ。どうやら一度も噛まなかったようだ。

ハッチをうしろに押しやりながら、壁に沿ってさっきの場所まで戻る。

「待ちですか」

わたしはうなずいた。

「どのくらいかかるんスかね」

実際のところ、わたしにもよくわからなかった。わたしは拠点の医者のところに行って、成人ひとりを眠らせるのよりいくらか多いくらいの精神安定剤《バリウム》をくれと言った。医者はすぐに、わたしがそれをなにに使うのかを察したようだった。今日一日タリバンがおとなしかったせいで、ANPの犬の事件は拠点内で噂になっていたのだ。犬にバリウムを飲ませるには、ソーセージを使うしかない。

腰をおろし、小声でたわいもないことをしゃべりながら、犬が眠くなるのを待つ。ヘッドセットの無線を通して拠点内の様子が伝わってくるが、ありがたいことに今日はめずらしく静かなようだ。ときおりサンガーにいる兵が、事前に決めておいた合言葉を使って、夜間照準器を通してこちらの姿が見えていることを伝えてくれた。わたしはそのたびに暗闇のなかで親指をあげて答えた。

ひどく長く思える時間が過ぎたあと――とはいえせいぜい一時間程度だったのだろうが――、猛犬がいっさい音を立てなくなった。あたりは不気味なほど静まり返っている。

ドアのほうにまわってみると、犬が敷居の上に腹ばいで寝転んでいた。うなり声をあげていた大きな顔はおだやかになり、やけにかわいらしく思えるほどだ。目はいまも開いていて、フウ、フウという静かな、規則正しい息づかいが聞こえてくる。こちらが近づいても襲いかかろうとはしなかったので、わたしは犬の頭を手袋をはめた手でなでてやった。犬がホッとため息をついたような気がした。何本か持ってきていた薬なしのソーセージを、一本ずつ食べさせる。犬はそれを、今度はゆっくりと噛みしめながらたいらげた。

ANPにしばりあげられた闘犬

わたしがそうしているあいだに、ハッチはレザーマンで針金を切ろうと奮闘していた。ANPの仕事にぬかりはなかった。針金は四回ほどねじってあり、犬の胴と首とうしろ足に巻きつけて、決して逃げられないようにしてあった。闘犬に出かける日がきたら、やつらがどうやってこいつを部屋から連れ出すつもりだったのか、まるで見当がつかない。
三〇分近くが過ぎ、ハッチはようやくすべての針金を切り終えた。
「まったく大仕事でしたよ」ハッチが立ちあがりながら言った。
わたしは最後にもう一度犬の頭をなでてから、建物の外に出た。そして犬が自分の足で立ちあがり、最初はふらついていたものの、だんだんとしっかりとした足取りで、仲間たちがいる方角へ去っていくのを見守った。犬の群れは、寒い夜のあいだ、この拠点の付近をいつもうろついていた。

　ハッチもわたしも口には出さなかったものの、よくわかっていた。針金を切っているあいだ中、犬はその気になれば、いつでもわたしたちに襲いかかることができたはずなのだ。

　でもあの犬は、そうしなかった。

　わたしたちはなにごともなく壁の下まで戻ってきた。わたしが下でラダーを支えているあいだに、ハッチが先に上にあがった。ところが続いてわたしがのぼり、ラダーの最後の段に乗ってみると、自分の手がまだ壁の上に届かないことが判明した。きっとラダーの足が泥に沈みこんでしまったのだ。どこかつかまるところはないかと見まわしてもなにもない。しかたがないので片方の手でロープをつかんだが、あろうことかロープの反対側を誰も押さえていなかった。

「ペン、早く。やつらが来ます」

「誰が来るって？」ラダーの上で必死にバランスを取りながら小声で叫ぶ。

「アフガン人の歩哨です」あせったような声が答えた。

「くそっ」

　この拠点には、アフガニスタン国軍《ANA》も駐留していた。普段はあまり姿を見せず、彼らは彼らだけで過ごしていることが多かったが、ときおり裏ゲートのあたりに見まわりに出てくる。わたしはそれをすっかり忘れていたのだ。そのANAから、どうして真夜中にアフガン人が管理しているこのエリアにやってきて、壁をのぼっているのかと聞かれるのは、できれば避けたい事態だった。

　わたしはボディアーマーの前面についているループに手をのばし、短剣《コマンドダガー》をつかんだ。この短剣のことは普段から飾りみたいなものだと思っていたので、いまこの瞬間まで、現場で本当に使うことになるとは想像もしていなかった。短剣を振りあげ、ピッケルを打ちこむ要領で固い泥の壁に突き立てる。突き刺さった短剣を頼りに、自分の体を持ちあげた。ぶらさがった足が、滑らかな壁をむなしく蹴る。もう少しで壁の上まで手が届きそうだ。

そこまではよかった。悪かったのは、わたしの手が自分の体だけでなく、身につけた装備の重量まで支えているということだった。なにかが――わたしの指か崩れやすそうな泥壁が、いまにも耐え切れなくなりそうだ。

「おまえら、さっさと手をつかめ」わたしはほんの数センチ上でぼんやりと突っ立っているふたりに向かって、ほとんど叫ぶように言った。

ありがたいことに、見あげた先に引きつったような顔をしたピートがいて、両手でわたしの右手首をつかんでグイッと引きあげてくれた。少しずつ引っ張りあげられながら、やがてわたしはその場にANAの歩哨がいて、不思議そうな顔でこちらを見おろしているのに気がついた。

ハッチは少し離れた影のなかから、ぬいぐるみのように引きあげられるわたしを眺めてクスクスと笑っている。じきにわたしの体は壁の縁を越え、無事建物の屋根に乗せられた。

「ピート、まったくたいした見張り役だな」息を整えて、立ちあがりながらわたしは言った。「おまえさっき、やつらが来るって言ったよな。こういうのは、やつらがここにいるって言うんだ」

ANAの歩哨が、わたしたちに理解できない言葉でなにか言った。

わたしはただ、困惑顔の警備兵の肩を叩いて、拠点の内側に戻るはしごがある屋根の端のほうへ歩いていった。

数分後にはもう、自室の蚊帳のなかだった。わたしは微笑みながら眠りにつき、この夜の出来事が自分の将来に大きく影響することになろうとは、少しも考えていなかった。

第3章 アフガニスタンの犬たち

ナウザードに来てからまだ一週間と少しだったが、すでに生まれてからずっとここにいるような気がしていた。

容赦なく繰り返される日課の中心は、交替で歩哨所《サンガー》にはいって周辺を監視し、変わりばえのしないアフガニスタンの景色を何時間もにらみ続けることで、それ以外にはせいぜい、ときおり拠点周辺の路地や建物を手短に哨戒するくらいだった。

はっきり言ってしまえば、ここの兵たちが一日のうちでいちばん楽しみにしているのは、彼らが呼ぶところの〝時間加速器〟——つまりは寝袋にもぐりこむことだ。とはいっても歩哨当番があるせいで、一晩中ぐっすり眠れるなどということはありえなかった。

一般の人たちには理解しがたいかもしれないが、タリバンがしかけてくる迫撃砲や小銃による攻撃は、単調な毎日に唯一、刺激を与えてくれるものだと思っている連中も少なくなかった。

われわれと一緒にナウザードにやってきた八人構成のグルカ部隊［ネパール山岳民族から構成される部隊。イギリス陸軍に所属］は、土木技術の専門集団だった。海兵隊にも同様の仕事がこなせる兵はいるのだが、このときはどこかほかの場所で任務に就いていた。グルカ兵は驚くほど勤勉な連中で、現地入りした直後から、片言の英語を話す伍長の指揮のもと、この拠点をより安全で住みやすい場所にするために、休みなく働いていた。イギリス陸軍のこととなると、イギリス海兵隊はそうたやすく感心したりはしないものだ（海兵隊はイギリス陸軍ではなく、イギリス海軍に所属している）。しかしグルカ部隊は、またたく間にわれわれからの尊敬を勝ち取った。

アフガン人が泥壁に囲まれたこの建物群を設計したのはかなり昔――イギリス人がこれほどの内地にまで足を踏み入れるずっと前のことだった。彼らは壁に取りつける出入り口は一カ所でいいと考えたようで、東側の壁にひとつだけゲートを作った。

おかげで哨戒に出かける際、われわれがどこから出入りするのかは、さほど頭を使わずとも容易に想像がつく。タリバン自身が数年前にはここを拠点として使っていたのだからなおさらだ。それに現在のゲートは、以前ここに駐留していた空挺旅団の連中がＲＰＧ横町と呼んでいた路地の真向かいに位置していた。ゲートの両側の壁には、いまも応急的にふさいであるだけの穴がいくつもあり、空挺旅団がここにいたあいだにどれだけ大量のＲＰＧロケット弾が飛んできたのかを見せつけていた。ありがたいことに、われわれがナウザードに来てからは、ＲＰＧ横町はまだその名に見合うだけの活躍を見せてはいなかった。

そんなわけで、ここに来てから数日のうちに、われわれの司令官は拠点の外縁を囲む壁の以前とは別の区画に、ふたつ目の入り口を作ることを決めた。新たなゲートがあれば、たとえ短時間でもタリバンに、首を捻らせることくらいはできるだろうと考えたわけだ。

グルカ部隊は意気揚々とこの仕事に取りかかった。

グルカの伍長が、壁をどのくらいの範囲で吹き飛ばしたらいいかをあっという間に算出し、部下たちに指示をして小さな木の板を所定の位置に打ちつけさせると、そこにテープで装薬を貼りつけていった。非番の海兵たちが安全な距離を置いて遠巻きに見守るなか、爆発係のグルカ兵が防風マッチでゆっくりと導火線に火をつけてから、歩いてその場を離れた。まるでこの世界には心配事などなにひとつないというような、涼しげな顔だった。

続いて起こった爆発のすさまじさに、わたしは思わず息をのんだ。衝撃波が拠点一帯に響き渡る。埃がおさまって視界が晴れてくると、グルカ兵たちが互いに喜び合う姿と、厚さ一メートルの壁に、トラックが通り抜けられるほどの、端がギザギザと荒く削られた空間が開いているのが見えた。

この入り口には仕上げとして、ふたつの巨大な金属製ゲートが、壁に開いた空間の両端に垂直に埋めこんだ、こちらも巨大な一対の支柱に蝶つがいを使って取りつけられた。ゲートには大きなブラケットが全部で四つ溶接されており、そこにゲートが開かないよう押さえるための太い金属のバーを乗せられるようになっていた。バーは一トンもあるかと思うほどの重量で、ふたりがかりで金具に乗せるのにちょうどいいくらいの重さだ。ひとりだけでこの作業をするのは、そうとうに骨が折れるだろうと思われた。

新しい金属製のゲートが開くギーッという音と、バーが金具に乗るときのガシャンという音を聞くたびに、わたしはいつも『ハマー・ハウス・オブ・ホラー』〔一九八〇年にイギリスで製作されたテレビのホラー・シリーズ〕を思い浮かべてしまうのだった。ゲートが開いたその向こうには、腕を組んだドラキュラ伯爵が待ちかまえているのではないかと思うほどだ。

こうして哨戒時に狙い撃ちされる危険性は半減したものの、すぐに新たな問題が発生した。ナウザードの野良犬たちが、こちらの防衛線を突破するようになったのだ。ゲートのいちばん下と砂の地面とのあいだには、三〇センチほどの隙間が開いていた。これはその気になれば犬がくぐりぬけられる高さなので、ときおりおなかをすかせた犬たちが、なにかおいしいものはないかと拠点内にはいってきてしまうのだった。

その大きな群れはよく目立っていた。とりわけ、暗くなってから通りや拠点の周辺をうろついている様子は、嫌でも目についた。何十匹という数が集まっており、犬たちの種類もさまざまだった。毛の長いものもいれば、短いものもいる。マスチフのように大きなハウンドもいれば、グレイハウンドとスプリンガーの雑種のような小さな犬もいる。すべての犬に共通しているのは、泥まみれで、ろくに食べていないことだ。首輪をつけているものはおらず、どれもみな野良犬だろうと思われた。

犬たちは、昼間はおおむねおとなしくしている。きっと暑さのせいなのだろう。しかし一一月がゆっくりと過ぎていくこの時期、太陽が西の山々の向こうに沈んで、北から冷たい風が流れこんでくると、群れの仲間たちが集合して夜の作戦行動を開始するのだった。

北のサンガーで見張りをしているときには、少なくとも五〇匹からなる群れが、残飯を狙って壁の下から次々と拠点になだれこんでくる様子をたびたび見かけた。わたしは銃の夜間照準器をのぞいて、熱で白く光るその輪郭を追った。犬たちは走りながら、互いに噛みついたり、なめあったり、ケンカをしたり、においをかいだりしていた。

犬たちが絶えず動きまわっているのは、きっと気温が急激にさがるせいなのだろう。毎晩のように聞こえる、彼らが長く短く吠える声は、ときとして月に向かって、その白くまぶしい光で、ちょっとでもいいからおれたちを暖めてくれと言っているかのように聞こえた。

犬たちは、一帯で食べものがある場所は、この拠点だけだということを知っていた。拠点から出たゴミを燃やすための〝焼却穴〟は、ゲートのすぐ外にある。とりわけ剛胆な――あるいはとりわけ腹をすかせた――犬が、ブスブスとくすぶっている燃えかすをあさって、まだ熱い食べもののかけらを取り出そうとする姿に驚かされることも少なくなかった。

ある夜、深い静寂に包まれた無人の町を眺めていると、一匹の若い犬が目についた。やせこけてはいるが元気があり、長い耳をヒラヒラさせている。長くのびた尾をこれでもかと振りまわしながら楽しそうに駆けていく様子からは、この犬が食べものを求めて生きるか死ぬかの瀬戸際にいることなど想像もできない。どこから見ても、心配事などひとつもない幸せな犬といった風情なのだ。

やせた犬がぴょんぴょんと跳ねて自分の影に飛びついている姿を見ながら、わたしはふいにビーマーと、彼の決してじっとしていることのない尻尾を思い出した。ビーマーもよくあんな風に、ただその場でぐるぐるとまわって遊んでいた。

犬が拠点の周辺をうろついているという状態は、人間の健康面を考えると有害だ。そこに疑問の余地はない。しかし、夜中に犬が近くにいることには、こちらにとって有利な面もある。万が一タリバンが壁の近くまで迫ってくれば、犬たちは縄張りにはいりこんできた新しいにおいをすぐにかぎつけ、やつらの存在をこちらに教えてくれるに違いない。

とはいえもちろん、わたしが塹壕に伏せて身を隠しているときに、犬たちがやってきてあたりをかぎまわったりするのだけは、ごめんこうむりたかった。

ゲートの下をくぐって拠点にはいってきた犬たちは決まって、朝一番で焼却穴に捨てるために裏ゲートの脇に積んであるゴミ袋を目指して走っていく。早朝の光が差すにつれ、携帯食《レーション》の空き袋などのさまざまなゴミが、ゲート付近に散らばっているのがはっきりと見えてくる。それは犬や、そしてときおり姿を見せる猫が散らかしていったものだ。

ゴミを拾い集める作業自体は苦にもならないのだが、破れたゴミ袋のあいだにぽつぽつと落ちている多種多様な犬の糞を片づけることが、拠点での朝一番の仕事になろうとは、現場に来るまではまったく考えていなかった。

ある朝、拠点に食料探しに来た犬たちによる狼藉のあと片づけをはじめると、驚いたことに、ゴミ袋のそばに死んだ犬が横たわっていた。見た目は年老いたセントバーナードの雑種のようで、毛はめちゃめちゃにもつれ、泥がこびりついていた。おそらくは加齢で死んだのだろう。見たところ大きな外傷はないようだった。このまま日中の太陽の下で腐らせるわけにはいかないが、かといって重くて持ちあげることもできない。しかたなく古いロープを犬の体に巻きつけて、焼却穴まで引きずっていった。

犬を引っ張りながら、わたしは自分に、この犬がかわいそうだなどと思ってはいけないと言い聞かせていた。こんな土地でこの年まで生きたのだから、それなりに充実した一生だったはずだ。それにつけても、犬がどうやってゲートの下をくぐったのかは謎だった。この犬の体は相当な大きさだ。しかしぴたりと閉じているゲートが近づいてくると、その答えがわかった。どこかの仕事熱心な犬が、地面をひっかいてちょっとした溝を貫通させていたのだ。どうやらこのゲート問題には、いますぐ対処しなければならないようだった。

年老いた犬を穴に入れてから、わたしはシャベルをつかみ、幅一五センチ、深さ三〇センチほどで、ゲートの厚みと同じだけの奥行きがある溝の内側をきれいにさらった。それから壁の外に落ちている大きな石をいくつか拾ってきて、それを溝に詰めこんだ。

たいした手間ではない。毎日まともな運動ができずにストレスが溜まっていたところだったので、体を動かせるのはありがたかった。石同士をできるだけ隙間がないように寄せて溝に詰め、その上からさっき溝から出した土をかけておく。作業を終えると、地面は以前よりも高く盛りあがり、ゲートとの隙間は一五センチ程度になったので、これならいくら強情かつスリムな犬でも、体を押しこむことはできないと思われた。

わたしが汗を流しているあいだに、若い犬が何匹か、なにか食べものがもらえるのではないかと寄ってきて、そのうちの一匹が開いたゲートからするりとなかにはいりこんでしまった。たったいま自分の仕事の手際にほれぼれしたばかりだというのに、野良犬をゲートまで連れ戻す仕事のほうは、そう簡単にはいかなかった。そこでわたしは、ベーコン入りビーンズのパックの口を開けた。するとまだ若いその犬はすぐにゲートのそばまでやってきて、まるでこれから一緒に散歩に行こうとでもするかのように、外に出してもらえるのをおとなしく待った。ゲートを開けると、そこにはまだ数匹の犬がもの欲しげにうろついていた。埃まみれで転げまわる犬たちをなでてやりながら、わたしはふたたび、イギリスで待っているフィズとビーマーのことを思い出していた。ここの犬たちは、世界中どこにでもいる遊び好きの犬たちとまったく変わらない。

食べものの残りを、何箇所かに分けて置いてやる。あまりに魅力的なそのにおいに、犬たちはすぐにわたしのことを忘れて、ごちそうめがけて走っていった。わたしはその隙を利用して拠点のなかに滑りこみ、新たに「防犬仕様」を施したゲートを閉じた。

犬を閉め出すのは気持ちのいいものではなかったが、こうしたほうが彼らのためだし、いずれにせよこれ以上、わたしにできることはなにもなかった。犬としては不満だろうが、少なくともこれでゴミ袋の安全は確保された。

どなったり、はやし立てたり、興奮して叫ぶ声は、路地の突きあたりに近づくにつれ、ますます大きくなっていった。左手にのびる別の路地への入り口をチェックしているデーブのほうを見やる。デーブは困惑したような表情で、首を横に振ってみせた。デーブにも、曲がり角の向こうでなにが起こっているのか、まるで見当がつかないらしい。

地元の住民は普段、これほど拠点のそばまで近寄ってくることはない。しかも大勢で集まるなど、いままでには一度もなかったことだ。このあたりにはもう、彼らの興味を引くものはなにひとつ残っていないからだ。いったいこの角の向こうに、なにが待っているのだろう。

わたしはこのとき、部下を引き連れて細い路地にはいりこみ、タリバンが拠点周辺に忍び寄っていないかを確かめるために、ちょっとした哨戒をしている最中だった。午後遅い太陽の暑さはひとしおで、わずか一〇分歩いただけで、ボディアーマーの下をだらだらと汗が流れ落ちた。早いところささやかな楽園に戻って涼みたいと考えていたそのとき、騒がしい声が聞こえ、休息への希望ははかなく消え去ったのだった。

かつてはナウザード唯一の電話線の一部を支えていたと思われる電柱が、わたしの前方の泥壁に向かって斜めにかしいでいる。角を曲がった先の様子を見るには、その電柱の下をくぐらなければならない。さもなくば路地のまんなかに出ていくしかないが、そんなことをしてタリバンの格好の標的にされるのはごめんだった。電柱を倒れかけの状態で支えているのは、たった一本の電線だ。うかつに動けば、今度は本格的に倒れてきそうに見える。それでもあの騒ぎを無視するわけにもいかず、しかたなくわたしは腰をかがめて、背嚢から突き出た無線のアンテナが引っかからないように注意しながら、電柱の下をくぐった。

　路地の先に目をやると、一五人ほどのアフガン人が、円陣を組むように集まっているのが見えた。西のほうからは拠点に向かって何本もの路地がのびているが、なかでもいちばん幅が広いのがこの道だった。特徴ある派手な深緑色の迷彩柄の制服から、彼らの大半はアフガニスタン国軍《ANA》で、残りはわれわれと拠点を共有しているアフガニスタン国家警察《ANP》だとわかった。ＡＮＰの連中は、彼らが〝正式な取引〟のときにだけに着る、ライトブルーの長いローブを身につけていた。

　彼らが許可なく拠点の外に出ているのは明らかだった。哨戒前のブリーフィングでは、拠点の外にこちら側の人間がいるという報告はなかった。われわれが拠点を出てからそう時間がたってはいないのだから、ＡＮＰが拠点を離れたのはつい先ほどのことなのだろう。彼らはどうやら、常識まで拠点のなかに置き去りにしてきたようで、誰ひとりとして武器を携えていなかった。このナウザードにおいては、これはあまり賢明な態度とは言えない。

　デーブにこっちへ来いと合図をしたそのとき、ふいに円陣のほうから、殺気立つ吠え声が聞こえた。振り返ると、アフガン人たちが一段と大きな声を張りあげ、懸命に野次を飛ばしている。興奮して歩きまわる男たちの隙間から、円陣の内側に、怒り狂った大きな犬が二匹いるのがちらりと見えた。

　その瞬間わたしは、自分がなにを目撃しているのかを悟った。「くそ野郎どもが」

　一週間ほど前に、ＡＮＰの犬がしばりつけられているのを見ただけでも相当に気分が悪かったのだ。

　まさかやつらがここナウザードで闘犬をしようとは、思いも寄らなかった。

　一匹の犬が埃っぽい地面に叩きつけられて、ドサリと嫌な音を立てた。体の大きなもう一匹が、そのすぐ近くに着地する。ガバリと口を開き、ゴミが散らかった地面から起きあがろうとしている相手に襲いかかる。二匹が互いの喉を狙ってぶつかり合うと、歯がガチンと音を立てた。どちらの犬も、かつて耳があった部分には血だらけの付け根しか残されていないため、あとは相手の喉を狙うしかないのだった。

わたしはめったなことでは怒らない。争いは避けて通るべきだという教訓は、とうの昔に身に染みていた。しかし動物の虐待を目の当たりにしては、そんなことを言ってはいられない。動物は自分で自分の身を守ることができないのだ。もう我慢できなかった。わたしがアフガニスタンに来たのは、この国の人たちが立ちあがるのに手を貸すためであって、こんな野蛮な習慣を守るためではない。今度はＡＮＰの犬のときのような駆け引きをするつもりはなかった。

それ以上なにも考えずに、大騒ぎをしている輪のほうへ歩き出す。近づいてみると、一方の犬がもう一方の犬よりも明らかに大きいのがわかった。大きなほうは体がマスチフほどもあり、小さなほうはシェパード程度だ。輪を作っているアフガン人たちのシルエットから、ほとんどの男が硬そうな長い棒を手にして、犬を押したり叩いたりしているのがわかった。いま自分の目の前で繰り広げられている光景は、インターネットの動画で見るよりもはるかに残酷だった。

わたしは他国の文化に対しては一方的な判断をくだしたりせず、できうる限り尊重し、理解しようと思っているが、この犬たちにはなにかを選ぶ自由などない。やるかやられるかだ。わたしのなかで、なにかがぷつりと切れた。

アフガン人は闘犬に熱中するあまり、わたしが近づいているのにも気づかなかった。二匹の犬が互いに飛びかかる。大きな犬のほうが上手《うわて》で、小さな犬をたやすく圧倒して地面に叩きつけた。小さな犬は荒い息をついており、大きな犬はすぐに襲いかかろうと口を開けて跳びあがった。アフガン人のどなり声が大きくなる。

わたしが力まかせに輪を突き破ると、ＡＮＡの兵士がふたり、顔から地面に突っ込む寸前で危うく手をついた。

「ここでなにをしているっ」円陣のまんなかに飛び出して叫んだ。

そんな質問をしても意味がないのはわかっている。通訳はいないのだ。しかし声にこもった怒りは、言葉の壁を越えて伝わるに違いない。

一斉にこちらを振り向いた男たちは、カッと目を見開き、日焼けした顔にありありと憎しみの表情を浮かべていた。二匹の犬はこのチャンスをのがさなかった。どちらも、わたしの乱入で生まれた隙間から輪を飛び出し、またたく間に走り去った。

アフガン人はわたしに向かってどなり散らしている。なにを言っているのかはわからなかったが、楽しみを邪魔されてかなりイラついているのは確かだった。

連中がわたしから数メートルのところで足を止めると、いちばん年上のアフガン人警官が前に出てきた。警官はこちらの胸をドンと突き、わたしには理解不能な言葉をまき散らした。あまりに接近してくるので、臭い息が顔にかかる。とても耐えられない。

「おいさがれよ」わたしはあいていた左の手の平で力一杯、相手を押し返した。

警官が自分の足につまずいてどさりと尻もちをつくと、地面の埃が彼の両脇にふた筋の煙のように立ちのぼった。客観的に見れば滑稽な場面だったかもしれないが、わたしはとうてい笑うような気分ではなかった。それにANPの司令官を突き飛ばすというのは、外交上のルールを無視した行為だった。しかしこのときはまともな考えなど吹き飛んでいた。

「二度とおれにさわるな」わたしは人差し指を相手に突きつけ、右脇にさげていたライフルを持ちあげながら言った。

まずい。このままでは厄介なことになる。

アフガン人たちはこちらに詰め寄り、犬が逃げた方角を指さしながら絶叫している。相手と距離をとろうとわたしが一歩さがると、さっきの警官が立ちあがった。さがってみて気づいたのだが、わたしは路地の壁際まで追いつめられていた。わたしは司令官に汚い言葉を浴びせかけ、司令官も汚い言葉と思われるなにかを、こちらに向かって叫んでいた。

この状況から抜け出すのはとうてい無理だと思ったそのとき、ふいにデーブが警官たちをかき分けてはいってきて、わたしの横に立った。「もう十分だ、ペン。行こう」デーブはわたしの腕をつかみ、パトロール隊のほうへ引っ張っていった。

部下たちが、隊列を詰めて路地にはいってきているのが見えた。アフガン人たちはすぐに、パトロール隊がいつものように周囲に目を光らせるのではなく、自分たちのほうを向いて立っているという事実を悟った。

部下たちが武器を構えるまでもなかった。ひとかたまりになっているアフガン人たちは、われわれの意図を十分に理解したようではあったが、それでもまだ怒りに顔をゆがめたまま、こちらをにらみつけていた。デーブが先頭の兵士に合図をし、パトロール隊はわたしが引き起こしたささやかな暴動の現場をあとにした。

わたしは一歩踏み出しながらもアフガン人のほうを振り返り、わたしの胸を押した警官に目をやった。警官は身じろぎもせずに立っていたが、やつがののしり、どなり散らす声は、いまも路地裏に大きく響き渡っているように思えた。踵を返してあいつを思い切り殴りつけてやりたいという思いが、抑えようもなくわいてきた。あまりの怒りに体が震えた。

アフガン人たちのところに戻ろうかとも思ったが、その考えを察したデーブが、わたしをなんとか引っ張ってパトロール隊に追いつかせた。角を曲がる直前、わたしはもう一度振り返り、人差し指を出して最初にやつらを、それから拠点の方角を指さした。やつらにはその意味がわかるはずだ。わたしはこの先も、ただ突っ立って犬が闘わされるのを眺めているつもりはない。それがどこかの国の文化だろうとなんだろうと、知ったことではない。

ボロボロのまま放置されているその建物は、拠点の西端近くにあり、いま使用されているどの建物からも、大きな空き地ひとつぶん離れていた。ANPがごくたまに、調理のためにそこを使っていたが、それはたいていなんらかの理由で、昼のあいだに食事の用意ができなかった場合に限られていた。夜中に野外で調理などすれば、タリバンの格好の標的になってしまう。

建物の状態はかなり悲惨だった。窓もドアもはまっておらず、中央の入り口からはひどい汚物のにおいが漂っている。むき出しの壁はひび割れ、絶え間なく埃をまき散らしていた。

K中隊がナウザードに来て以来、この建物のなかはちらりとのぞいたことがあるだけだった。わたしが今日、この場所をもう少しよく見てみようと思い立ったのは、ひとつにはじりじりと焼けつく昼間の太陽からのがれて、日影に入りたいという思惑があったからだ。

入り口をまたいで玄関に足を踏み入れたとたん、気温が一、二度さがった。いまはこの涼しさがありがたかったが、アフガニスタンの冬はもうすぐそこまで近づいていた。分厚い泥の壁は、部屋を暖かく保つのに役立つとは思えないし、もちろん暖房などあるはずもない。

狭い玄関ホールにはドアのない入り口がふたつあり、右と左に位置する大きな部屋につながっていた。どちらの部屋にも小さな窓がひとつついており、そこからまぶしい午後の太陽の光が弱々しく差しこんでいる。部屋をぐるりと見まわしても、細かい部分までは見えなかった。

懐中電灯をベルトのケースから取り出し、あかりをつける。

家具はなく、汚れた調理器具や食べものの包み紙が転がっているだけで、床の上には値打ちのありそうなものはいっさい見あたらなかった。

ところがふいに、古い紙が何枚か床に広げられ、その上に手作りのブロックのようなものが五、六個積み重ねて置かれているのに気がついた。わたしは興味をそそられ、もっとよく見ようと腰をかがめた。ブロックのひとつを手に取る。それは泥を正方形のタイルのような形に固めたものだったが、イギリスで見るような既製品の壁用タイルと比べると、厚みがゆうに一〇倍はあった。タイルの中央には、細長い葉を四本、コンパスの針のように放射状に配置した模様が刻まれていた。ずしりと重いタイルを、手のなかでひっくり返してみる。これを作った誰かはなぜこのブロックの装飾に、これほどの手間と時間をかけたのだろうか。これよりももっと重要な仕事があっただろうにと、わたしは考えた。この土地では、ただ生きのびるだけでも大変なはずだ。

暗闇の奥にさらに三歩、足を踏み入れる。わたしから見て左手の、部屋の入り口からは見えない場所に、小さな壁龕《アルコーブ》があった。さらに近づいてよく見ると、そこは実際には、ちょっとした物置に通じる入り口だった。

わたしは心のどこかで、この古い建物のなかで、ナウザード拠点のかつての様子を偲ばせるなにかが見つかるのではないかと期待していた。しかし一方で、誰かがとっくの昔にこの場所を調べつくしただろうことも、よくわかっていた。

それでもまさかこの小さな部屋の奥から、怒ったような低いうなり声が聞こえてこようとは、予想もしていなかった。わたしは完全に不意を突かれた。

懐中電灯の光を床までさげ、うなり声の出どころに向ける。大きな目がふたつ、光を反射して赤く光った。暗闇からまたうなり声が聞こえ、ふたつの目はじっとこちらをにらんでいる。

わたしは一歩うしろにさがり、懐中電灯で部屋全体を照らしてみた。すると、物置の隅で体を丸めている犬の姿が見えた。ひと目見てすぐにわかった。これは数日前、路地で闘犬をさせられていた、シェパードに似たあの犬だ。

「うそだろ」思わずそうつぶやいた。

犬はもう一度うなったが、まだじっとうずくまっている。

いったい全体、こいつはここでなにをしているんだ？　それにそもそも、誰がこいつを拠点に入れたんだ？　疑問が次々にわいてくる。わたしの「防犬仕様」のゲートは、ちゃんと機能しているはずだ。「ＡＮＰが、おまえをここに入れたんだろう？」わたしは低い声で犬にささやいた。犬はそれなりの大きさがあったので、小さな物置の埃だらけの床に、体をきつく丸めてようやく寝そべっていた。うしろ足を片側に揃えて、体にぴたりと引き寄せている。

犬は懐中電灯の光のほうに頭を向け、このわびしい隠れ家にやってきた侵入者を確かめようとした。犬の顔は確かにシェパードによく似ていたが、あの大きな茶色い耳だけが欠けていた。そこにはただ、耳の根元が残されているだけだ。右側の根元には、いまも乾いた血がこびりついている。犬の背中は薄茶色の短い毛に覆われており、ただし前足の先から膝の関節までの毛は白く、まるで靴下をはいているように見えた。

犬はまだ、じっとわたしを見つめている。

「よしよし。おれを晩めしに食おうっていう気はなさそうだな」わたしは言った。どっと安心感が押し寄せた。

食べものはどんな動物にも通じる言語だ。「段ボール・ビスケットを食べるか？」懐中電灯を地面に置き、こちらの顔が犬にはっきり見えるようにしながらわたしは聞いた。腰を低くかがめ、胸のポケットを探って、常に持ち歩いているビスケットを取り出す。「ビスケット」と言うと聞こえがいいが、このパサパサの物体は、見た目も味も段ボールそっくりだった。それでも兵たちはこれまでの経験から、突如としてはじまるタリバンの攻撃につかまって、サンガーに何時間も、ほんのわずかな食べものもなしに閉じこめられるのだけはごめんだと思うようになっていた。たとえそれが、ひと口かじるたびに水が一リットル飲みたくなるような代物だったとしてもだ。

左手を犬のほうにのばす。人差し指と親指でビスケットをつまんでいるのは、犬の気が突然変わって、わたしを晩めしにしようとしたときのための用心だ。こいつの歯が敵に襲いかかるところは、すでに見ている。あれをもっと間近で見たいとは思わなかった。

犬がまたうなり声をあげた。グルルルというその低い声は、なにやら恐ろしげな獣が、たったいま眠りから覚めたという風情だった。わたしはおもわずたじろいだ。左腕をもう少し先までのばしたが、犬まではまだたっぷり一メートルは距離があった。

「大丈夫だ、力を抜け」と自分にささやきながら、さらに犬に接近する。この犬が見かけほど凶暴なやつでないことを祈るしかない。

「いい子だ。怖くないからな」やさしげな声でそう言った。「おいしいぞ。保証する」

わたしは茶色いビスケットを、犬の鼻先に向かってヒラヒラと振ってみせた。今度は犬のほうがたじろいだ。彼はビスケットに目をやり、疑わしそうににおいをかいだ。おそらくナウザードの町では、これまでビスケットというものにお目にかかる機会はなかったに違いない。犬は頭を動かして、わたしが地面に置いたビスケットをくわえた。

「いいぞ。さっきのポケットからもっと出してやるからな」

犬がわたしよりもビスケットに興味を引かれたのを見て、わたしは胸をなでおろした。

そして緑色の袋からもう一枚ビスケットを取り出し、犬のほうに押しやったのだが、わたしの手が最初のビスケットを置いたあたりまでのびたとたん、突如として犬がこちらに向かって大きな頭を突き出して鋭い吠え声をあげた。

わたしはあわててうしろに跳びすさり、地面に尻もちをついた。

犬は体を動かしてはおらず、ただ首をのばしてきただけだった。それでも、彼の言いたいことは十分に伝わってきた。

「オーケーわかった。ここはおまえの陣地だもんな。それでいいよ、ワン公」ビスケットを犬に向かってヒラヒラさせながら、わたしはゆっくりと立ちあがった。

犬は今度は、においをかいだりはしなかった。ただ首をめいっぱい前方にのばして、歯でビスケットを受け取ると、ゆっくりと噛みはじめた。

「いいぞ。じゃあ水を取ってくるからな。それを食べたやつは、絶対に水が飲みたくなるんだ」

このまま犬を拠点に置いておくわけにはいかない。ANPがこのかわいそうな犬をどうするつもりかなど、考えたくもなかった。

とはいえ拠点にはいま、犬が出入りできる穴はないのだから、たとえそうしたくとも、あの子が自力で出ていくことはできないだろう。こちらが出してやらなければならない。しかしわたしのなかの理性が、犬がこちらを信用してくれるまでは、なにもするべきではないと告げていた。無理矢理外に引きずり出すようなことはしないに限る。

物置をあとにして、ギラギラと照りつける午後の太陽の下に出た。水が貯蔵してある場所まで歩き、洗いもの用の水が入れてある燃料容器《ジェリカン》を手に取った。四分の一くらいははいっているようだ。さっきの建物に戻ると、ANPがときどき調理に使っている部屋の床に、銀色の大きなボウルが落ちているのを発見した。ボウルは直接火にかけられたせいで、内側には調理されていたなにかが焦げてこびりついていた。外側は火にあぶられて真っ黒だ。

ボウルをさっと水でゆすぎ、内側に焦げついた食べものを、指でできるだけこそげ落とす。そしてボウルにたっぷりと水を入れ、ご機嫌ななめの犬が寝ている暗闇のなかに、そろそろと運び入れた。犬はわたしがここを離れたときとまったく同じ姿勢で寝ていた。さっきよりも気を遣いながら、ボウルを地面に置く。尻もちは一度で十分だ。

犬は動かなかった。ボウルを犬のほうに押しやる。うなり声は聞こえない。

「いい子だ。わかっただろ。おれはおまえの味方なんだ」精一杯親しげな声でそう言った。

腕時計を見ると、一六〇〇時のブリーフィングまでもうあまり時間がなかったので、ビスケットの袋の中身をすべてボウルの脇にあけた。「じゃあまたあとでな。ビスケットを置いていくから」

うれしそうにビスケットをかじる犬を残して、わたしはその場を離れた。打ち合わせに向かいながら、心のなかではひとつの難題を繰り返し考えていた。腕を一本も失わずにアフガニスタンの闘犬を建物の外に出すには、いったいどうしたらいいのだろうか？

故郷のわが家の夢を見ていたわたしは、腕時計のアラームに起こされた。

〇一三〇時。また一日をはじめる時間だ。寝袋にもぐりこんだのは、ほんの二時間前だった。寝袋のジッパーを開けると、夜の空気がひんやりと感じられ、わたしは急いでフリースを着こんでブーツを履いた。ありがたいことに、拠点のなかを少し歩くだけで、比較的暖かい作戦司令室にたどり着ける。無線番はいつもそこに詰めることになっていた。

ちょっとした空き地を横切っているとき、影がひとつ、銀色の月明かりに照らされながら、寒さをものともせず地面に座りこんでいるのに気がついた。あの闘犬だ。耳のない頭の輪郭が、泥壁を背景にくっきりと映えている。犬をもっとよく見ようと、わたしは一瞬足を止めた。そのとき犬がふいに、うしろ足をのばしてよろめきながら立ちあがり、ふらふらとこちらへ歩いてきた。

一瞬、逃げ出そうかとも思ったが、バカなことはやめろと自分に言い聞かせ、犬が近づいてくるのをじっと待った。犬はわたしの横までやってきた。戦闘ズボンのにおいをかぐ犬の頭が、わたしの足をそっとかすめる。

気がつくと、わたしは息を止めていた。

右手をのばし、犬の頭に近づける。そのときふと心のなかに、この犬はこれまでに一度もなでてもらった経験がないのではないかという考えがひらめいた。しかしもう遅い。わたしの手は彼の鼻のすぐ横にあった。

　わたしは手をのばしたまま、犬ににおいをかがせてやった。犬は何度か大きく息を吸い、小さくフンフンと鼻を鳴らすと、驚いたことにわたしの隣に腰をおろした。

　わたしはさらに図に乗ってみることにした。耳のあった場所にふれないよう注意しながら、そっと犬の頭をなでる。犬はたじろぎもせず、頭をこちらの手に押しつけてきた。手にさらに力をこめて、思い切りワシャワシャとなでてやる。すると犬は低いうなり声をあげたが、今度の声は、あの隠れ家にいたときに聞いたどの声よりもずっとやさしく、攻撃的な調子はすっかり影をひそめていた。それはフィズやビーマーがうれしいときに出す声に似ていたので、たぶんわたしはいま、なかなかうまくやっているのだろう。

　もう一度腕時計を確かめる。〇一五六時。あと数分で、わたしと同じく小隊軍曹を務めるダッチーを、無線番から解放してやる時間だ。たぶん少しくらい遅れてもダッチーは気にしないだろうし、それに彼はまだきっと、別の無線の前にいる通信兵と、ポーカーのゲームをしている最中に違いない。ポーカーとはいっても、賭けるのはもっぱら飴ばかりだ。この拠点にはおそらく、現金は全部合わせても二〇〇ドルくらいしかないだろう。お金はもはやわれわれにとって、生活必需品ではなくなっていた。

　わたしはそれからもうしばらくのあいだ、アフガンの輝く月明かりに照らされながら、犬と一緒に冷たい夜の風を感じていた。そして犬のほうは、ひたすら孤独で愛されることもなく生きてきた暮らしのなかで、生まれてはじめて誰かにかわいがってもらう喜びを味わっていた。

第4章 ナウザード

それからの数日はゆるやかに過ぎていった。タリバンとの戦線はひっそりと静まり返り、周辺の哨戒も、航空支援の不足から満足にできなかった。ヘルマンド州内の別の地域で行なわれている作戦が優先されているのだ。

時間があいたおかげで、この拠点のお粗末な設備にも、多少手を入れる余裕ができた。今日の仕事はシャワー・エリアの整備だ。

水道などというものは、ナウザードには、というよりヘルマンド州には存在しないも同然なため、拠点にはソーラー・シャワーが備えつけてあった。ソーラー・シャワーとはなにかといえば、まず大きな黒いポリ容器に水を入れ、太陽の下に数時間置いて熱を吸収させる。それからこの容器をなにかしら頑丈な支柱にぶらさげる。容器に開けた小さな穴にじょうろの口を取りつけ、そこから水が出切ってしまう前に、海兵がふたりほど、サッと汗を流すという代物だ。

これは実際、なかなかよくできたしかけだった。温かいお湯が浴びられる数秒のあいだに、各自が持参した使い捨てカミソリでひげを剃ることもできた。このカミソリは本来「一回使い捨て」の製品なのだが、いくらでもあるわけではないので、誰もが二、三日は続けて使っていた。ちょっと店へ行って新しいカミソリを買ってくるという贅沢は、ナウザードではありえない。隊の厳格な「あごひげ禁止令」を守ることは、面倒なうえに、使い古しの刃で切り傷を作る危険もはらんでいるのだった。

手はじめに、シャワーの排水を通す水路を掘る作業から取りかかった。われわれが寝起きしている部屋のすぐ外に水が溜まっては具合が悪いので、排水はANPが熱心に手入れをしている小さな庭のほうに流れるようにした。前に一度、その庭でどんな植物を育てようと思っているのかとANPにたずねたことがある。彼らの満面の笑みと、タバコを吸って煙を吐く身振りだけで、なにが言いたいかは十分に伝わってきた。

溝を掘り終えたころ、部下たちがくず置き場から古いキャンバス地を見つけてきた。これをソーラー・シャワーをぶらさげる支柱に取りつければ、ちょうどいい目隠しになる。

仲間同士で一緒にシャワーを浴びることなど、わたしたちは一向に気にならないのだが、ANPはこういった方面では非常に控えめなのだ。彼らの目には、われわれが大喜びで裸になり、水のはいった小さな容器の下に突っ立っている姿が、ひどく滑稽に映るらしかった。目隠しを取りつければ、彼らは裸を見なくてすむし、こちらは彼らの感情を害する心配をせずにすむ。

シャワーの仕上がりは上々で、完成も間近だったので、わたしは兵長に残りの作業をまかせてその場を離れた。あの闘犬の様子を見にいきたかったのだ。

犬はいまでも日中は例の廃屋に隠れており、夜になるとこっそり裏ゲートまでやってきて、ゴミ袋の山をあさって食べものを探していた。犬のこうした行動をANPが知っているのかどうかは定かではなかったものの、犬を拠点に入れたのは彼らだと、わたしは確信していた。

これまでに、犬がゴミ袋を破って食べものの包み紙をまき散らすのをやめさせようとしたことが何度かあったが、そんなとき犬は決まってこちらを威嚇するようなうなり声をあげた。残りのゴミ袋と自分の腕を守るために、わたしはしかたなく携帯食《レーション》のパックを開けて投げてやった。

ところが近くにゴミ袋がない場所では、犬の態度はがらりと変わった。無線番に行こうと歩いていたあの夜の出来事がなければ、きっと震えあがったに違いないくらいの勢いで、犬はわたしに飛びついてくるのだった。犬は体重が三〇キロ以上はありそうで、その気になれば、わたしにまた尻もちをつかせることも簡単にできる。

最初は少々、不安だった。ゴミ袋のことではあれほど怒りをあらわにする犬が、そんな態度を見せるのが不可解だったのだ。それでも犬が三回ほど同じように飛びついてきたところで、わたしは犬がこうして会えることを本当に喜んでいるのだと納得した。そして正直なところ、わたしも犬に会えるのがうれしかった。

哨戒に出る回数が少ないため、K中隊はいまだナウザードの住民と触れ合う機会を持てずにいた。だから当面、わたしにとってはこの犬が、アフガニスタンに暮らす生きものとの絆を育む相手ということになる。

犬は例の隠れ家の外で、乾いた泥の小山の上に座っていた。気前よくビスケットを与え、たっぷりとなでてやると、犬はいつものように全身で喜びを表した。犬とのあいだにはすでに信頼が芽生えており、わたしは犬の体を、昼間の光の下でそれまでよりもじっくりと観察することができた。

顔の右側、目のすぐ下に、深い傷が三本走っている。先日の闘犬騒ぎのときにできた傷に違いない。こうして見ると、右目を失わずにすんだのはつくづく幸運だったと思えた。

犬にビスケットをやりながら、血のついた耳の具合も確かめる。ひどい有様だった。耳のまわりにはいつもハエが飛んでいるので、このまま放っておくわけにはいかなかった。ハエが大挙してやってきたり、病気に感染してはたまらない。あいているほうの手を使って、犬の耳に、持参した殺菌効果のある軟膏を塗りこんでやる。傷をさわられたら嫌がるかと思い身構えていたが、犬はわたしの左手からビスケットを食べ続け、耳をさすられていることはまったく気にならない様子だった。

この子はこれまでに何度くらい、闘犬をさせられてきたのだろうか。目の前の犬が、そして拠点の外でいつもゴミあさりばかりしているほかの犬たちが哀れだった。こんな生活はあんまりだ。とはいえアフガニスタン中にいる何千匹もの犬のために、いったいわたしになにができるというのだろう。

ここがイギリスであれば、英国王立動物虐待防止協会《RSPCA》に一本電話をかけるだけで、何人ものボランティアが、まるで魔法のように姿を現すはずだ。わたしがいまいるこの場所は、そうした世界から何万キロも離れている。この子にビスケットをあげる以外、わたしになにかできる可能性など万にひとつもないのだった。

なにも変えられない自分の非力さがたまらなかった。それでも、この犬を見捨てることはできない。いまの問題は、この孤独な犬とわたしとが、互いに大事な友だち同士になろうとしていることだった。

*

リサの声を聞けるのはうれしい。たとえそれが午前二時であっても、彼女が月の裏側ほど遠い場所にいたとしてもだ。

ついにわたしにも、隊に一台しかない衛星電話を使って、家に電話をかける順番がまわってきた。そもそも電話があること自体に感謝すべきなのかもしれないが、六〇人に一台しか電話がないのでは、二〇分間話せるテレホンカードを毎週もらっていても、使い切るのはいささかむずかしい。ひとつしかないバッテリー・パックを繰り返し充電するのも相当に面倒で、さらに言えば、暇な時間を見つけるのも容易ではなく、しかもアフガンとイギリスとの五時間の時差が、なおさら話をややこしくしていた。

わたしは政治にあまり関心はないが、政治家が戦闘地域にいる兵士の福利厚生を改善したと発表するのを聞くたびに、そりゃあたいしたもんだとひとこと皮肉を言わずにはいられない。インターネットの端末や、電話で話せる時間が増えれば、主要基地の連中が喜ぶのは間違いないが、前線の作戦拠点にいるわれわれにはなんの恩恵もない。先日は、トニー・ブレア首相が軍の士気を高めるためにアフガニスタンを訪問したと聞かされた。わたしが見たところ、この拠点の人間は誰ひとり、トニー・ブレアが来ようが来るまいが、なんら気にしていないのは明らかだった。そんなことをしてもらってもなにも変わらない。首相をここに連れてくるくらいなら、その費用をみんなに分配してくれたほうがまだましだ。そうすれば、さぞかし士気が高まったことだろう。

ありがたいことに、リサはわたしと同じ軍の人間で、連絡をとることのむずかしさを理解してくれている。数年前、リサが駆逐艦ＨＭＳマンチェスターに搭乗し、カリブ海での（同じ海軍だというのになんという違いだ）対麻薬密輸作戦に参加した際、わたしたちはごくたまにしか来ない短いメールや、早朝にかかってくる電話を、人生の一部として受け入れるようになった。ふたりとも、相手がいまどんな事態に直面しているかをよくわかっているので、それについてわざわざ話す必要もなかった。

しかしほかの兵たちの場合はそうはいかず、彼らの多くが故郷にいる恋人に、電話を自由に使うことは本当にできないのだと納得してもらうのに四苦八苦していた。バスティオン基地に舞い込む別れの手紙も少なくなかった。

自身も軍人であるリサはまた、傍受対策の施されていない電話では、すべてを話せるわけではないことも理解していた。われわれは上から、一帯に展開している各国軍が、あらゆる通話を傍受している可能性があると聞かされていた。正直なところわたしは、どこかの小屋にいる暇な通信兵に、わたしとリサがフィズとビーマーのことや、ＨＭＳローリー【イギリス海軍の基礎訓練施設】の体力練成部門の近況について話すのを聞かれても、一向に構わなかった。

話題が尽きるのを待って、わたしは闘犬の話を持ち出した。数分かけて、どうやってその犬を見つけたのかということや、なぜ闘犬の場に居合わせたのかなどを説明する。

電話の向こうからため息が聞こえた。

「ハニー――あなたまさか、アフガニスタンから犬を連れて帰ろうとは思ってないわよね」怒っているわけではなく、ただ現実的な話をしているという口調だった。それが当然の反応だろう。

「わかってる。でもなにかしてやらなくちゃ。リサ、あの子には耳がないんだよ。アフガニスタンにだって、動物のための福祉団体のようなものがあるはずだ」気がつけば、ほとんど懇願するような言い方になっていた。

「あったらどうするの？」

「そりゃあ、その団体に新しい飼い主を見つけてもらうとか」

そこまで話したところでわたしは、自分がこの問題について、いままできちんと考えたことがなかったことに気がついた。いったいどこの誰が、アフガニスタンの闘犬のために、わざわざ飼い主を見つけてくれるというのだろう。

「わかったわ。とにかく探してみるから」わたしを黙らせるために、とりあえずそう言っておこうと思っているのがわかる口ぶりだった。

「愛してるよ、ハニー」とわたしは言った。本当にそう思った。

「まったくあなたときたら。でも愛してるわ。気をつけてね」

わたしはツーッという音が聞こえる前に、通話を切るボタンを押した。

さよならを言うのは苦手だ。

＊

そんなわけで、どうやらリサが福祉団体を探してくれることになったので、わたしのほうはあの闘犬のために、もう少しきちんとしたすみかを用意してやることにした。少なくとも、フェンスで囲った小さなドッグランくらいは用意してやりたい。あの犬の気性をまだ完全に把握したとは言えないので、拠点の敷地内を自由にうろつかせるわけにはいかなかった。万が一にも、海兵隊員に嚙みつこうなどと思ってもらっては困る。それにANPが、あの子をまた闘犬に使おうとしないとも限らない。

しかしそうしたあれこれをはじめる前に、司令官にわたしの計画を話しておく必要があった。なんといっても、この拠点のボスは彼なのだ。

わたしは翌朝に予定されていた、士官と上級下士官が集まる会議を待った。司令官が部屋を出て、作戦指令室にはいるタイミングを狙って声をかけた。

「ボス、ちょっといいですか」

うちの司令官は、すらりと背が高い男性で、なにかにつけて自分がスコットランド代表のサポーターであることをまわりにふれまわっていた。われわれがここに赴任する直前に、サッカーの欧州選手権がはじまっていたのだ。しかし当然ながら、誰もそのことで司令官を敵視したりはしなかった。口調はおだやかで、めったなことでは怒らない。士官としてはとても話しやすいタイプであり、わたしは彼の下で働くことを楽しんでいた。ボスはまたこの拠点にいるふたりの軍曹からの助言に耳を傾け、ときにはそれをもとに行動することもあった。

わたしは単刀直入に切り出した。司令官はANPの闘犬の一件で、わたしがかなり頭にきているのを知っていた。同情票に賭けてみることにしよう。使われていない建物で犬を見つけたこと、そしてその犬を保護施設《レスキュー》に送るつもりだというわたしの話を、ボスはただうなずきながら聞いていた。わたしは少しばかり嘘をついて、リサがすでに犬を預かってくれる福祉団体を見つけたことにしておいた。

「現在は輸送手段を検討しているところです」

ボスは黙ったまま、口角をわずかにあげて微笑んでいる。

「いい」とも言われなかったが「だめだ」とも言われなかったので、わたしは救出作戦を進める許可が下りたと考えることにした。

　歩き出しながら、思わず頬がゆるむのを感じた。

「それで名前はどうするんだ？　ファージング軍曹」

　わたしは足を止め、司令官に向き直った。司令官はまだ笑顔だったが、天井のほうを見あげてあきれたように首を振っていた。

「いい質問ですね、ボス。実はまだ考えていないんです。決まったらお知らせしますので」

　司令室を出て兵舎のほうへ向かいながら、わたしはいまや正式にここの一員となった犬にふさわしい名前を、あれこれと考えていた。

　弾丸《ブレット》？　だめだ。ロイヤル？　いまいち。軍に関係した言葉はピンとこない。ABはどうだろう？　あいつが大好きなあのビスケットは、正しくは「ABビスケット」という名称なのだ。ABがいったいなにを意味しているのかは謎だったが。

　デーブが非番の兵たちと一緒に、最近恒例となっているグチ大会のメイン会場である木のテーブルを囲んでいた。目下のところ不満の一番の原因は、政府が打ち出したいわゆる〝赴任ボーナス〟で、これは軍人が六ヵ月の赴任期間のあいだに給料から支払った税金を、一部払い戻してもらえるというものだった。一見、悪くない話だと思うかもしれないが、実はこれには落とし穴があり、払い戻される税金の額は、階級の低い兵の給与帯を基準に算出されるのだ。ここにいる者は、ほぼ全員がそれよりも高い給与帯に属していたので、実際に払い戻される税、つまり〝赴任ボーナス〟の額は、われわれが武装地帯で六ヵ月間過ごすあいだに支払う税金の額には遠くおよばないのだった。赴任ボーナスについてなら、われわれは何時間でも文句を言い続けることができた。

「それでどうだった？」わたしがテーブルに加わると、デーブが言った。三週間前からひどく怪しげな口ひげを生やしはじめたデーブは、表紙にトップレスの女性が幾人かあしらわれた雑誌を熱心にのぞきこんでいる。デーブはこれまでに何回か、犬にごはんをやるのにつきあってくれていた。ところが善意で足を運んでくれたにもかかわらず、ごはんをあげようと腰をかがめたデーブがお返しに受け取ったのは、ことのほか恐ろしげな吠え声とうなり声だけだった。

「まあまあだ。ボスは計画に賛成してくれたと思うよ。とにかく『ノー』とは言われなかった」とわたしは答えた。「だけど犬の名前はなににするのかって聞かれたよ。なにかいい名前はないかな」

「奇襲部隊《コマンドー》はどうだ」とデーブが言ったが、片方の目はまだ雑誌を見つめたままだった。

「うん、なんかそんなヤツでいいんだが。ブートネックはどうだろう」

〝ブートネック〟というのは、王立海兵隊員《ロイヤル・マリーン》をあらわすのに使われる俗語《スラング》だ。

テーブルを囲む兵のなかにいたダンが、読んでいた男性誌を下におろした。

「ナウザードはどうですか？」わたしとデーブのほうを見ながら彼が言った。

デーブは今度は興味を引かれたようで、雑誌をテーブルの上におろした。

「この町は戦いで傷ついてますよね」ダンはさらに続けて、名前の意味を説明した。「えーと、それで、あの闘犬もやっぱり同じように傷ついてるじゃないですか。耳がなくて、顔に傷があって」

まさしくダンの言うとおりだ。ナウザードなら響きもいいし、ちゃんと意味もある。

「おいダン、お手柄だ」わたしはにっこりと笑った。「夜は非番にしてやるぞ」

「本当ですか？」ダンがいかにもうれしそうな声を出した。

「ウソだ」わたしは浮かれるダンを一気に突き落とした。「人手があればそうしたいところだが、残念ながらないんだ。また今度な」

歩き出しながら、わたしはダンを振り返って言った。「おれだったら、誰かをクソ呼ばわりするときには、こっちの声が聞こえないところまで相手が離れてからにしておくぞ」

そこはなかなかよさそうな場所だった。その小屋は、屋根と一方の壁が、とっくの昔にどこかへ吹き飛んでなくなっていた。しかし少しばかり想像力を働かせて、さらにリサがいつもあなたには才能がないとのたまうわたしのDIY技術を投入すれば、残っている三方の壁をフェンスで覆って、ナウザードのためのドッグランに仕立てられるだろう。

うしろを振り返って、鉄の杭につながれているナウザードに目をやる。日中の照りつける陽射しの下で、ナウザードは日影に寝転がって荒い息をついていた。「狂った犬とイギリス人」という言葉が頭に浮かぶ［一九三一年にイギリス人の作家、俳優、作曲家のノエル・カワードが作った歌の題名。「昼間の太陽の下に出かけるのは、狂った犬とイギリス人だけ」と歌う］。まあ少々頭がおかしいのは、わたしのほうだけかもしれないが。

次の無線番がまわってくるまで、まだ二時間はあった。やろうと思っていた手紙書きの作業は、また今度でもいいだろう。これだけの時間があれば、十分ドッグランを完成させられるはずだ。とはいっても、これまでにドッグランを作った経験があるわけではない。

まずは、機関兵たちが廃棄処分にした、折れたり、ねじ曲がったりしたヘスコ・フェンスを集めてきて、数人の部下の手を借りてまっすぐに直す。これが二・五メートル分もあれば、ボロボロになった小屋の三方の壁を、フェンスでぴったりと囲ってしまえる。さらに巨大な金属コイルを蝶つがいで取りつけてゲートにすれば、ナウザードに給餌するときにはそこから出入りできるようになるだろう。

ただしひとつだけ問題があった。小屋のむき出しの床には、人間の大便がそこら中に小山を作っていたのだ。ANPはわれわれが設置した簡易トイレを使うのを拒んでいたのだが、どうやらこの場所こそが彼らのトイレであるらしかった。大便は至るところに落ちていた。腰くらいの高さがある、もとは窓だったと思われる狭い棚状の空間にまで、こんもりと山になっている。いったいどうやってあそこにのぼって腰をおろしたのか、想像もつかない。

幸いなことに、わたしは当時、K中隊における大便焼却のエキスパートだった。毎週土曜日になると、われわれは粛々と簡易トイレの便器を取りはずし、なかの排泄物を燃やす儀式を執り行なう。これを怠ると、何千匹という数の黒バエがトイレにたかってしまうのだ。大便焼却は軍曹としての責務の一環だったのだが、新兵募集のパンフレットに、この仕事について言及されているところは見たことがなかった。排泄物を燃やすのにいちばんいい方法は、ガソリンとディーゼル油を混ぜ合わせたものを上からかけ、しばらくおいて染みこませることだ。不思議なもので、糞の山にマッチを放《ほう》る瞬間、わたしは心の底からわきあがるような満足感を覚える。うんざりするほど退屈な状況に置かれると、人は意外なことに楽しみを見い出すものらしい。

燃料倉庫として使っているコンテナには、ガソリンやディーゼル油の缶がぎっしりと詰まっていた。ガソリンとディーゼル油をひと缶ずつ手に持ち、ランに運ぶ。

気温があがっているせいで、悪臭はさらに威力を増していた。とてもじゃないが耐えられそうもない。わたしはサングラスをかけ、首に巻いていた汗止め用のスカーフを引っ張りあげて鼻と口を覆った。

「おい大将、せいぜいおれに感謝しろよ」わたしは日影でうたたねをしているナウザードに向かってそう言った。体の平たい、砂色をした大きなハエが二匹、ナウザードの背中を覆う短い縮れ毛のなかから現れ、また姿を消した。以前にも追い払おうとして、あまりにすばしっこいので逃げられたやつらだ。あとでちゃんと対処しなければ。

わたしはマッチを擦り、それを離れた位置から糞の山に向けて放った。混合燃料がボワッと音を立てて燃えあがったが、ナウザードはほんの一瞬、目を覚ましただけだった。

それから一時間半のあいだ、ナウザードはぴくりともせずに眠り続け、一方のわたしは、彼の新居づくりにいそしんだ。燃やした大便はシャベルで簡単にすくいあげることができる。控えめに表現しても、とうてい魅力的な仕事とは言えない。わたしは大便を黒いゴミ袋に入れ、それを本日二度目の火あぶりに処するために焼却穴まで運んでいった。口を布で覆ってはいたが、せっせと働くあいだも、息はできるだけしないようにしていた。

ヘスコ・フェンスは、思惑通りの場所にぴたりとはまった。わたしが車を運転して〃借りて〃きた、二本の金属製の杭が役に立った。本来は、防御用の有刺鉄線を支えるのに使われるものだが、この杭がフェンスをまっすぐに支えてくれたおかげで、ランの壁のない面もしっかりと覆うことができた。蝶つがいで取りつけたコイルはわたしがやっと通れるくらいの幅があり、うまくゲートの役割をはたしてくれそうだった。

このころには、好奇心を刺激された非番の部下たちが何人か、いったいなにごとが起こっているのかと見物に集まっていた。連中のほとんどは、わたしがナウザードをレスキューに届けようとしていることを知っていた。心から応援してくれる者もいれば、わたしのことをイカれてると思う者もいた。でもそんなことはどうでもよかった。犬のおかげでわたしは忙しくしていられるし、こうしていれば少なくとも、自分がなにか前向きなことに取り組んでいるという気持ちになれた。

ところがこのとき、部下のひとりから、次に迫撃砲が飛んできたらナウザードはどこに避難するのかとたずねられ、わたしははたと考えこんでしまった。認めたくはないが、わたしは本当に、ナウザードの頭上を守るための対策をまったく考えていなかったのだ。しかしいまはもう、あれこれ検討している時間はなかった。またあとでなんとかするしかない。

二時間ほどの重労働を終えたわたしは、困惑したような表情のナウザードを新品のランに残したまま無線番に向かった。

タリバンに動きがないと、無線番の時間はひどくのろのろとしか進まない。もう丸一週間も静かな日が続いている。無線は、無線番のひとりが各人の状況をチェックするときにだけ息を吹き返したが、それ以上のことはなにもなかった。

数日前に一度だけ行なわれたナウザード北西部の哨戒の途中、われわれは町の長老たちに会い、彼らから停戦してほしいとの要請を受けていた。わが軍の情報部からは、この地域のタリバンは重火器を切らしているとの報告がはいっていたので、この停戦要請を聞いてなるほどと思った。町の長老たちはおそらく、苦しい立場に追いこまれているのだろう。彼らはわれわれに、哨戒範囲を拠点の周辺だけに限定してほしいと強く迫った。そんなことをしても、タリバンが誰にも邪魔されることなく武器の補充に専念できるようになるだけだ。それでもわれわれは、長老たちがみずから地元の会議《シューラ》の場で、タリバンのリーダーたちと交渉をするのにまかせなければならない。交渉がうまくいかないとなれば、そこでようやくわれわれの出番が来る。わたしには、話し合いでなにかが解決する可能性はあまりないように思えた。

長老たちがいま、拠点を出て哨戒をしてくれるなと言っているのは、そうした動きは敵対的な行動とみなされかねないし、そうすればタリバンに攻撃を再開する絶好の口実を与えることになると、彼らが考えているからだ。まわりくどいやりかたに従うのはじれったかった。

ようやく無線番を終えたわたしは、個人的な用事をすませるためにしんとした敷地を歩いていったが、兵舎として使っている建物に向かう途中、ふとナウザードが新居を気に入ったかどうかを見てみようと思い立った。

わたしは口をぽかんと開けて、ランの変わりようを眺めていた。わたしがここを離れたとき、ランにはただフェンスが取りつけてあるだけだったのだが、ナウザードはいま、砂漠用の迷彩ネットが作る日影の下で寝転んでいた。しかしもっと驚かされたのは、ランの四分の一ほどが、ナウザード専用の迫撃砲シェルターに覆われていることだった。シェルターの高さは六〇センチほどで、土嚢の壁に囲まれ、その上にベニヤ板を渡して、さらに土嚢を何層にも重ねて屋根に仕上げてある。ナウザードが出入りするための小さな隙間は、ドッグランの四方の壁のうちいちばん強度に欠けるフェンスだけの面とは、別の方向に向けられていた。わたしは満面の笑みを浮かべながら、何度もうなずいた。

部下たちが土嚢に砂を詰める作業をどれほど嫌っているか、わたしはよく知っていた。あの大きな犬に好意を寄せているのは、どうやらわたしだけではないようだ。部下たちの仕事ぶりにいたく感心しながら、わたしは心のなかで、ナウザードがここにはいらなければならないような事態が起こらないでほしいと願っていた。

夕食を受け取る列に並びながら、兵士たちは陽気に冗談を飛ばし合い、歩哨所《サンガー》で仕入れてきた噂話に花を咲かせている。たいして大人数の部隊でもないのに、拠点内ではこれまでに、やたらと大げさな噂が流れたことが何度かあった。なかでも最新のネタは、クリスマスにゴードン・ラムゼイ［ミシュランの星を持つレストランを経営する人気シェフ］が拠点を訪問して、兵士たちのために腕を振るってくれるというものだった。

わが拠点のコックを務める青年が姿を現し、熱々のチキンカレーがはいった大鍋をふたつ、給仕用カウンターとして使われている折りたたみ式のテーブルの上に置いた。ここ数日のあいだに仕入れた情報によると、このさわやかな顔立ちの青年は、上から言われて仕方なく調理師の訓練を受けたということだった。残念ながら、青年はその訓練をほんの一部しかまじめに受けなかったようで、彼が作り方を知っている料理はただひとつ、カレーのみだった。

コックが鍋をテーブルに置いたそのとき、頭上の空いっぱいに何千という赤い筋が尾を引き、丘《ヒル》から発射された曳光弾が東を目指して飛んでいった。タリバンが戻ってきたのだ。

「警戒態勢！」そう叫ぶまでもなかった。わたしともうひとりの軍曹は同時に反応し、列に並んでいる兵たちに向かって散れとどなっていた。ほとんどの兵が、すでに走り出していた。

「こいつはどうしたらいいんだよ！」とわめくコックの声が、五〇口径の弾が頭上を飛んでいくブーン、ブーンという音の向こうからかすかに聞こえた。ブチ切れたコックはおたまを中庭に向かって放り投げ、それが戸口のところで武器とボディアーマーを拾いあげていたわたしの頭をかすめた。

「冷蔵庫に入れておけ。また戻ってくる」わたしは駆け出しながら叫んだ。

北のサンガーにある自分の定位置を目指して、居住エリアを抜けようとしていたそのとき、彼の返事が耳に届いた。

「だけど軍曹、ここには冷蔵庫なんてないじゃないスかっ」


爆発地点は拠点から七〇〇メートルしか離れていなかった。味方の迫撃砲が目標を直撃し、一瞬、目もくらむほどの閃光が、まるでカメラのフラッシュのように周辺の建物を照らし出した。

無線に、ヒルが正確な小火器攻撃を受けているとの報告がはいった。タリバンは平穏に過ぎていったここ数日の遅れを、一気に取り戻そうとしているらしい。司令官から、われわれのサンガーに戦闘にはいれとの命令がくだり、わたしたちは敵陣に向けて反撃を開始した。うちより東寄りのサンガーも、どうやら小火器攻撃にさらされているらしい。すぐにカレーにありつけそうもないのは明らかだった。

ヒルは敵陣への爆撃を強めたが、二カ所にわかれた火点に攻撃を分散させられていた。中隊先任軍曹が、拠点内にある迫撃砲で照明弾を打ちあげて、機関銃手が目標を特定するのを支援しろと命じた。

耳をつんざく轟音が響いた。空は双方から飛びかう曳光弾で赤く燃えあがっている。われわれは、目の前に広がる真っ暗な一帯にも目を光らせていた。空からの攻撃は、タリバンが拠点に近づくための陽動という可能性もある。

わたしはナウザードのことを考え、無事でいてくれと願った。自分でさえ怖くて腰が抜けそうなのだから、囲いに閉じこめられた、そうでなくとも神経をとがらせているあの犬が、怖がっていないはずがない。部下たちが迫撃砲シェルターを作っておいてくれてよかった、本当に助かったと、あらためて思った。ナウザードがあそこでおとなしくしていてくれるといいのだが。壁の外にいるはずのたくさんの犬たちは、当然ながら一匹も姿が見えなかった。

騒音はさらに激しさを増し、ヘッドセットを耳に押しあてていないと、ヒルと拠点とのあいだを行きかうどなり声も聞こえないほどだった。司令官が部隊交戦中《TIC》を宣言した――それはつまりバスティオン基地の司令部がわれわれの状況に注目して、すぐに出撃できるジェット爆撃機を向かわせるリストのトップにナウザード拠点を持ってくることを意味した。もうじき、われわれがタリバンがそこにいると指定したすべての場所に、でかい爆弾が落とされることになる。

「０Ａ《ゼロエー》、こちらヒル。ウィドウ・メーカー、到着予定時刻《ETA》ファイブ。どうぞ《オーバー》」ジェット戦闘機パイロットのなかに、自分の呼称をウィドウ・メーカー［未亡人を作る人の意］にしているやつがいるのだが、これを聞くといつも苦笑いせずにはいられない。

「０Ａ、ラジャー。警告に一分くれ。以上《アウト》」

軍人以外の人たちにとって、こうした無線の会話はちんぷんかんぷんに聞こえることだろう。しかしわれわれは、この簡潔なやりとりから重要な情報を受け取った。あと五分で、どでかい衝撃がやってくる。ランにいるナウザードが気になったが、いまは考えないことにした。わたしには部下たちに対する責任がある。ナウザードに大丈夫だよと言って、この狂気のなかから連れ出してやれないことがつらかった。でもいまはどうすることもできない。ここを動くわけにはいかないのだ。

わが軍の通訳はタリバンの無線を傍受している。タリバンはどうやら、自分たちの上にどれほどの規模の爆弾が落とされるかなど、たいして気にしていないようだった。あと一分もすれば、嫌というほど気にすることになるはずだ。

「全部署、こちら０Ａ。待機《スタンドバイ》せよ――着弾まで三〇秒」

ヒルはすでに迫撃砲の一斉射撃をやめ、戦闘攻撃機Ｆ－18が低空飛行で、確認済みの目標に五〇〇ポンド爆弾を落としにくるのを待っている。

一瞬、あたりが静まり返った。衝撃を待つ。目をくらませるほどのふたつの閃光。その瞬間、遠くの山々までが漆黒の夜空を背景にくっきりと浮かびあがった。

そして爆発の衝撃波がやってきた。

空気の振動が爆発地点から放射状に広がる。耳にも聞こえるほどの衝撃が、サンガーの木製の屋根を震わせた。

「すっげえ」隣のサンガーでうずくまっていた汎用機関銃《GPMG》の射手がつぶやく。

続いて爆発音がわれわれを直撃し、ブーンという反響が山々のあいだにこだましてから、やがて静まっていった。

「誰も撃つなよ」わたしは周囲のサンガーに向かって叫び、ヒルがあたりを確認して報告を入れてくるのを待った。

通訳からはしばらくのあいだ通信がはいっておらず、これは通常、攻撃が命中したことを意味していた。誰かの死を望んでいるわけではないが、タリバンは話し合いで争いを解決するチャンスを、これまでに十分すぎるほど与えられてきた。それよりなにより、攻撃をしかけてきたのはあちらなのだ。

あたりは物音ひとつしない。ナウザードはふたたび暗闇に包まれた。空気中にはまだ砲撃のにおいが漂っていたが、動くものはなにもない。照明弾が二発、最後に敵がいたと思われる地点の方角に発射された。空中で炸裂し、まぶしく輝いたふたつの光は、パラシュートにぶらさがってゆっくりと地上に下りていく。照明弾が風に揺れると、地上で影が踊った。

「0A、こちらヒル。攻撃地点に動きなし。オーバー」

「ヒル、0A了解。監視を続けろ。オーバー」

それから三〇分ほど、われわれは暗闇のなかで、こちらの攻撃を受けたタリバン兵が本当に死んだかどうかの確認がとれるのを待った。ナウザードのところへ行きたくてジリジリしたが、自分が持ち場を離れている隙にタリバンが戻ってくるリスクはとれなかった。サンガーの向こうは、すべてが闇に沈んでいる。

万が一あそこに誰かがいたとしても、もうこりごりだと思っているに違いない。無線から聞こえてくる会話は、味方の部署がすべて無事だという連絡だけだった。こちらの負傷者はゼロだ。

司令官が沈黙を破った。

「全部署、こちら0A。会話を傍受した。引用する。『全員無事。危なかった。家に帰ろう』0A、アウト」

みんなが一斉に笑い出した。一時間半近くも撃ちあったあげく、成果はタリバンをビビらせて家に追い返しただけとは。

「どうしてあれで生きてるんだよ」左側の射撃位置にいたデーブが言った。「あれに当たらないなんて、やつらどんだけついてやがるんだ」

デーブの言うのももっともだ。わたしにもちょっと信じられなかった。

さらに五分待ってから、わたしはサンガーから地上に下りた。まだつないだままの無線からは、ふたつの攻撃地点に異常なしと告げるヒルの声が聞こえていた。

ナウザードのランまで走る。

とくに変わったことはなさそうだった。フェンスはきちんと張られているし、ゲートはさっきここを出たときと同じように、古い縄でしばってある。急いで縄をほどいてランのなかにすべりこみ、指で懐中電灯の光をさえぎりながら地面を照らした。わたしのせいでタリバンにここを狙い撃ちされるのはごめんだった。

ナウザードはきっと、動けなくなっているのだろう。わたしに会いに出てくる気配がない。いつもだったら、黒くてまんなかにスッと白い線のはいったナウザードの顔の先がシェルターの下からのぞいていて、わたしの手から次々に差し出されるビスケットを目当てに、すぐにでも飛び出してくるはずなのだ。

しかし今夜は違った。ナウザードの姿はない。

「ナウザード、出ておいで。どこ行ったんだ?」しゃがみこんで、できるだけやさしい声で呼びかける。それでもナウザードが出てこないので、わたしはランの奥にある迫撃砲シェルターの入り口まで歩いていった。膝をつき、シェルターの内側を懐中電灯でそっと照らす。ここもからっぽだ。

起きあがってもう一度あたりを見まわし、ナウザードが隅にうずくまっていないかどうかを確かめる。なにもいない。わたしは急いでランのゲートまで戻った。なにか見のがしたか? ここに来たとき、ゲートは閉まってたはずだよな? きっとなにか思い違いをしてるんだ。さっきゲートを通ったときに、自分が確かに縄を解いたかどうかを思い返してみる。

ゲートに無理矢理こじ開けられた形跡はない。ゲートを閉めてみて、ゲートがゆがんでおらず、金属の杭に対してぴたりと閉じることを確かめた。

ランの四方の壁で唯一、フェンスだけで覆われた側面のいちばん下に目をやる。ナウザードが自分で土を掘って外へ出るのを防ぐため、わたしはフェンスをあらかじめ一五センチほど土のなかに埋めこんでおいたのだが、ここもとくに変わりはなく、ナウザードはフェンスの下から出たわけではないようだった。となると、ここから逃げ出すのにただひとつ残された道は、フェンスの上だけだ。しかしフェンスの高さは少なくとも一・五メートルはある。ナウザードの力では、とうていここを跳び越えられないだろう。あらためてフェンスを眺める。いくらなんでも、こんなに高く跳べるはずがない。

しかしいまはそんなことを言っている場合ではなかった。ナウザードが行方不明なのだ。

非番の兵は戦闘中、自分たちの狭い部屋に閉じこもる決まりになっている。なかにはここぞとばかりに、なんとかひと眠りしようとする者もいる。どうせなにかできるわけでもないのだから、時間を無駄にすることもないというわけだ。いまはほとんどの兵が部屋から出てきて、くねくねとのびる長い列に並んでいた。列の先にあるのは、さっきから置きっぱなしにされたままの生ぬるいカレーだ。コックは戦闘のあいだ、鍋をまったく移動させなかったとみえる。

ナウザードのことが気がかりだったのは確かだが、もうひとつ心配だったのは兵たちのことだ。ナウザードはまだ、見ず知らずの人間と仲良くできるとは言いがたいし、絶対に避けなければならないのは、あの子が拠点をさまよっているあいだに、おびえ、追いつめられた末、誰かに噛みついてしまうことだった。そんな事態が起これば、ナウザードの命運はその場で尽きることになる。

もし誰かに捕まえられそうになったら、ナウザードはどうするだろう？　どうかあいつが、わたしもナウザードも後悔するようなことをしでかしていませんように。外をうろついているたくさんの犬のなかから、わたしがあの闘犬を拠点に迎え入れることを決めたのだ。いや正確に言えば、ナウザードがわたしを選んだのではなかったか。ナウザードを一刻も早く見つけなければならないとはっきり自覚するにつれ、わたしの足はスピードを増した。こんなところでナウザードをあきらめるわけにはいかない。

頭がフル回転をはじめたそのとき、わたしはダンに兵舎のほうへ連れ戻されることになった。ナウザードに名前をつけてくれたあのダンが、居住エリアへの入り口に立つ小さな泥のアーチから走り出てきたので、わたしは危うくぶつかりそうになった。

「軍曹、ちょっと来てこれを見てください」ダンが早口で言った。かすかにうろたえた様子で、目を見開いている。

「なんだ、ダン。いまナウザードを探してるところなんだ。見かけなかったか？」

「そのナウザードのことです」

「なんだって？」

ダンのあとについて兵舎に使っている古い建物にはいり、ある小部屋の戸口に立った。壁の上のほうに取りつけられた手作りの棚に小さなロウソクが置いてあり、その光が狭苦しい部屋の一角を照らしている。

「ここにいます」ダンはそう言って、狭い空間に無理矢理三台押しこんである軍支給のベッドのひとつを指さした。

基地内を歩く“ナウザード”

しゃがみこんで、ベッドの下をのぞきこむ。なるほどナウザードはそこにいた。体をぎゅっと丸め、足は折り曲げて体の下に入れ、カッと見開いた目でこちらをまっすぐに見つめている。わたしはベッドの下に手をのばして、ナウザードの右耳のやわらかい根元をなでた。

「いったいどういうことだ?」

「戦闘が半分くらいまで過ぎたところで、急に部屋に飛びこんできたんです」ダンは言った。「みんながビビってしまって、どうしようかと思ったんですが、ナウザードはおれたちの顔を見ると、そのままベッドの下にもぐりこんだんです」

わたしはちょっと信じられないという顔でダンを見た。

「ホントなんです。それからはもう、いくら外に出そうとしても出なくって。食いもので釣ってもダメでした」

なんとナウザードは、これまで拠点のこちら側に来たことは一度もなかったというのに、自分で安全な場所を探しあてたのだ。そこはわたしが寝ている部屋のすぐ隣だった。もしわたしがサンガーに行く前に、自分の部屋のドアを開けておいたなら、ナウザードはきっとそちらに飛びこんでいたに違いない。

わたしが大好物のビスケットをヒラヒラさせると、ナウザードはベッドの下からはい出してきた。しかも部屋を出ていくときに、ダンに頭をなでられても、気にするそぶりもみせなかった。

真っ暗な拠点の敷地を歩いていくわたしたちは、おかしなコンビに見えたことだろう。フル装備の兵隊が、耳のない犬にビスケットを次から次へと差し出しているのだから。

「もう大丈夫だからな。花火は終わったよ」わたしはナウザードの頭をぽんぽんと叩いた。彼の頭は、ランに向かって歩いていくわたしの、ちょうど膝の高さにあった。

あり合わせの材料で作ったランが見えてくると、わたしはあらためて、よくこのフェンスを跳び越えられたものだと感心した。この子が逃げ出したのはフェンスの上からとしか考えられなかった。ゲートを開けてやると、ナウザードはわたしの足を押しのけるようにしてなかにはいっていった。わたしはもう一度フェンスを見てから、ナウザードを見た。「いったいおまえはどうやってあのフェンスを越えたんだい？」ナウザードはスプリンガー・スパニエルのように身軽ではないし、それにスパイダーマンならぬスパイダードッグさながらにフェンスをよじ登っているところなど、想像もできなかった。

ナウザードは迫撃砲シェルターのほうへトコトコと駆けていき、暗い入り口の奥に姿を消した。「ナウザード、おまえをきっとどこか安全なところに連れて行ってやるからな。もうちょっとだけ待ってくれよ」とわたしは言った。ナウザードがもう聞いていないことは百も承知だったが、そのほうがよかった。はたせるかどうかわからない約束をするのは嫌だった。

さあ、そろそろリサに、なにかいいニュースを持ってきてもらわなくては。

第5章　RPG

朝の見まわりの途中、ナウザードのランのそばに色あせた黄色いトラックが停まり、脇に海兵がひとり立っているのに気がついた。あれはジョンに違いない。拠点の敷地内で車を運転するのは彼だけだ。ジョンはまだほんの若造だったが、熱心で信頼が置けるともっぱらの評判で、拠点内の情報報告書を集めて整理する仕事を任されていた。かわいそうなことに彼はそれ以外にも、一日分の洗いものと飲料用の水を、各歩哨所《サンガー》に配ってまわる役目も仰せつかっていた。水のはいったタンクを手で運ぶよりはと、ジョンは各所にかけあって、うちの軍がアフガニスタン国軍《ANA》から拠点を引き継いだときに一緒にもらい受けたトヨタの古いピックアップ・トラックを、水の配送に使わせてもらう許可をとりつけた。おかげで作業は格段に楽になったようだ。

「よお、元気か。調子はどうだい、ウォーター・ボーイ」ランに向かって歩きながら、わたしは軽口を叩いた。

「どうも軍曹。元気いっぱいですよ」ジョンの黒い髪は、もう耳にかかるくらいのびている。連隊先任軍曹に見せたら、引きつけを起こすところだ。

「ナウザードにこれをあげようと思って」ジョンはそう言うと、古ぼけた赤いサテンのクッションを差し出した。日に焼けた金色の葉があしらわれており、きれいに洗濯された状態であれば、自宅のソファに置いても遜色ないような代物だった。

「どこから持ってきたんだ?」

「そのへんにあまってたんですよ」ジョンはにやりと笑った。

わたしも笑顔を作った。根掘り葉掘り事情を聞くつもりはない。せっかくナウザードが、生まれてはじめての自分用のベッドをもらえるところなのだ。

わたしはゲートを開けて、ナウザードがいつも下にもぐりこんで寝ている迷彩ネットのほうへ歩いていった。クッションを地面に置くと、ナウザードは疑わしそうな顔でしばらくにおいをかいでいたが、やがてその上にドサッと寝転がり、体をボールのように丸めた。

「お手柄だよ、ジョン。どうやらあれが気に入ったみたいだ」

ナウザードはその日、クッションの上で丸くなったまま、ランのフェンス越しに世界がゆっくりゆっくりと通り過ぎていくのを眺めていた。

最近では、何人かの兵たちが、休憩時間になると決まってナウザードを訪ねてくるようになっていた。たぶん彼らは、犬にビスケットをやるという普通さを楽しんでいるのだろうが、それでも念のため、ランのなかにははいらないように気をつけていた。ナウザードはいまでも、わたし以外の誰かが近づくたびに恐ろしげなうなり声をあげるし、彼が本気で怒っているのかどうか、わざわざ確かめてみようという勇者もいなかった。

ナウザードは当面、ランに入れておくほうが安心だ。いまのところ、あのときのようにフェンスを跳び越えようとすることもなく、おそらくは次の銃撃戦がはじまるまでは大丈夫だろうと思われた。拠点にいる者たちはみな、ナウザードが外に出ているときはちょっかいを出してはいけないことを理解していた。ナウザードに首輪をつけようかとも思ったが、そのためにはまずリサに頼んで郵送してもらう必要がある。

正直に言えば、わたしはまだ若干ナウザードに対して慎重になっているところがあったし、彼が心底わたしを信頼してくれているのかどうか、確信が持てなかった。もし首になにかをつけられそうになったら、ナウザードはわたしに噛みつこうとするかもしれない。わたしはまた、アフガニスタン国家警察《ANP》に対しても常に目を光らせていた。うちの司令官から、拠点内でのあいった行為は許されないと警告を受けてはいても、やつらがまたナウザードを闘犬に使おうとしないとも限らない。

ナウザードはランに閉じこめられることをたいして気にしていないように見えたが、わたしがごはんをやるためにランにやってくると、決まってゲートの隙間から逃げ出そうとした。その試みはときどき成功し、ナウザードはあっという間に走り去って、拠点の敷地内をところ狭しと駆けまわった。においをかぎ、爪でひっかき、縄張りにマーキングをするナウザードを、わたしはなんとか連れ戻そうと必死で追いかけた。ナウザードを惹きつけるには、やはり食べものを使うのが効果的だった。ポーク&小麦粉団子《ダンプリング》のパックの口を開けて、鼻の下に持っていってにおいをかがせる作戦は、いつだってうまくいった。

　リサと話をして以来、わたしはナウザードを救おうとあれこれ手をつくすことが、はたしていいことなのか悪いことなのか、ずっと考えてきた。いまは、どちらかというと後者のような気がしている。

　元闘犬のために、進んで新しい家を探してやろうという人などいるだろうか？　たとえいたとしても、いったいどうやって探すというのだ。ナウザードは人の家に住むためのルールを知らないし、社会性も身につけていない。それでも彼は、日中はすごくおとなしくしているし、だからわたしが毎日数分ずつでも、社会性を身につけるための訓練をしてやったらいいんじゃないだろうか。だってナウザードはこれまで、人間からやさしい扱いを受けてきたとは言いがたいではないか。だからあの子には、まっとうな犬の生活を送るチャンスをもらう権利があるはずだ。そうは思いながらも心の底では、どこかにいる未来の飼い主にとって、ナウザードが相当な厄介者になるだろうことは、わたしにもわかっていた。

　わたしは決断を先のばしにしていたのだ。とにかく、まずはリサがなにか見つけてくれるかどうかを待てばいいと考えながら。もしかしたらわたしはただ、現実に向き合う勇気がなかっただけなのかもしれない。避けられないことを先のばしにするのは、臆病者のやることだ。


　冬の到来が、さらにはっきりと感じられるようになってきた。夜には冷えこみがぐっと厳しくなり、早朝の気温が零度を下まわる日もそう遠くないだろうと思われた。わたしはもう最近では、太陽が拠点の西側を囲む壁の向こうに沈むやいなや、羽毛入りのジャケットを着こむようになっていた。

　アフガニスタンでの生活も七週間を越え、わが隊の慰労休暇《R&R》期間がはじまっていた。R&Rのあいだ、兵たちは一〇日間、イギリスの自宅に帰ることが許される。すでに数名が帰国しているため、残留組のところには、歩哨の番がいままでよりも早くまわってくるようになった。コックやメカニックまでがパトロールの人数合わせに駆り出されたが、彼らは拠点の外に出て歩きまわる仕事に、嫌な顔ひとつせずに協力してくれた。

　ゴミや瓦礫が散乱し、がらんとした路地が続くひと気のない迷路を巡回しながら、隊の面々は決して拠点の周辺から離れないよう気をつけていた。われわれはいまもまだ、長老たちが地元のタリバンの司令官とのあいだで進めている、平和的な解決策を探る話し合いの結論が出るのを待っていた。

　地元の人間にはひとりも会わないまま拠点に戻ってくるのが常だったが、わたしにはそれが残念でならなかった。アフガニスタンの人たちと、なんとか交流を持てないものだろうか。確かにわたしは、アフガニスタン国家警察《ANP》といい関係を結ぶことにはみごとに失敗したわけだが、あれは完全に向こう側に非があった。ナウザードやほかの闘犬たちがどんな風に扱われているのかを見たあとでは、わたしが彼らに対して憎しみ以外の感情を持つことはむずかしかった。

　それでもここにはもっと別の、一般のアフガニスタンの人たちもいる。北側の歩哨所《サンガー》からは昼のあいだ、いまも住民が残っているナウザード北部の様子が見えた。そのあたりの土地は、タリバンとの闘いのとばっちりを受けずにすむくらい拠点から離れており、小さなアリのように見える地元の人々が、日々の生活を営んでいた。一方の路地からフッと人影が現れては、別の路地に消えていく。父親と息子が並んで歩き、彼らの白いターバンが、あたり一面のくすんだ黄色を背景にくっきりと映えて見えると、わたしは想像をたくましくして、彼らの日常はどんなものだろうかと考えてみる。わたしはなんとかして彼らの役に立ちたいと思っていたが、自分が国際治安支援部隊《ISAF》に参加しているという事実が妨げとなり、アフガニスタン社会の一員であるとは実のところどういうことなのかを深く理解することができずにいた。いつだったか国連の資料で、アフガニスタン国民の平均寿命は四三歳で、アフガニスタンの女性の三人に一人以上が、妊娠中に亡くなっているという情報を読んだことがある。こうした状況はどれも、教育によって改善することができるはずだが、教育はタリバンが毛嫌いしているもののひとつだった。

　そうはいうものの、たったひとりの人間がなにかを大きく変えることができるとは、わたしも思ってはいなかった。イギリス海兵隊の一員としてなにかを変えることこそ、わたしがアフガニスタンに来た目的だったが、いまは自分がひどく役立たずのように感じられた。結局は兵士など、アフガニスタンの再生を描き出す新たなつづれ織りのなかの、ごく小さな点にすぎないと納得するしかないのかもしれない。

今日の無線番も〇二〇〇時からを希望しておいたので、わたしは〇一四〇時には服を着て、しんと静まり返った拠点を歩き出した。最近ではアラームを二〇分早めにセットして、ナウザードを外に出してやる時間を作ることにしていた。

このくらい早い時間であれば外に誰もいないため、ナウザードに拠点の敷地内を走らせてやれる。最初の数分間、ナウザードは決まってわたしを追いかけまわし、右の前足でわたしをつつこうとしてくる。小さな砂煙を舞いあげながら、ナウザードと一緒に走りまわるのは愉快だった。この貴重な何分かのあいだ、彼は世界中にいる社交的な犬たちとなんら変わるところはないように見え、わたしのほうも、自分が地球上でいちばん危険な場所にいるという事実を忘れていることができた。わたしたちはただの人間とその相棒の犬となって、一緒にいられることを喜び、楽しんでいた。

深夜、バスティオン基地にある部隊司令部との定時無線報告の際、ある知らせがはいった。近隣の町カジャキに一時的に増援として派遣されていたわたしの部下がふたり、四輪駆動車《ランドローバー》の事故で重傷を負ったという。タリバンとの関連性はない。単なる事故だった。

怪我をしたい人間などどこにもいないが、もしそれが運命なら、誰だって激しい戦闘の末、できればなにか英雄的な行動の結果としてそうなりたいだろうし、まぬけな車の事故でなどごめんだと思うだろう。

この知らせを聞いたとき、九月初旬のあの日のことが頭に浮かんだ。わたしは隊の部下たちと一緒に、プリマスにあるラグビークラブのクラブハウスにいた。赴任を前にした最後の夜間外出だった。ビールをいっぱいにそそいだグラスを手にした部下たちに円陣を組ませ、わたしは言った。

「いいかおまえたち。タリバンをぶっ飛ばして、ひとり残らず英雄になって帰ってくるぞ。乾杯！」みなが互いに一パイント入りのグラスをガチャンガチャンとぶつけ合うと、ビールが腕を伝ってこぼれ落ちた。ありきたりなセリフだったが、彼らはわたしの部下だったし、あのときはそう言うのがふさわしいように感じたのだ。しかしいまは思う。あんなことを言わなければよかった。わたしがこの運命を引き寄せてしまったのではないだろうか。

無線を通じて得られたわずかな情報だけでは、ふたりの状態はあまりかんばしくないという印象だったが、詳細な報告が届くまでは、もうしばらくかかりそうだった。いまはまだ、すべては憶測でしかない。もしわたしが現場にいたなら、事故を防げただろうか。しかしわたしはカジャキではなくナウザードにいたのだし、理性がわたしに、そんなことを考えても手遅れだと告げていた。起こってしまったことはもうどうしようもない。

新しい情報が来るまで、わたしにできることはなにもなかった。隊の部下たちにどう切り出すかを決めるための時間が欲しかった。ナウザードに会いにいけば、少しは落ち着いて考えられるかもしれない。ひどく寒い夜だった。ナウザードのランに向かって歩きながら、わたしはジャケットの襟を立てた。

左側の影のなかでなにかが動き、わたしは立ち止まった。

一歩足を踏み出したが、夜空に浮かんだ細い三日月の光は弱々しく、影の奥まではよく見えなかった。するといきなり、その何者かはこちらに向かって走り出した。

「いったい外でなにやってるんだ？」とわたしは言った。その黒い影がナウザードだと思ったのだ。遅かれ早かれ、ナウザードはまた逃げ出すだろうとは思っていた。

しかし近づいてきた影をよく見ると、それはナウザードではなかった。別の犬だ。ナウザードよりもやせていて、足が長い。

その犬はまっすぐに走ることができないらしく、わたしのところまでの三〇メートルほどの距離を、左から右へ、ジグザグに曲がりながら駆けてくる。犬はわたしから少し離れた埃っぽい地面に、四本の足を大きく広げてドサッと腹ばいになり、ふたつのまんまるい目をキラキラさせて、こちらをじっと見つめた。闘犬ではなかった。第一に体が大きくないし、それからこの子の頭には、まだ長い垂れ耳がくっついていた。

以前に夜間照準器のファインダーを通して、やせた若い犬が遊んでいるのを見た記憶がふと蘇ってきた。あの夜見た犬の動きは、いま目の前にいるこの子の動きとそっくりだった。「おい、おまえには見覚えがあるぞ」

わたしは右手を差し出した。犬はサッとその場で二回転して、砂埃を巻きあげた。わたしが一歩足を前に出すと、犬はこちらに向かってダッシュすると見せかけて、ギリギリの瞬間に左に九〇度曲がり、裏ゲートのそばに停めてあるランドローバーのワゴン車のほうへ走っていった。

「遊びたくってしかたがないんだな」

わたしは砂色のワゴン車の前にまわった。車の窓には、ガラス保護用の金属の格子がはめられている。これは北アイルランドで、オレンジ結社のパレードと抗議運動が盛んだった時代の名残だ［オレンジ結社は北アイルランドの親英的なプロテスタント系組織。イギリスからの独立を望むカトリック系組織と激しく対立した。一九六〇年代から一九九八年にかけての北アイルランド紛争の時期には、年一度行なわれるパレードはしばしば暴動に発展した］。

犬のほっそりと長い鼻先が、ワゴンの下から現れた。犬は閃光のように飛び出すと、わたしのまわりをグルグルとまわってから、またワゴン車の下にダイブした。一瞬ののち、また走り出してこちらへ迫り、ほんのちょっと立ち止まったかと思うと、今度はサッと横のほうへ走っていった。わが家のビーマーを彷彿とさせる動きだった。

「騒がしいにもほどがあるな。それで、おまえはどうやってここにはいったんだ？」わたしは小さな暴れん坊に言った。

ゲートのほうに目をやる。思わずにやりとして、頭を振った。あの野郎。小さな犬は、わたしが溝に詰めておいたふたつの大岩のあいだを掘ってはいったらしい。ゲートの下に、ちょうど犬が一匹すり抜けられるくらいの隙間があいていた。

　わたしはワゴンのまわりを駆けまわる犬を、一分ほど追いかけた。犬は常にわたしのすぐ前をキープしながら、こちらにフェイントをかけて、わたしを右に行かせたところでくるりと向きを変えて左に戻った。

　この若い犬がわたしと遊ぶのを楽しんでいるのは明らかだった。彼の足は統制のとれた動きをしているようには見えなかったが、いつでもどうにかこうにか、自分の行きたい方向に走っていた。犬が跳ねまわるせいで、ワゴンの周囲にはだんだんと砂煙が立ちのぼってきた。腕時計を確かめる。もうこの犬と一〇分近くも遊んでいる。このままではナウザードの自由時間がなくなってしまう。

「ごめんな、ワン公。もうおまえのお仲間に会いにいく時間なんだ」

　わたしがナウザードのランに向かって歩き出すと、小さな犬もついてきた。

　わたしはなんの気なしにナウザードを外に出した。ナウザードはランから飛び出してくると、まっすぐに小さな犬のほうへ向かった。小さな犬はふいに立ち止まり、その場に固まっている。

「しまった、危ないっ」思わず声が出た。

　一瞬、別の雄犬がいるところでナウザードを放すなど、とんでもないことをしてしまったと思った。ナウザードは元闘犬なのだ。しかしそのとき、ありがたいことに、ナウザードが持つ犬としての本能の、もうひとつの面が目を覚ましてくれた。

　ナウザードは犬のそばで立ち止まると、ただくんくんとこの新入りのにおいをかぎはじめたのだ。小さな犬も逃げ出したりはせず、ナウザードのにおいをかいでいる。驚いたことに数秒ののち、二匹はもう一緒に遊んでいた。

　彼らはそのまま一、二分遊び、それからナウザードが夜のおしっこをして、わたしはビニール袋を手に持ってそのうしろをついてまわった。ナウザードがいつも裏ゲートのそばにする糞を回収するためだ。

いつものように、ナウザードは遊びの時間が終わってもランに戻りたがらなかった。外にいられる時間は長いとは言えないのだから無理もない。小さな犬はちょこんと座ったまま、わたしがナウザードを追いかけてグルグルと走りまわるのを眺めていた。かなりの苦労の末、わたしはナウザードをなんとかなだめて、ランのなかに押しこんだ。

扉をがっちりと閉め、ご機嫌ななめのナウザードをフェンスの向こうに置いたまま、わたしはまだじっと待っている若い犬を振り返った。

「おまえには執行猶予をやるよ。いまはゲートの外に出してやる時間がないからな」

すでに遅刻だった。ダッチーはわたしがナウザードの世話をするのを気にしてはいないが、それに甘えているわけにはいかない。

わたしは若い犬をそのままにして歩き出した。しかし肩越しに振り返ると、犬はうしろをついてきていた。足を止め、ふいに犬のほうに向かってジャンプしてみる。思った通り、犬はまだ遊びたがっていた。その場でグルグルと二回転すると、でたらめな方向へ走り出し、あたりをグルッと一周してから、またわたしの前で足を四方に広げてドサッと腹ばいになった。

司令室のドアまで来たところで、わたしはもう一度振り向いた。犬はまだうれしそうについてきている。

「ごめんな。おまえははいれないよ」とわたしは言い、ドアをサッと開け閉めしてなかにはいった。

ヘッドセットをつけ、サンガーと丘《ヒル》で無線番をしている兵たちと、いつものあいさつをかわす。ダッチーはすぐにでも簡易ベッドにもぐりこみたそうにしていたので、彼が出ていくときもわたしたちはほとんど話をしなかった。

わたしは無線の向こう側にいる兵たち全員に声をかけて時間をつぶした。それにこうしていれば、みんなが眠ってしまわずにすむ。

司令室がはいっているのは、かつては倉庫として使われていた窓のない建物だった。あたりに聞こえる音は、小型のディーゼル発電機の絶え間ないうなりだけだ。この発電機が、部屋を照らしている小さな三つのランプに電気を送っている。家具は折りたたみ式のテーブルが二、三台あるだけで、そのうちの一台には、われわれを外の世界とつないでいる無線機器が、危なっかしく積みあげてあった。

簡素な漆喰塗りの壁には、ナウザードとその周辺エリアのさまざまな縮尺の地図が貼られている。そのほかにも、ブロンド美女のけばけばしいポスターが一枚、ぽつんと貼ってあり、これはどの角度から眺めても、女性がなぜかまっすぐにこちらの目を見て笑いかけているように見えるという代物だった。しかしそんなものでも、このポスターは質実剛健な作戦司令室における貴重な、唯一の気晴らしアイテムなのだった。

通信ログに目を通す。内容はダッチーの報告と一致していた。退屈な作業だった。あのタリバンへの空爆以来、静かな日が続いている。もしかすると、あの攻撃が本当にギリギリのところをついていたせいで、やつらはビビっているのかもしれない。あれ以来、こちらはタリバンの反撃を待っているのだが、やつらはなにもしかけてこなかった。だからわれわれはこの一週間というもの、毎日手作りカレンダーの日付にバツをつけ、任務と睡眠と食事という変わりばえのしないスケジュールを淡々とこなしていた。しかもその食事でさえ、最近では味気なさを増していた。コックが毎晩カレーしか作らないせいで、誰もがうんざりしていたのだ。時間加速器にはいる時間が、さらに待ち遠しくなっていた。

そして今日、わたしはすでに心のなかで、無線番が終わり次第、急いで敷地を横切って兵舎に戻れば、きっと一時間は眠れるだろうと考えていた。部屋のなかには通信兵のジミーもいたが、わたしたちはほとんどしゃべらなかった。ふたりともじっと頭を垂れて読書にふけっている。わたしがいま読んでいるのは、うらやましい限りの登山の冒険譚が満載の、ミック・ファウラー［イギリス人登山家。常勤で仕事をしながら数々の登攀記録を打ち立てている］作『薄氷の上で』だ。ジミーとわたしは、ここ三週間で話せることはすべて話しつくしてしまい、しかも拠点には定期的に新聞が来るわけでもないので、新たな話題などもうまったくないのだった。

わたしはこのときもまだ、夜が明けたら、ただちに負傷したふたりのことを部下たちに切り出さなければならないことを、ひそかに憂えていた。読書はほんの数ページも進まなかった。

わたしの交代要員は〝ドク〟だった。海軍医であるドクは、いまわれわれがいるこの拠点の周辺には海などいっさいないという事実に対して、いまだに納得できないと言い続けていた。シフトが終わるころ、わたしはドクを寝袋から引っ張り出すために、二回ほど足を運んだ。とはいえ、わざわざ遠くまで行ったわけではない。ドクは仮設医療室の外で寝ており、その医療室は司令室と同じ建物のなかにあったのだ。医療活動の契約書にサインをするときには、ドクも仕事内容の説明を受けはずだが、そのなかに「監視任務」が含まれていたとは思えない。

「軍曹、なにか報告は？」眠い目をこすりながらドクが言った。

「なにも。静かなもんだよ。今日の飛行計画は〇六〇〇時に来る。ボスもその時間に起こしてほしいそうだ」

飛行計画が来れば、予定されている拠点の南側への哨戒に、上空援護がつくのかどうかがわかる。わたしは小さな折りたたみ椅子から立ちあがった。背中が痛い。何時間もこの椅子に座りっぱなしだったのはよくなかった。紅茶をいれて持っていこうとお湯を沸かした。通信兵のジミーは、まだあと一時間シフトが残っている。

「またな、ジミー」紅茶をスプーンでかき混ぜると、わたしはおおげさに敬礼をしてそう言った。

「ええ軍曹、ベッドを楽しんでください」ジミーは本から顔もあげずに答えた。

ドクの背中を軽く叩き、わたしが座っていた椅子に腰かけようとしている彼に、おんぼろのヘッドセットを手渡した。

司令室がある建物から外へ出るドアを開けると、美しい色合いに染まった新たな太陽が、東側の壁の上にのぼってきた。北側にそびえる雄大な山々の周辺には赤い雲が渦を巻き、空を鮮やかに染めていた。一日のなかでも、この時間のすばらしさは格別だ。イギリスにいた時分には、これをほとんど見なかったのだから、なんとももったいないことをしていたものだと思う。ダブルサイズのかけ布団が、いつもギリギリの時間までわたしを放してくれなかったのだ。

思いがけず足もとになにかあったので、わたしは危うく転びかけた。なんとか踏みとどまって下を見ると、あの元気のいい小さな犬が、ドアの前で体を丸めていた。まさかまだここにいようとは、思いもよらなかった。

なでてやろうとしゃがんだとたん、犬は跳びあがり、またあのおどけたような、足を広げた体勢をとった。もう目はすっかり覚めているようだ。

「おまえは新しい友だちを見つけたと思ってるんだな」わたしはからかうように言った。「おれが出てくるのをずっと待ってたのか?」

犬は頭を左にかしげて、こちらをじっと見つめている。早朝の太陽がぐんぐんあがってくると、犬の姿がよく見えるようになった。体型はナウザードを細くしたような感じで、足が長く、毛皮は明るい茶色で、鼻の周辺の毛はナウザードよりも濃い黒だった。そしてもちろん、この子には耳がある。

わたしはポケットからビスケットを取り出した。「このペースだと、またたっぷり仕入れておかないといけないな」残り少なくなったビスケットをそっと差し出しながら、わたしは考えた。

この子を拠点に置いてやることはできない。「ごめんな。おまえは外に出なくちゃいけないよ。おまえが走りまわっているところをボスに見られたらマズいんだ」

それから一時間近くを費やして、わたしはなんとか犬を拠点の外へ出した。犬のほうは、わたしと一緒になにかおもしろいゲームをしているつもりだったに違いない。犬をゲートから追い出すころには、わたしは体中、細かい埃にまみれていた。じきに朝食の時間だ。時間加速器にはいるのはあとまわしにするしかない。部下たちを探しに行かなければ。いまごろはきっと、朝食のテーブルについているだろう。

とうとう彼らに、カジャキで起きた出来事を話すときが来た。とはいっても、わたしにはいまの時点でわかっている事実を伝えることしかできないのだが、無責任な噂話が飛びかうのだけは避けなければならない。わたしは隊の伍長たちを探し出した。彼らはちょうど起き出してくるか、これから非番になるタイミングだった。状況を説明し、彼らの口から矢継ぎ早に飛び出してくる質問をやりすごす。

「いいかみんな、あいつらの車がなぜ崖から落ちたのかはわからないんだ。もっとくわしい情報が届くまでは、とにかくトムとマットがまだ生きているという事実に感謝しよう。なにかわかったらすぐにおまえたちに知らせる。これをほかの者にも伝えて、変な噂話に耳を貸さないように言ってくれ」

　朝食の列に並んでいるあいだに、通信兵から、予定されていた哨戒は中止になったと知らされた。上空援護は今回も、南で行なわれる緊急性の高い作戦に割り当てられるようだ。

　わたしはその時間を使って、部下たちがきちんと仕事に取り組んでいるかどうかを見てまわった。あと二日で、次の補給ヘリが来る。リサからの手紙を受け取るのが待ち遠しかった。その日の残りはのろのろと過ぎていった。みんなで世間話をして、それから洗濯に取りかかり、ほとんどの服の手洗いを終えてしまった。一日はおだやかに終わりを迎え、なんの事件も起こらなかった。

　もう早朝の無線番の時間かと思いながら、わたしはANPの庭を歩いていた。

　ふと見ると、いたずら好きのあのやせた小さな犬がいた。ちょこんと腰をおろして、わたしを待っている。今日は寝坊してしまったので、ナウザードを外に出してやる時間は一五分しかない。わたしは犬に手を振り、ポケットに手を入れて段ボール・ビスケットを取り出した。膝をついてビスケットを差し出す。犬はわたしの顔を見て、じりじりと近づきながら、ごちそうのにおいをかいだ。そしてわたしの手からそっとビスケットを取ったかと思うと、とたんに走り出し、五メートルほどジグザグに進んでから地面にザザッと滑りこんで、これで命が救われたというほどの勢いでビスケットにかじりついた。

　わたしは、はじめてロケット推進グレネード《RPG》［携帯型対戦車ロケット弾］を見たときのことを思い出した。われわれが

新たに仲間入りしたRPG

まだゲレシュクにいたころ、怒れるタリバン兵がこちらに撃ちこんできたのだ。RPGは誘導システムを持たないロケット弾で、発射されたおおざっぱな方向に向かってランダムに飛びまわる。この小さな犬の走り方は、あのロケット弾の動きを彷彿とさせた。

「RPGか。いい名前だな」わたしはつぶやいた。

ゲートを開けると、ナウザードはすぐさま走り出てきて友だちに会いにいった。互いが相手に飛びつきながら砂を蹴りあげ、二匹は舞いあがる埃のなかでじゃれ合った。グルグルと追いかけっこをしている様子からすると、若く見える小さな犬のほうが、ナウザードよりも足が速いようだった。

わたしは裏ゲートのほうへ歩いていった。岩を詰めた穴がまた掘り返されている。あの子は、なにがなんでもなかにはいりたかったようだ。

二匹が一緒に遊ぶのを眺める。闘犬と、やせっぽちの若い犬。どちらも攻撃的な様子は見せない。多少興奮してきたときには、ナウザードのほうが下《した》手《て》に出た。

地面に膝をつき、両方の手にビスケットを持った。ナウザードの名前を呼ぶ。二匹ともじゃれ合うのをやめて、こちらに走ってきた。ナウザードはトコトコとまっすぐに駆けてきて、小さなRPGはジグザグに近づいてくる。

二匹が仲良くビスケットをかじるのを見ていると、心はすぐに決まった。小さなRPGにも、ナウザードと同じチャンスをやろう。犬を一匹救うのも二匹救うのも同じことだ。それにこうすれば、ゲートの下の溝を毎朝埋め戻さなくてもすむ。

わたしはひとりでクスクスと笑った。リサはおれを殺したくなるだろうな。しかしタリバンは前々からわたしを殺そうとしているのだから、いまさらど

RPGとデーブ

うということもない。こうしてRPGは、わが臨時犬収容センターの仲間になった。

衛星電話は、二回目でようやくうまくかかってくれた。長く引きのばされたような呼び出し音を聞きながら、わたしの理解の範疇を超えた電子回路が、コーンウォルにある家のキッチンの調理台に置かれたグレーのコードレスフォンとつながるのを待つ。

リサの声が聞きたくてたまらない。そう長くは待たされなかった。

「ハロー」何千マイルも離れた場所から、疲れたような声が聞こえた。

「ハイ、ハニー。どうしてる?」わたしの声から、リサと話せて舞いあがっているこの気持ちが伝わってくれるだろうか。前の電話からは、もう一週間がたっている。

会話の内容は、なにもしないわたしの日々と、海軍の新兵をジムで鍛えるのに忙しいリサの日々とのあいだを行ったり来たりした。

会話が途切れるのを待って、わたしは思い切って切り出した。RPGと名づけた、あのやせっぽちの犬についてだ。

「リサ、どうせ一匹救うんだから、二匹救うのも悪くないだろう?」わたしはたずねた。いや、懇願したと言ったほうが近いかもしれない。

リサは大喜びしているというわけでもなさそうだった。なんとか説得しなければ。

「もしわたしがレスキューを見つけたとして、それからどうするの？　まともな人間が、闘犬だった犬をもらってくれるとは思えないわ」リサは、わたしがずっと恐れていたことを口にした。「ねぇペン……」

わたしはリサの言葉をさえぎった。「きっと誰かいるさ。リサ、あいつが虐待されるのをこれ以上放ってはおけないよ」そう話しながらも、わたしはこのとき、ふたつのことに気づかされてしまった。リサのレスキュー探しにはおそらくなんの進展もないこと、それから自分がしていることのとんでもなさだ。いまの自分はまるで、第一次世界大戦のソンムの戦い【仏ソンム河畔で行なわれた会戦。連合国軍、同盟国軍合わせて一〇〇万人以上の死者を出した】のまっただなかから、犬を救い出そうとしているようなものだ。「リサ、お願いだ。きみはインターネットが使えるけど、おれには使えない。頼むから探してみてくれ。必ずなにかしらあるはずだよ」

「探してはいるけど、なにもないのよ。今夜家に帰ったら、もう一度見てみるから。それでいい？」いらついているような声だった。リサを責めることはできない。リサだって、暇をもてあましているわけではないのだ。

「ありがとう、ハニー。自分ではなにもできないのがもどかしいよ。リサに代わりに探してもらうしかないんだ」わたしは冷静さを装いながらそう言った。

話も尽き、そろそろ電話を切る頃合いになった。リサはわたしに、レスキューを見つけるためにできるだけのことはすると約束してくれた。そんなものが本当にあるとすればだが。

この国のどこかに、ひとつくらいは、あの子たちを引き取ってくれるところがあってもいいんじゃないだろうか？

哨戒に出られないせいで、誰もがひどく気がふさいでいた。戦闘に飢えているわけではなく、ただなにか、なんでもいいから、することがほしいだけなのだ。

居住エリアと、拠点内にあるそれぞれ個別の壁に囲まれた建物群とは、互いにそう離れているわけではなかったが、ときには何人かの部下をまったく見かけない日もあった。当番になっていなかったり、急いで片づける用事もないときには、兵たちはそれぞれ自分の小さな世界に閉じこもってしまう。

わたし自身の小さな世界とはいまや、犬たちのことだった。犬たちと過ごす数分間は、わたしにとってほっとひと息つける時間となっており、彼らがいなければここでの生活は相当につらいものになるだろうと思われた。

迫撃砲がいつ飛んでくるかわからない恐怖と、現実に撃たれる可能性があるという事実は、寝ているあいだもわたしたちにつきまとっていたが、二匹の野良犬は見たところ、心配事などまったくないという顔をしていた。世界中の人たちが、この二匹と同じように仲良くできれば、それほどすばらしいことはないだろうに。

二匹がこれほどあっという間に仲良くなったことには、わたしも驚いていた。はじめて二匹が一緒に遊ぶのを見たあの日、一度はRPGがナウザードにやられたとまで思ったのだからなおさらだった。

二匹が遊ぶときにはいつも、まずRPGが三〇センチほど離れたところからナウザードに飛びついて、彼の治りかけの耳の根元にがぶりと歯を立てる。ナウザードはこれに対して、ケンカのときに見せるだろう態度とはまったく違う反応に出た。自分の身を守ることも、RPGをずたずたに引き裂くこともせず、この大きな犬は体を地面に転がされるにまかせ、背中を地面につけて体をくねらせるので、RPGのほうはそこにのしかかって、ナウザードの耳の根元をかじり続けるのだった。

このところ二匹は、いつもそんな風にじゃれ合っている。彼らはその体勢のまま、たっぷり一〇分か一五分は取っ組みあっていて、やがてRPGがうしろにさがってナウザードが立ちあがれるようにしてやると、それからはたいていまた同じことが最初から全部繰り返された。

ナウザードはRPGにしつこくつきまとわれても、決して嫌な顔をしなかった。

わたしは二匹の世話をするわずかな時間を楽しんでいた。犬たちといるあいだは、拠点での生活の現実から離れていられる。こうしていると、イギリスの家が懐かしく思い出された。

今日は、早朝の光を浴びながら二匹にごはんをやろうと歩いていく途中で、ナウザードがいちばんはじめに使った水飲み皿によく似た銀色の皿をふたつ見つけた。その皿は、ANPが使っている建物の敷地の片隅で、ごたごたとゴミが積みあげられているなか、古いキャンバス地に半分隠れるようにして置いてあった。

「こいつはちょうどいい」

このボウルなら、犬のごはんを入れるのにおあつらえ向きだ。RPGが拠点に来てから二日がたっていたが、皿はまだ二匹にひとつしかなかった。ナウザードがもともと使っていた水飲みボウルだ。皿が足りないせいで、食事には必要以上に時間がかかっていた。

皿はふたつとも、水飲みボウルと同じように、調理に使われたため黒く焦げていたものの、強くこすってみると十分使える程度にはきれいになった。

今日のメニューは昨日とも、一昨日ともまったく同じだが、犬たちは文句を言わないだろう。どちらの犬も、ついこのあいだまではゴミからあさったものを食べていたのだから、〝ポーク&小麦粉団子《ダンプリング》の段ボール・ビスケットのせ〟という食事は、これ以上ないごちそうのはずだ。

豚肉のかたまりだというふれこみの不気味な黄色い物体と、ころんと大きなスエット・ダンプリング〔牛・羊などの腎臓の脂肪を混ぜこんで作った小麦粉団子〕とを、皿の上でかき混ぜる。人間の食料を犬にあげることへの罪悪感はまったくない。兵たちはもうずっと前から、ほかに食べるものがいっさいないという場合でもない限り、このシチューを口にしなくなっていた。どうせ焼却穴に捨てられる運命なのだ。

犬は二匹とも背筋をのばして座り、わたしがランの外でぐちゃぐちゃとした物体を混ぜるのを、わくわくしながら待っていた。食事の準備ができると、わたしは気取ったウェイターよろしく、ふたつの皿を片手で持ってランのなかにはいった。わたしが食べものを持っているときには、ナウザードは決して逃げ出そうとはしない。拠点のなかを歩きまわることよりも、食べることのほうが断然好きなのだ。

「ごはんがあるってのに、どっかに行くわけないよな、大将」わたしはそう言って、ふたつの皿を少し離して地面に置いた。

こちらの手がボウルの縁から離れないうちに、二匹はごはんに飛びついた。

司令官とのブリーフィングが数分後に迫っていたため、わたしはこのとき少々急いでおり、あとは犬たちがポークシチューを味わうのにまかせてランを離れることにした。空のボウルはあとで回収すればいい。

「もっとゆっくり食べたら、そのクソ料理の本当の味がわかるかもしれないぞ」そう言いながらわたしはランを出て、司令室へと歩き出した。

三メートルも行かないうちに、背後から狂ったような吠え声が聞こえた。最悪の想像をしながらランのほうを振り返る。

「ナウザード！」ランに駆け戻りながらわたしは叫んだ。

二匹の犬に一緒にごはんをやるのはよくないということに、もっと早く気づくべきだった。ビーマーが保護センターからうちにやってきたときのことを、なぜ思い出さなかったのか。食事のとき、ビーマーは本能的に自分の食べものをガードし、自分が食べ終わると今度はフィズのボウルを狙った。しばらくのちビーマーは、食べものを奪うにはフィズと闘わなければならないことを理解した。彼は痛い思いをしてそれを学んだのだ。

ナウザードにはしかし、痛い思いをする心配はなかった。ナウザードは相手よりもずっと体が大きく、しかもまだおなかをすかせていた。不運なＲＰＧは、ナウザードよりも食べるスピードがはるかに遅かった。

ランまでのわずかな距離を駆け戻るわたしの目に、ナウザードがＲＰＧに突進する姿が映った。ナウザードが恐ろしげなうなり声をあげる。背筋にゾッと寒気が走った。

ＲＰＧは食べかけのシチューとビスケットがはいったボウルを守ろうと、必死で身構えている。しかしＲＰＧが体格に勝るナウザードにかなわないのは明らかだった。

ゲートをグイッと引き開ける。ナウザードが跳びあがった。泡を吹きながら歯をむき出し、ふたたびＲＰＧの首に噛みつこうとしている。ナウザードに迫られた小さなＲＰＧは、逃げ場のないランの隅に追い詰められてしまった。

迷う間もなく、わたしのブーツがナウザードの脇腹を捕らえた。キャンとひと声鳴いて空中で身をひるがえしたナウザードは、わたしのほうを向いて四つ足で着地した。

「二度とこんなことをするなっ」わたしは叫んだ。

ナウザードは挑戦的な目でわたしをにらみつけた。

振り返ってＲＰＧを見ると、ランの隅で体を丸め、ガタガタと震えている。わたしは肩で息をしていた。心臓が胸から飛び出しそうだ。

まだ中身が残っているボウルを拾いあげ、ＲＰＧの前に置く。「いいからお食べ。今度はおれが見ててやるから」

わたしはナウザードのほうに向き直り、精一杯威厳のある態度を装いながら近づいた。ナウザードには、わたしがボスだということを見せつけなければならない。わたしに従うことを学ばなければ、ナウザードにおだやかな未来はやってこない。

ＲＰＧが食べはじめると、ナウザードはそちらに行こうと足を踏み出した。わたしはナウザードに向けて片手を挙げた。なんとか威圧的に見えてくれればいいのだが。いまはのんびりと構えている余裕はなかった。

「おかしな真似をするな。会議に遅れそうなんだ。くだらないことをしている時間はない」

ナウザードは足を止め、わたしが拳を振りあげるとビクリと身を縮ませた。こんなことをしたくはなかったが、ほかにどうしようもない。ここがわたしの家だったなら、ひとつずつ時間をかけてじっくりと訓練をしてやることもできるが、アフガニスタンでは、時間が自由に使えることは決してないのだ。

RPGがボウルをきれいになめてしまうと、わたしは空になったふたつの皿を拾いあげた。ナウザードはすぐに走っていって、数秒前までボウルが置いてあった地面のにおいをかぎ、なにか残っていないかを確かめた。RPGはびくびくしながらランの反対側に移動した。ナウザードが近くにやってくると、長い尻尾がサッと足のあいだに挟まった。

気の滅入る出来事だった。二匹は仲が良いのだと、わたしは本当に信じていたのだ。あまりに楽観的だったのだろうか？　この子たちを助け出そうというのは、とうてい見込みのない希望だったのか。こんな二匹を見ていると、ナウザードに力ずくででもルールを叩きこんでやりたいという気持ちがわきあがったが、そんなことをしても無駄だとわかっていた。

「ああそうかい。今度からおまえたちの食事をいちいち見張ってなきゃならないってわけだ。まったくありがたいよ」とわたしは言い、固い泥壁をブーツで思い切り蹴とばした。それでなにが変わるわけでもない。ただつま先が痛いだけだった。

ブリーフィングに駆けつけたわたしは息を切らし、手にはボウルをふたつ持っていた。狭い作戦室にはいると、ボスが顔をあげてこちらを見た。

「ちょっと現地の者と訓練をしていたもので。すみません」ボスのなにか問いたげなまなざしに答えてわたしは言った。

ギリギリ嘘は言っていない。犬だって現地の者には変わりないだろう。

わたし以外は全員、席に着いていた。わたしが前のほうの席に体を押しこんでいると、部屋の反対側からからかうような野次が飛んだ。それらをすべて無視し、大急ぎでポケットからペンとノートを取り出す。

ボスが立ちあがり、会議がはじまった。

「おい、ここは厨房じゃないぞ。洗いものは外に置いとけ」通信兵が、わたしのうしろからささやいた。

わたしは振り返って、ボスがナウザードの地図を指さすために背を向けるタイミングに合わせて、中指を突き立てた。

そんな軽口も、二日後にナウザードの北部へ哨戒に出るので、そのための準備に取りかかれとの命令がくだると、ぴたりと止んだ。哨戒の目的は、イギリス軍の存在感を示し、地元の住民に、われわれが彼らの味方であることを納得してもらうことだった。

会議のあと、わたしは各サンガーをまわって伍長たちを捕まえ、じきに外に出て体が動かせることを話した。今夜行なわれるブリーフィングへの招集がかかるタイミングを伝えると、部下たちは大いに喜んだ。サンガーに詰めてばかりの単調な毎日が続いていたので、この哨戒はいい気晴らしになるだろう。


わたしは屋根のない武器搭載型《WMIC》ランドローバーの助手席に座り、ひんやりとした砂漠の風が吹きつけてくる感触を楽しんでいた。三台の車で編隊を組んで、ナウザードの西に広がる砂漠の待機地点に向かっていると、固い地面のでこぼこの感触までが、いちいち背骨を伝わってきた。

運転席に座っているのはまだ年若いスティーブで、砂漠に縦横無尽に走っている無数の轍に、できるだけ沿うように車を走らせていた。ときおりハンドルを切って、白いペンキが塗られた石が円形に置かれている場所を避けるのだが、これは地元の人たちが旧ソ連軍の地雷を発見した印だった。ガタガタと車に揺さぶられながら、わたしは見過ごされた地雷があるのではないかという疑念については、できるだけ考えないようにしていた。

地図上の指定ポイントは乾いた砂漠の一画にあり、四方に広がるアフガンの荒野のどこを切り取ったとしても、そことまったく見分けがつかないような場所だった。車が現場に到着すると、誰かに肩を叩かれた。

振り向くとダン——通称、男の中の男《ダン・ザ・マン》と呼ばれている、身長一八〇センチのがっしりとした体格の持ち主——が、わたしに向かって小さな黄色い発泡スチロール片をふたつ差し出していた。

「軍曹、これを持っていたほうがいいですよ」と彼は言い、黄色い耳栓をわたしの手の平に落とした。

なるほど確かにそうだ。

わたしは、自分の右の耳から三〇センチほどの距離にある五〇ミリ重機関銃の銃口を見あげた。この機関銃の発射音は、普段こいつが置かれているヒルの上から一キロ以上離れたサンガーで聞いていても、耳をつんざくほどの大音響だった。万が一わたしがダンに敵と交戦せよと命令をくだすような事態になれば、どれほどの騒音になるのかは考えたくもなかった。わたしはやわらかい耳栓を右耳に押しこみ、タリバンが今日一日休みを取ってくれることを願った。

風はそよとも吹かず、息苦しいほどの暑さだった。車を停めてから数分もたたないうちに汗が吹き出し、背中を流れ落ちるのがわかった。目の上に手をかざしてまぶしい太陽をさえぎり、三人で東のほうに見える町の外縁を見つめる。わたしたちはジェリー・トッツ〔グミのようなお菓子〕を口に放りこみながら、周囲に目を光らせていた。

わたしたちと、そしてほかの二台の車に乗った連中の目の先にあるものは、ゆるいのぼりになっているナウザードの町の西端を、徒歩でゆっくりと進んでいくK中隊の隊員たちだった。万が一いまから戦闘がはじまれば、われわれは機動部隊として彼らの支援に向かうことになる。

兵士たちの歩みは遅かった。わたしは太陽に目を細めながら、彼らが浅いくぼ地の北側の斜面をのぼっていくのを眺めた。このくぼ地は徐々に幅を広くしながら西の砂漠の向こうまで続き、やがて底の深い涸れ谷《ワジ》になっていくのだが、そのあたりではもう、地元の車の大半はこれを横切ることはむずかしいだろうと思われた。

パトロール隊が身につけている砂漠用迷彩は、こうして遠くから見ると実に効果的で、家々の周囲を囲む、乾燥してひびの入った黄色い泥壁によくとけこんでいた。壁の高さは少なくとも六メートルはあり、厚さは六〇～九〇センチほどで、まるではるか昔からそこに立っているように見えた。この壁は極めて頑丈に固めてあるので、あらゆる小火器の攻撃に耐えられるという話だった。つまりわれわれにとって――もちろんタリバンにとっても――壁は絶好の隠れ場所ということになる。実際、これだけ大きな壁がいくつもあると、もしヘルマンドじゅうのタリバン兵が壁の反対側にいたとしても、こちらはそれに気づかないということもありえそうだった。

それでも、パトロール隊を目当てに外に飛び出してくるナウザードの子どもたちから身を隠すすべはなにもなかった。おかげで隊の進行速度は極端に遅くなっていた。

ヘルマンド州に駐留している海兵にはすでにおなじみの光景だったが、地元の町や村に哨戒に出ると、決まって貧しい身なりをした子どもたちがやってきて、海兵たちのあいだをひっきりなしに飛びまわっては、なにかしらものをせしめていくのだった。

ライフルの照準器を通してあたりを警戒していると、丈の長いゆったりとしたシャルワール［アフガニスタンの民族衣装。日常着のズボン］をはいてあごひげを生やした男たちが、北に一キロほど離れた屋根の上から、パトロール隊を静かに眺めているのに気がついた。黒いターバンを巻いている者もいれば、白いターバンの者もいる。もっと北のほうには、三本の枯れ木が固まって生えている脇に、白い旗が高く掲げられていた。あれはヘルマンド州にいるタリバンの部族を象徴する旗だ。遠い人影はどれも、武器をこれ見よがしに持っている様子はなかったが、たとえ持っていたとしても、世界一の射撃の名手でもない限り、わたしがいま座っている位置から彼らを撃つなどとうていできない相談だった。

北部の住宅地にもやはり、ほかの地域で見たものと同じような、黄色く乾いた簡素な土壁に囲まれた建物が並んでいた。高さが三メートルはありそうな錆びついた大きな門が、壁の内側への唯一の入り口だった。

　少々驚かされたのは、頭からつま先まで黒いブルカに身を包んだ女性たちが、屋敷から出てくる姿がちらほらと見られたことだ。

　きっと奇妙な外国人が自分の町をパトロールしているというので、興味を引かれたのだろう。そのときふと、彼女たちは、自分がここ四週間近くのあいだにはじめて目にした女性だということに気がついて、わたしは衝撃を受けた。閉じられた壁の向こう側にある、隔離された生活の場から姿を現した彼女たちを目にして、そんなものは生活とは呼べないのではないかとわたしは思ってしまったのだが、おそらく彼女たちは、これ以外の生活など知らないのだろう。宗教と文化の複雑さを真に理解することは、わたしの手には余ったし、そもそも理解しようと努力できるとも思えなかった。

　突然、女性たちの左側になにか動くものが見えた。黒い髪のみすぼらしい少年が、満面の笑みを浮かべながら、棒と古い自転車のタイヤで遊んでいる。彼は棒でタイヤをつつきながら、砂漠のでこぼことした地面の上を転がしていた。わたしは以前に一度だけ、この遊びを目にしたことがあったが、それは小さいころにテレビでやっていたホーヴィス［英の老舗製パン会社］のコマーシャルのなかだった。わたしはしばらくのあいだ、その男の子が遊ぶのを眺めていた。明るい茶色のズボンと色あせただぼだぼのシャツを着たその子は、タイヤをまっすぐに保つことから得られる喜びに、完全に心を奪われていた。Xbox や iPod といった現代西欧の若者たちにとっての〝必需品〟を見たら、この子はなんと思うだろうか。

　ときおりヘッドセットが息を吹き返し、哨戒の進行状況にかんするやりとりを伝えてきた。わたしは会話を追いかけながら、足にしばりつけた地図を見て、事前に決めてある各報告ポイントを心のなかで確認していった。

「20C、A5、以上《アウト》」

「21A、B6、アウト」

「0Aこちら0、ヒルが安全を確認。どうぞ《オーバー》」

「0A、了解、アウト」

「こちら20C、K7付近の屋根に複数の人間を確認。オーバー」

「了解。20C、監視を続けろ。アウト」

「22B、エクセターに接近中。アウト」

「おれたちのことだ」われわれに移動をうながす暗号《コード》が聞こえたので、わたしはスティーブに向かってそう叫び、ほかの二台にも無線で出発するように伝えた。

　スティーブがアクセルを踏みこみ、車は飛ぶように走り出した。あとの二台がうしろに続き、車は次のポイントに向かって砂漠を疾走する。荒れた地面に車が揺さぶられるので、ダンの体は円形闘技場で二輪戦車を乗りこなす古代ローマの剣闘士さながらに揺れていた。ダンはうしろの荷台で砲座にまたがったまま、回転台座に乗せられた巨大な機関銃の銃口を、常に危険のありそうな方向に向けている。危険な場所とはこの場合、町のなかでわれわれがまだ足を踏み入れていないエリアのことだ。

　実際、ナウザードの北のはずれに並ぶ大きめの建物を囲む壁と壁のあいだには、身をひそめられる場所がいくつもあるので、タリバンはそこからいくらでもこちらを狙うことができるだろう。

　哨戒線に沿ってのろのろと前進する兵たちに目をやる。正直なところわたしは、いまこうして車に乗っていられることにホッとしていた。午前中の暑さのなかで、あれだけの装備を持って歩くのは相当きついに違いない。

　今回の哨戒では、ナウザード北部の広範囲をぐるっと巡回してから、安全な拠点まで帰り着くことを目指していた。町の東側に出るために、われわれの車はやむを得ず、両側から迫るようにそびえ立つ壁の隙間にはいりこみ、住民のいるエリアのなかでもとくに道幅の狭い区域を抜けて進んでいった。

「気を抜くな」わたしはエンジンのノイズに負けじと声を張りあげたが、そんなことはわざわざ言う必要もなかった。部下たちはちゃんと自分のやるべきことをわかっている。

スティーブは親指をあげてみせたが、道路からは一秒たりとも目を離さなかった。

この場所は危険だ。逃げ道のない路地で待ち伏せ攻撃を受ける可能性は十分にあった。壁の割れめからAK47ライフルで狙われ、フルオートで弾倉を空にするまで撃ちまくられたら、目もあてられないことになる。

スピードをあげたまま、うち捨てられたひと間だけの店舗や、木造屋台のそばを通り過ぎる。屋台の上を覆っていたキャンバス地がぼろぼろに裂け、朝の風にはためいている。

どうやらこのあたりには、かつてささやかな市場があったようだが、いまは誰もいない通りに、ただ折れた木材やはたされなかった約束が散らばっているだけだ。三方しかない壁で自立している建物の外の地面に、油が染みを作っている。バイクの部品が、土の上に転がって錆びている。草葺き屋根の下に置かれた壊れかけのテーブルのそばを走り抜けながら、ここではいったいなにが売られていたのだろうかと考えた。テーブルのまわりには、大きな陶器の壺がいくつか、からっぽのまま転がっていた。

数年前、北アフリカの最高峰ツブカル山に登るため、モロッコを訪れたことがある。マラケシュの旧市街であるメディナの繁華街では、古い市場を歩いた。数千とはいかないまでも数百はありそうな狭い路地や屋台では、商人たちがいい香りを放つハーブや色とりどりの果物から、かごにはいったトカゲやカメまで、ありとあらゆるものを売っていた。においのきつい革製品や手描きの装飾が美しい陶器がずらりと並び、屋台の壁やテーブルを彩っていた。

モロッコの市場と、いま自分の目の前にある景色との対比は圧倒的だった。ここでは誰も、なにも売っておらず、わたしが帰国したあとも、その状況は長いあいだ変わらないだろうと思われた。あたりに漂う唯一の香りといえば、ときおり吹くかすかな風が運んでくる腐ったゴミのにおいだけだ。ナウザードの住人たちが不憫だった。傷つくのは、いつだって罪のない人々だ。

南へ向かいながら、わたしは大通りからのびる入り組んだ路地をまじまじと眺めた。ときおり、小さな子どもたちが、建物を囲う壁の入り口に群がっているのが見えた。ほとんどの子は粗末な服を着ており、足は裸足だ。われわれがやってきたという噂は、あっという間に町中に広まったらしい。ダンが集まった子どもたちに向かって、まるでFAカップのトロフィーを手に故郷へ凱旋するサッカー選手のように手を振った。多くの子どもたちが恥ずかしそうに手を振り返し、クスクスと笑いながら壁の内側へ駆け戻っていく。

車が次の待機地点に到着して防御態勢を整えると、わたしはパトロール隊の先頭を行く部下に、自分たちのポジションを伝えた。

兵士たちが哨戒ルートを歩いてくるのを待ちながら、わたしは背後に広がる広々とした砂漠に目をやった。ぽつぽつと散らばる瓦礫のなかに、群れた犬が寝転がっているのが見える。

全部で四〇匹くらいだろう。大半の犬は、以前に拠点の外をうろついていた、分厚い毛皮のセントバーナード犬によく似ていた。この子たちがあれと同じ群れなのかどうかはわからない。いずれにせよ、犬たちはわれわれにはまったく関心がないようだった。そこにじっと寝そべったまま、ときおり泥にまみれた尻尾を振って、うるさいハエを追い払っている。尻尾が動いていなければ、地面に転がっているただの毛玉のようにしか見えなかった。

犬たちはなぜここに集まっているのだろうかと思った瞬間、その答えに気がついた。市場だ。以前、といってもずいぶん前に、商人たちが店じまいをして家路についたあとの市場に、この犬たちは食料をあさりにきていたのだ。古い習慣はなかなか消えないものだし、それに犬たちにほかに行くあてがあるはずもない。活気に満ちた光景や魅惑的なにおいがナウザードに戻ってくるまでには、まだ長い時間がかかることを、犬たちは知らないのだ。

わたしは顔をそむけた。未来の希望もないたくさんの野良犬たちの姿があまりに痛々しく、見ていられれなかった。息が詰まるような狭い路地をようやく抜け出してホッとした気持ちは、もうすっかり消えていた。必死に地図に気持ちを集中する。野良犬に食べものをやりたいというバカげた考えが頭をよぎったが、ギリギリのところで理性が勝利を収めた。

「しっかりしろ、ファージング。おれにできることはなにもない」そう自分に言い聞かせる。「さっさとやるべきことをやれ」

地図に意識を戻し、パトロール隊の進行状況を確かめる。それからのなにごともない二時間は、カタツムリの歩みのようにのろのろと過ぎ、兵士たちはとうとう、重い足を引きずりながら、安全な拠点のなかに戻ってきた。どうやらタリバンは、今日は休みを取ることにしたらしい。

それでもわたしの頭のなかからは、いくらがんばってみても、あのかわいそうな犬たちの姿が離れてくれなかった。

そろそろ食事の時間になろうという時分だったが、突然、食欲をなくすようなものが目にはいった。もう一度袋の口を開け、腕をのばしたままおそるおそるなかをのぞいてみると、小指の爪ほどの白い物体が、たったいまランの地面からすくいあげたばかりの犬の糞にくっついているのが見えた。見た目もにおいもたいそうひどい。しかもそいつは動いていた。

わたしは何度も見直して、それがさっき自分が思ったとおりのものかどうかを確かめた。それは——その白い物体は、間違いなく、ナウザードの体から出てきたばかりの回虫だった。

「ナウザード、気色悪いモンがいるぞ」赤いサテンのクッションで丸くなっているナウザードのほうをちらりと見ながらわたしは言った。ナウザードのおなかのなかで、こいつが何匹くらいはいまわっているのかと考えるとゾッとした。「まあ心配するな。なにか薬を持ってきてやるからな」ナウザードの頭をぽんぽんと叩きながらわたしは言った。

RPGのほうを見る。おそらくはこの子も虫を飼っているだろう。「リサに言って、駆虫剤を送ってもらうことにしよう」

ペットの飼い主はみな、動物に薬が必要なときには、ただ獣医に行きさえすれば、あっという間に問題が解決すると思っているものだ。しかしアフガニスタンではそうはいかない。なにか欲しければ友人や親戚に頼んで送ってもらうしかないのだが、それでさえかなりの困難を伴う。取り扱いがむずかしかったり、冷蔵が必要だったりするものは、まずまともな状態では届かない。恋人からのチョコレートを受け取った兵士はたいてい、封筒を開けたときに、手紙やお菓子が茶色いねちゃねちゃとしたものにまみれているのを発見することになる。かつてチョコレートだったものが、焼けつくように熱いヘリの着陸地点に置かれているあいだに溶け出してしまったのだ。だから犬の治療には、錠剤の駆虫剤のような簡単な薬を使うか、さもなければ自分で適当な対処法を編み出すしかない。

そしてわたしはいまから、その〝適当な対処法〟によって、犬たちを悩ませているもうひとつの問題に取り組むことにした。サシチョウバエだ。

ナウザードにつきまとっているサシチョウバエは、相当に厄介だった。やつらは動きがやたらとすばやく、すぐに毛皮のなかにもぐりこんでしまう。わたしがいくら熱心に毛皮をこすって、憎々しい小虫をつぶしてやろうとがんばっても無駄だった。ナウザードも足で掻いて追い払おうとはするのだが、そのわずか数秒後には、まるでこちらをあざわらうかのように、やつらはふたたび姿を現すのだった。

藁にもすがる思いで、わたしは陸軍が残していった備蓄品の山をあさってみた。発光《ライト》スティック、ペンキ缶、古着、携帯食《レーション》、電池などさまざまな品があったが、目当てのものは見あたらない。あきらめかけたそのとき、ついにハエ取りスプレーの缶を発見した。しかもただのハエ取りスプレーではない。〝軍用級〟のハエ取りスプレーだ。

「覚悟しろよ、あの虫野郎」半分くらい中身のはいった缶を振りながら、わたしはつぶやいた。軍用級ハエ取りスプレーを浴びて生きていられるものなど、この世にはいないのだ。ふと、缶の脇に大きな字で「肌にスプレーしないこと」という警告が書かれているのを見つけ、なんともバカバカしい気持ちになった。これを虫除け剤として使うマヌケなどいるものか。しかし何人かの兵士の顔を思い浮かべてみるにつけ、やはり警告は必要だという気もしてきた。海兵というものはこういう缶を手にすると、必ず小さな子どものようになって、動くものにはなんにでもスプレーして効果のほどを確かめようとするに違いないのだ。

試しに少しスプレーをまいてみる。缶の脇にはスプレーを吸いこまないようにとも書いてあったが、残り香は否応なしに鼻にはいってきた。甘い綿菓子のようなにおいだ。

さっそくナウザードにかけてやろう。手早くすませるのが肝心だ。そこでビスケットでナウザードをランの中央に誘い出してから、できるだけすばやく、ナウザードがなにかしらリアクションを起こす前に、毛皮にスプレーを吹きかけた。驚いたことに、ナウザードはただそこに突っ立ったまま、涼しい顔をしていた。

ナウザードがやけにいい子にしているので、わたしはいちかばちかもう一度、しっかりと彼の毛皮にスプレーを吹きかけてやることにした。二度目のスプレーを終えるころには、乾燥した埃っぽい空気のなかに綿菓子のにおいが充満して、わたしは町の通りできれいな女の子とすれ違ったときに、ふといいにおいが漂ってくるあの瞬間を思い出した。

ハエ取りスプレーの効果はてきめんだった。一匹ずつ、全部で五匹の不気味なハエがナウザードの体からはい出て地面に落ち、もがきくるしむ様子を、わたしは満足して眺めた。

「死ぬがいい。邪悪な虫けらめ」あまりの喜びに、ピョンピョンと跳びはねながらそう叫んだ。ナウザードはただ不思議そうな表情で頭をかしげ、わたしが足を踏み鳴らして、いまは亡きサシチョウバエに捧げるダンスを踊るのを眺めていた。

困ったような顔をしたナウザードに向かって、にっこりと笑ってみせる。「これであいつらも思い知っただろう。な、ナウザード」

わたしは彼の耳のあたりをごしごしとこすり、ハエ取りスプレーはランの奥の日影に隠しておいた。またそのうち必要になるかもしれない。

ランのゲートを手早く閉め、かんぬき代わりの縄をしばり終えたちょうどそのとき、アフガ《A》ニスタン《N》国家《P》警察の副司令官がこちらにやってくるのが見えた。路地での闘犬をやめさせたおり、わたしの胸を押したあの男だ。

この拠点に同居しているアフガ《A》ニスタン《N》国《A》軍とＡＮＰは、われわれとはあまり交流を持たなかったが、その主な理由はやはり言葉の問題だと思われた。ＡＮＡの場合は、連絡将校としてイギリス海兵隊員がひとりついているのだが、彼らはいつも自分たちだけで、敷地の反対側にある大きめの建物にこもっていた。一方のＡＮＰには専用の連絡将校がおらず、つまり彼らのことはある意味、わたしの責任の範疇にあるとも言えた。

闘犬事件のあと、わたしは一度、ＡＮＰに和解の手を差しのべた。武器を使用しない戦闘と、所持品検査の訓練を共同でやろうと提案したのだが、彼らはそれを断ってきた。そうなることは、ある程度予想はしていた。訓練となればＡＮＰも体を動かすことになるし、彼らがわざわざそんなことをするとは、わたしには思えなかった。

結局、ＡＮＰは自分たちだけで食べ、眠り、そしてこちらが許可を出したときには、彼らが言うところの〝ポリス・パトロール〟を実施していた。彼らは拠点を出て南に向かい、町の西側の境界沿いに走る主要道路である砂漠の小道を通行止めにする。彼らがその場所を選ぶのは、そこがヒルの影になっているためで、つまりは防御射撃の範囲内にいられるからだった。

ＡＮＰの司令官は、部下が道路を〝稼働させて〟いるあいだ、トラックから離れた場所でラグにどっかりと腰をおろしている。ごくたまに、そこを通ってみようという勇敢な車がやってくると、たいていは運転手が司令官のそばに座らされて、しばらくののち、車を先へ進める許可を与えられる。

こちらへ歩いてくる姿を見て、わたしはふと、この若い警官が今日はひげをきれいに剃っていることに気がついた。しかし脂ぎって束になった髪は、色あせた茶色いシャツの襟のあたりまで垂れさがっており、うしろが長くなった青い制服は染みだらけで、すぐにでも洗濯の必要があった。二〇代なかばくらいに見えるが、アフガン人の年齢を読むのはそう簡単ではなかった。地元のアフガン人の多くは自分の誕生日を知らず、そもそも彼らにとっては知る必要もないらしかった。ここでは誕生日などたいした意味を持たない。その日を生きのびられたというだけで、もう十分にお祝いをする価値があるのだろう。

副司令官はわたしの目をまっすぐに見た。どちらからも朝の挨拶はしない。警官はパシュトー語でなにか話しながら、ランの奥に隠れているナウザードのほうを指さしている。

「なにを言っているのかわからない」いちおうそう言ってはみたものの、この男が、ナウザードは自分の闘犬だと言っているのは明らかだった。「通訳を連れてくる」彼のほうもわたしの言葉がわからないことを知りつつ、わたしは言った。地面を指さし、それから彼を指さす。「ここで、待て」わたしが歩き出すと、彼はこちらの言葉を無視してランに一歩近づき、ゲートを固定している縄に手をのばした。

「やめろ」あえてきつめの口調でそう言いながら、長袖のシャツを着た彼の腕を押しやり、もう一度地面を指さした。そして自分の胸を指さしてから、またアフガン人通訳がいる建物の方向を指さす。

ナウザードはまだ迷彩ネットの下で丸くなったままだったが、ランのすぐそばで言い争っているふたつの人影には、すでに油断なく注意を払っているようだった。ＲＰＧのほうはうれしそうにゲートのそばに座り、どうやらいますぐにでも外に出てわたしと遊べると思っているらしかった。

わたしがいないあいだにＡＮＰがゲートを開けないでいてくれるかどうかは確信が持てなかったが、ほかに手はない。いつかこのときがくることはわかっていたし、警官が犬を簡単にあきらめるだろうとは、わたしとて思ってはいなかった。人生はそれほど単純ではない。通訳を連れてきてこの問題を完全に、しかも今回はできれば友好的に解決する必要があった。

通訳がいる部屋までの一〇〇メートルほどの距離を全力で駆け抜けると、ラッキーなことに、ちょうどドアを出てくる通訳のハリーとはち合わせした。ハリーは、われわれと一緒にここに住んでいる三人の通訳チームのうちのひとりだ。彼らなしには、イギリス軍は地元の人たちと交流することもかなわない。もちろんハリーというのは本当の名前ではなかったが、わたしたちは彼のパシュトー語の名前をきちんと発音することができず、その名前の音がハリーに似ていたので、結局彼はわれわれ軍人の多くがそうであるように、ニックネームで呼ばれるようになったのだ。ハリー本人もどう呼ばれるかについては、たいしてこだわりはないようだった。

ハリーはカブールの小さな家庭に生まれ育った。勉強をすることが喜びだったという。タリバンが政権から追われたのち、ようやく再開された学校で、英語がハリーの得意科目になった。わたしたちはみな、ハリーには一目置いていた。ハリーの願いはただひとつ、連合軍の手助けをして、アフガニスタンをタリバンの呪いから解放したいということだけだった。ハリーはわれわれとナウザードの拠点で生活をともにしており、つまりは哨戒の途中で撃たれる可能性も、われわれと同じだけあった。弾丸は相手がどこの国の人間だろうと、おかまいなしに飛んでくる。ハリーはこの国を変えるために、文字通り命を賭けていた。

ハリーの持ちものは、彫りこみ細工のある小さな銀のティーポットのほかには、古ぼけた分厚い木の板だけで、これは彼が自分の手で削って、クリケット用のバットのような形に仕上げたものだった。休憩時間のたびに、ハリーは誰彼かまわず捕まえて、その手から逃げ遅れた者たちは、司令室の外で即席のクリケットの試合につきあわされるのだった。

ボールにはマスキングテープを丸めたものを使っていたが、海兵たちはいつも、力を入れすぎないようにそっとバットを振っていた。丹念に手で削り出されたバットの細い持ち手が、自分のせいで折れるのだけはごめんだと誰もが思っていたのだ。

ハリーとわたしはランへ駆け戻った。アフガン人の警官はまだランの外に立ったまま、ナウザードとRPGをじろじろと眺めていた。

ふたりのアフガン人は、わたしのことは完全に無視して、短い言葉をかわした。

ハリーが振り返り、ほぼ完璧な英語でいまの会話の通訳をしてくれた。

「ペニー・ダイ。副司令官は、この犬は自分のだと言っています。だから彼に返すべきだそうです」

ハリーにはたぶん、わたしにそんなつもりがないことがわかっているのだろう。

「ハリー。副司令官に、犬はもうあなたのものではないと言ってくれ」わたしはハリーを見ながらそう言った。もうすでに怒らせてはいるが、これ以上、警官の怒りをつのらせるのは避けたかった。

しばらく言葉のやりとりがあり、ハリーがわたしのほうを見た。

「お金を払ってほしいそうです」

わたしはため息をついて、空をあおいだ。一日じゅう議論をすることもできるが、この問題はいま片をつけておくのに限る。かといってどうしたらいいだろう。わたしは一文なしだ。

「彼にこう言ってくれないか。犬は売りものではないが、こちらとしては友好の印として、ぜひともそちらになにか差しあげたい」わたしが本当は友好的な気持ちなどかけらも持っていないことは黙っておいた。

ふたりが勝手に話をする横で、わたしは熱心に耳を傾けている風を装っていた。ANPは一度もこちらを見ないが、手を振りまわしてナウザードを指さしている。かわされているのが友好的な会話なのか、それとも白熱した議論なのかは、判別がつかなかった。どちらの顔にもそれとわかるような表情は浮かんでいない。突然、会話が止まった。

ハリーがわたしに向かって、たったいま警官がわたしに、ANPが使う懐中電灯用の電池と引き替えにナウザードを売ったと言った。この結果があまりに意外だったので、必要以上ににやつきながら、わたしは副司令官の手を握った。わたしはその日のうちに電池を届けることを約束した。電池はあとで、ANPが住居として使っている、せいぜいひとつかふたつしか部屋がなさそうな小さな建物の、色あせた緑色をした金属製のドアの前に置いておくことにした。その建物の外には、金属製のベッドのフレームが三台置いてあり、暖かい日には警官たちがそこにすり切れたマットレスをのせて、午後の陽射しのなかでくつろいでいるのだった。

「ありがとう、ハリー。ひとつ借りができたな」副司令官が立ち去ると、わたしはそう言って手を差し出した。ナウザードとRPGを安全な環境に置いておくことがどれだけ大切かなど、わざわざ口にするまでもなかった。

ハリーはうれしそうにわたしの手をパチンと叩いた。

「どういたしまして」彼はにっこりと笑った。「だけどクリケットの試合一回分貸しですよ、ペニー・ダイ！」

第6章　戦場のセレブ・シェフ

チヌークが耳をつんざくような叫びをあげながら出力を上昇させると、一対の回転翼が起こす下降気流が埃を盛大に巻きあげ、ヘリは優雅に空に飛び立った。

「だいたいあんなにデカいもんが空を飛ぶってことが間違ってるだろう」わたしはぶつぶつ文句を言いな

がら顔をそむけた。朝一番でシャワーを浴びてきたというのに、意味もなく埃まみれにされるのはごめんだった。

埃が落ち着くのを待ちながら、わたしは西の防塞を成して連なる山並みをうっとりと眺めた。ヘルマンド州南部の山々は、はるか北のヒンドゥークシュ山脈とは別の山脈に属しているが、その高さは二〇〇〇メートルを超え、故郷イギリスのなだらかな山に比べればはるかに雄大だった。あの静謐な峰々にはこれまで、誰ひとり登ったことがないに違いない。アフガニスタンがロシア人との聖戦《ジハード》、そしてタリバンの圧政に苦しんできたことを考えれば、この国の平均的な人々の行動として、娯楽のための登山が存在するとは思えなかった。

わたしはよくリサと、登山関連のビジネスをはじめようという話をするのだが、アフガニスタンの未踏の山々はまさに金の鉱脈だった。しばらくのあいだ、そのまま山々を見あげながら、わたしはあれこれと想像をめぐらせた。登山客を連れて、誰も足を踏み入れたことのない大自然のなかにはいり、砂漠のキャンプで昔ながらのアフガニスタンの夕べを楽しんでもらう。それからラクダに乗って田舎の村を訪ね、現代のテクノロジーがほとんど入りこんでいない生活を見せてもらうのだ。

空港はどこを使えばいいだろうかと考えているとき、埃がようやく収まってきたのに気がついた。振り返ってみると、チヌークはもう南の空に浮かぶ小さな点になっている。やれやれと立ちあがり、新入りの一団のほうへ歩いていく。チヌークの後部から地面に放り出された山のような備品の脇で、彼らはまだ一カ所に固まって、体中にたっぷりと埃をかぶったまま突っ立っていた。

ヘッドセットに飛びこんできた叫び声に、わたしは一気に現実に引き戻された。

「来るぞっ」

それ以上、聞く必要はなかった。

ヘリの着陸地点になっている場所は、迫撃砲が飛んでくるときに突っ立っているのには向いていない。

それどころか、まるでサッカー場のように真っ平らだ。到着したばかりの若い海兵たちに目をやると、彼らはまだそこに立ったまま、体についた埃を払い、背中に負えるのか心配になるほど重そうな背嚢を、のろのろと持ちあげようとしていた。彼らはまだ、無線のネットワークにつながれていないのだ。

「全員、荷物を捨てて身を隠せ。いますぐだっ！」わたしは叫んだ。

ぽかんとした顔がこちらを向く。

「タリバンから歓迎のあいさつが来るぞ。わかったらさっさと散れっ」兵たちはすぐさま荷物をすべて放り出し、なにか身を隠すものを求めて四方に走った。

ジョンはちょうどそのとき、ヘリが持ってきた備品と、みんなが心待ちにしている郵便袋を拠点に運ぶのを手伝うために、四輪駆動車《フォーバイフォー》で乗りつけたところだった。彼はあっという間にギアをリバースに入れ、そのまま二〇〇メートルあまりも走って、あたふたと隠れ場所を求めて走り出す海兵たちから遠ざかっていった。トラックの後部の開閉板が、小さいがかなり硬そうな泥の山にぶつかったのを見て、わたしは思わず顔をしかめた。ジョンはさらにアクセルをいっぱいまで踏み込んで、尻に火がついたような猛スピードで去っていった。

無線には、さまざまな人間が大声で入れてくる状況報告と、タリバンに対処するための各班への指示とが入り乱れていた。

わたしは小さなくぼみに飛びこんだが、そこは実際、くぼみと呼べるような場所ではなかった。身を隠すものはなにもない。わたしの体は地面のうえに突き出したまま、バカみたいに目立っていた。あたりを見まわし、新入りたちがどうにか隠れ場所を見つけたことを確認した。まったく姿の見えない者たちは、ウサギのように穴でも掘ったのかもしれない。

さらに遠くに目をやると、護衛についてきた兵たちも車を降りてあたりに散っているのが見えたので、わたしは胸をなでおろした。彼らは無線につながれているため、わたしが聞いたのと同じ警告が届いたのだ。

背後で伏せている兵たちに叫ぶ。「タリバンは丘《ヒル》と交戦中だ。これから迫撃砲が三発、こっちに向かって飛んでくるぞ」

あとはもうわれわれにできるのは、待つことだけだった。


ヒルは奇妙な場所だ。のっぺりとした泥のはげ山で、砂漠の地面から六〇メートルほど盛りあがっている。常に吹きさらしの状態にあり、建物や家はひとつもない。ヒルからは周囲を三六〇度、ぐるりと見渡すことができる。〝ヘッド〟（海軍の俗語でトイレの意）は野外で腰かける方式で、周囲には、さえぎるものがいっさいないヘルマンド州南部の砂漠が広がっている。世界中を探しても、これほど眺めのいいトイレはないだろう。南と西に見えるのは、ただ広々とした砂漠だけだ。北側には荒れはてた共同墓地があり、通訳によるとここには、アフガン人とロシア人の両方が眠っているという。

兵たちはヒルに配置されることを喜んだ。あそこは拠点のように狭苦しくないし、拠点よりも歩哨に立つ回数が少なくてすむ。けれどもいまは、あそこにいる連中をうらやましいとは思えなかった。高さがあるぶん、ヒルはタリバンにとって格好の標的となる。

首をそらして上を見ていると、一発目の迫撃砲がヒルの北側で爆発したのが確認できた。機関銃のうしろに座っている連中にとっては肝を冷やすくらい近かったろうが、ヘリの着陸地点で土にまみれて寝転がっているわれわれからははるかに離れていた。ターゲットはヒルだ。こちらではない。

さらに二発、せわしなく飛んできた迫撃砲は、ヒルからかなり東へ離れた場所に着弾した。ヒルの兵たちはこれをまったく意に介さず、タリバンに向けて五〇口径を撃ち返し、そのドーンドーンという発射音は、わたしが寝転んでいるこの位置にいても、耳がおかしくなるほど強烈だった。

無線での会話から察するに、じきに本格的な戦闘になりそうな雲行きだった。これ以上こんな砂漠にじ

奇妙な場所、丘《ヒル》

っとしてはいられない。ヒルに向けて小火器の攻撃がはじまれば、いつこちらにとばっちりが来るかわからない。動かなければ。

「立て。移動するぞっ」全員に聞こえるよう大声で叫んだ。

兵たちは見るからにショックを受けた顔をしていた。彼らはいまが緊急事態であることを悟ると、荷物をかき集めて、わたしが立ちあがったとたんにふたたび現れ、ブレーキを鳴らして急停車した四輪駆動車のうしろに積まれた荷物の上にそれを放り投げた。

ありえないとでも言いたげな新入りたちの表情を見て、ジョンはチェシャ猫のようににやついていた。やつがなにを考えているのかは想像がつく。われわれにとって、銃や迫撃砲で狙われるのはもはや日常茶飯事だ。そのことをあまり気にしても意味がないし、そうでなければ、なにひとつ成し遂げることはできない。そんなことを気にかけるのは、車にひかれたくないからといって、家を離れないようなものだ。たいていの兵は、運が尽きたらそのときはそのときで、それをどうこうすることなどできないと思っている。新入りたちはまだその境地に達していないが、彼らもきっと、じきに同じような考えになっていくはずだ。

拠点に向かって車を走らせながら、迫撃砲が直撃する場所に突っ込むことになるのではないかという嫌な考えが浮かんでは消え、わたしは運転手にスピードをあげるようせっついた。しかしそんなことは言うまでもなかった。運転手もわたしと同じくらいあせっていた。

拠点にはいって車を停めるころには、すでに高速戦闘機が戦いの片をつけにこちらへ向かっていた。わたしは兵士たちを中隊先任軍曹《CSM》に引き渡した。彼らは戦闘が終わるまで会議室で待機し、そのあとで拠点での生活のルールについてレクチャーを受けることになる。

　わたしは歩哨所《サンガー》へ走り、部下たちの無事を確認してから、ナウザードとRPGの様子を見にいった。二匹は揃って迫撃砲シェルターの下に隠れており、ランのゲートからはいってきたわたしを見ると跳びあがって喜んだ。RPGがいるおかげで、ナウザードも今日は多少なりとも安心していられたのか、ゲートを跳び越えようとしなかったのには胸をなでおろした。二匹とも、わたしがポケットから取り出したビスケットをがつがつとほおばった。まだビスケットをかじっている二匹を残してランを離れ、わたしは新入りのなかでどの兵がうちの隊にはいり、彼らがどんな装備を持ってきたのかを確認しに向かった。


「おい、冗談じゃねぇよ」ダッチーが床を蹴りつけた。

「冗談じゃないんだ。コックは来ない」CSMはにやにやしながら目をそらした。

「バスティオンの連中はどういうつもりなんですか。ヘリに料理人をひとり乗せればすむ話でしょう」とわたしは言った。

　海兵はそれがなんであろうと、あらゆることに文句をつけるし、自分たちにはその権利があると思っている。食事は常にその文句の対象だった。われわれは食料の少なさに、火を通していない料理に、冷たい料理に、高すぎる料理に不平をこぼす（当然ながら、食べものが多すぎると文句を言うやつは見たことがなかった）。

　カレーしか作れないあの若いコックがじきに慰労休暇《R&R》で帰国し、そのあとはどこかほかの場所で人々の味覚を麻痺させる仕事に従事すると聞いて、われわれはひそかに喜んでいた。

　しかしやつの代わりになるコックがやってこないという事実は、兵たちのあいだに暴動を引き起こしかねなかった。

　CSMはわたしとダッチーより少し年上で、イギリス海軍の山岳極地戦教導隊の一員だった。彼は教導隊の所属でない人間をからかうのが大好きで、ダッチーとわたしはもちろんその条件に当てはまった。

ＣＳＭが満面の笑みを浮かべてわたしたちの顔を見る。

「小隊軍曹。きみたちふたりには、この事態に対処するだけの経験があるはずだ」

「いやいやいや、ダメです。そりゃないですよ」わたしたちは声を揃えて抗議した。これがどういうことを意味するのかは、よくわかっていた。わたしの場合はつまり、糞の焼却係からコックに昇進するということだ。わたしとダッチーは数秒のあいだ、その場にただ突っ立っていた。からかわれているのかもしれない。しかしオチはやってこなかった。

「しかたねぇ。おいジェイミー・オリヴァー〔イギリスの有名シェフ。明るいキャラクターとルックスのよさでも知られる〕。夕飯までの二時間でどんなごちそうをでっちあげられるか、見にいくとするか」ダッチーが言った。どうやら司令室を出て、厨房へ行かなくてはならないようだ。

「わかったよ、エインズリー・ハリオット〔イギリスの黒人有名シェフ〕」とわたしは答えた。

「いちおう言わせてもらうが、おれは黒人じゃないぞ」

「そうだな。だったらおれは巻き毛じゃないし、興奮した子どもみたいに、一日中走りまわったりもしてないさ」わたしはすかさず反撃した。


　厨房は建物がいくつか並んでいる一画にあった。小ぶりのドアと、ごく小さな窓がひとつついている。部屋のなかは、作業用に折りたたみ式のテーブルを一台広げただけでもういっぱいだった。窓の下には、真っ黒になった古い軍用ガスレンジが置いてある。ガスレンジからのびている長いゴムホースは、グルカ兵がドリルで開けた壁の穴を抜けて、角を曲がった向こう側に置いてあるガス容器につながれていた。

　床には大鍋が四つ、うずたかく積みあげられている。大きめのボウルがいくつか、灰色に塗られた奥の泥壁の釘にかかっていた。照明はない。

食料庫は隣の建物だ。わたしもダッチーも驚いたことに、なんと食料庫の床は、山のような缶詰で埋めつくされていた。

「いったいなんだってあのコックは、カレーばっかり作ってたんだ?」チキンの白ワインソース煮の缶と、乾燥パスタの袋を手に取りながらわたしは言った。

「あそこにミックスフルーツがあるぞ」突然、床に置いてある白い袋に向かって突進しながらダッチーが叫んだ。まるで袋に紐がつけられていて、早くしないと向こうに引っ張られて二度とフルーツを拝めなくなるかのように慌てている。「カスタードパウダーもある。あの野郎、カスタードパウダーまで持ってやがった」袋を持ちあげてわたしに見せながら、ダッチーは言いつのった。

あと二時間ちょっとで、腹をすかせた六〇人の兵士たちのためになにか用意しなければならない。〝ワンメニュー・カフェ〟の開店は間近だ。

噂がすごい勢いで広まりはじめるまで、長くはかからなかった。年若いサイモンが、歩哨を終えて帰る途中、開いたドアの前で立ち止まった。彼の驚いた表情から察するに、どうやら自分がいま見ているもののせいで少々混乱しているようだ。

ダッチーはチキンの白ワインソース煮の缶を一五個分、ふたつの大鍋に入れて、ガスレンジの上で煮立たせながらかき混ぜている。

わたしはまな板の前に立っていた。ひどい染みのついたエプロンを腰に巻き、砂漠用の戦闘服を隠している。

「あのう軍曹、今日は軍曹がおれたちの食事を作っているっていう認識で合ってますか?」サイモンが言った。わたしは片手に生の玉ねぎを、もう一方の手に包丁を持ったまま彼を見た。玉ねぎの強烈なにおいのせいで、涙が頬を流れ落ちる。

「おまえの観察力はたいしたもんだ。それならタリバンが忍び寄ってきたらすぐに気がつくだろうな」とわたしは言った。

一瞬、サイモンはわたしをじっと見つめて、それから自分の質問の愚かさに思い至った。「すみません、軍曹」

このチャンスをのがす手はない。「みんなに言っといてくれ。夕食は少し遅れるかもしれない。ヨークシャー・プディング〔イギリスの家庭料理。小麦粉、卵、バターを混ぜて焼いたもので、ローストビーフなどのつけ合わせに用いられる〕ができあがるまで待たないといけないからな。オーブンに入れるのがちょっと遅くなったんだ」

「えっ。今日はヨークシャーが出るんですか？　軍曹、そりゃすごいですよっ」サイモンはそう言うと、幸せそうに去っていった。

この仮設厨房にはオーブンはもちろん、ヨークシャーを作るために必要な卵も、小麦粉も、牛乳もないことは、ここの誰もが知っていることだった。しかしそんなことくらいで、この噂が広まるのが妨げられるはずがない。

「拠点中に噂が広まるまで、どれくらいかかるかな」ダッチーが言った。

「次に誰か通りかかったら、そいつはもう知ってるね」

わたしはひたすら玉ねぎを刻み続け、それをポコポコと煮え立つチキンの白ワインソース煮のなかに投げ入れた。

「軍曹、今夜はヨークシャーが出るってほんとスか？」開けっぱなしのドアから声が聞こえた。

ダッチーとわたしはたまらず吹き出した。

*

「おまえたち、よくやった」司令官は厨房の外に立ち、桃の薄切りをほおばりながらモゴモゴと言った。

「おやすいご用です、サー。上級下士官《SNCO》にできないことなんてそうはありませんよ」戸口の内側にいたダッチーが笑顔で答えた。

腹が減っては戦《いくさ》ができぬという言葉は真実だ。食事は一日のうちの欠かせない要素で、そこには生きるためだけでなく、退屈を追い払うという意味もある。この拠点には、誰もが毎日の食事どきに食べられるように個別のパック入り携帯食も置いてあったが、コックがひとりいれば、兵士たちは少なくとも一日に一回はまともな食事をとることができるし、サンガーに詰めたり哨戒に出たりする合間の時間をやりくりして自分で調理をする必要もなくなる。そんなわけでダッチーもわたしも、今日の〝ワンメニュー・カフェ〟が激賞を得られたことに、すっかり満足していた。

与えられた二時間で、わたしたちは飢えた海兵軍団の腹を満たすだけの料理をなんとか作りあげた。しかもサプライズとして、シェフのスペシャル・デザートまで用意したのだ。戦場ではデザートなど、めったにお目にかかれない。

今日はデザートがあるぞと言っても、最初のうちは誰ひとり取りにこなかった。こちらの言葉を信じていないのだ。「はいはい。デザートを取りにいったら、捕まって洗いものをやらされるんでしょ。ですよね、軍曹?」たいていはそんな反応だった。しかし缶詰のフルーツとカスタードクリームが配膳テーブルに載せられると、その事実はあっという間に知れ渡った。ダッチーとわたしはそれからすぐに、列をチェックして、全員がデザートをもらえたかどうかを確認する作業に追われることになった。

司令官はとくに早いうちから取りにきたうちのひとりだった。いまは厨房の入り口に立ち、桃の最後のひと切れを口に運んでいる。列はもうすぐなくなりそうだった。

「ふむ。明日はさらなるごちそうを期待しているぞ、諸君。うちの兵たちががっかりするところは見たくないからな」司令官はそう言い、ボウルを配膳テーブルに置いて歩き去った。

ダッチーとわたしは顔を見合わせた。明日もまた自分たちが料理をするのかどうかさえ、わたしたちはまだ話し合っていなかったのだ。この仕事は今日だけでも相当にキツかった。

黙ったまま大鍋を洗い、調理道具をきれいに拭いていると、自分たちがどんな事態に巻きこまれたのかが、ようやく身に染みてきた。台所仕事は一度だけなら楽しいが、毎晩となればまさに悪夢だ。

「明日はなにを作ろうか」最後の鍋を拭きながら、わたしはたずねた。

「知るか」とダッチーは言った。

第7章 ジーナ

吠え声がして、眠りから覚めた。午前一時。あと三時間は非番の予定だ。声はナウザードとRPGのランの方角から聞こえてくる。急いで服を着こんで装備をつかむ。部屋から走り出たところで、デーブとはち合わせした。

「あの騒ぎはなんだ」

「わからない」デーブは答えた。

わたしたちは角を曲がり、小走りでランに向かったが、また闘犬をしているのではないかと思うと胸が騒いだ。

「なんだこりゃあ」わたしは言った。裏ゲートが大きく開かれ、それを取り囲むようにありとあらゆる大きさと体格の犬が群れ集まり、走りまわり、噛みつきあい、あたりには縦横無尽に跳ねまわる足に巻きあげられた砂煙がもうもうと舞っていた。

ナウザードとRPGはランのなかに閉じこめられたまま、気も狂わんばかりに吠えている。闘犬ではなかったことに、そしてナウザードたちが無事だったことにホッとため息が出た。

デーブがわたしの腕をつかんで、犬の群れのまんなかを指さした。

「おい、あれはいったいどういうことだ」目の前の光景は、絶望としか言いようのないものだった。

そこにはぽつんと立てられた杭に、首に巻いた針金でしばりつけられている、おびえきった小さな犬がいた。明らかに雌犬だった。その雌犬のうしろには何匹もの大きな雄犬がいて、互いに噛みつき、歯をむき出して、彼女と交尾をしようと狙っている。犬にとっての地獄とは、まさにこんな場所かと思うような有様だった。

「なんてこった」デーブがやっとそれだけ口にした。

飛行機から降りてアフガニスタンの土を踏んだ瞬間から、自分が別世界に来たことを理解していたつもりではあったが、これはあんまりだった。わたしがこうしてナウザードを、少なくともいまだけは安全な場所にかくまっているそのあいだに、アフガン人は自分たちの手で犬を繁殖させ、闘犬を手に入れようとしている。あのかわいそうな犬が、闘犬を生まされるのだ。

「まだ野良犬が足りないとでも言うつもりかっ」デーブが吠え声やうなり声に負けない大声を張りあげ、わたしたちは犬たちに向かって叫び、腕で群れをかきわけながら突進した。噛まれるかもしれないとは考えなかった。あまりに信じられないものを見た怒りと驚きに、ふたりともわれを忘れていた。

わたしたちはどうにかして雄犬を追い立て、開いたゲートの外に押し出そうとした。体の大きな犬たちがそう簡単には出ていかない姿勢を見せると、デーブが巨大な廃材を拾いあげ、犬に向かって振りまわしはじめた。それでも犬たちは引かなかった。デーブは木材を地面に叩きつけて、開いたゲートの方向へ犬を追いやった。

かなりの大騒ぎだったにもかかわらず、驚いたことに様子を見に出てくる者はひとりもいなかった。あとで聞いたところでは、いちばん近くの歩哨所《サンガー》にいた兵たちは、司令室に無線で連絡をしようとしたのだが、ちょうどそのとき、静かな夜に響き渡るわたしの声が聞こえたので、まかせておけば大丈夫だと考えたのだという。

デーブとわたしは力を合わせて裏ゲートを閉め、がっちりとかんぬきをかけた。拠点に静けさが戻り、わたしたちは顔を見合わせた。

「信じられない」わたしはあえぎながら、ようやくそれだけ言った。

杭につながれた小さな犬のそばへ行ってみる。その子は冷たい夜風のなかで震えていた。

「大丈夫かい、おちびさん」わたしはそう言って、小さな丸い頭に手をのばした。

犬はふんふんと手のにおいをかぐと、ふいに舌を出してなめはじめた。楕円形をした長い耳に触れる。ナウザードと比べると毛はかなり濃い茶色で、体格はせいぜい半分ほどだ。犬種でいうとなににに似ているのか、ちょっと思いつかなかった。

「おまえをどうしたらいいんだろうな」そう言ってはみたものの、すでにその答えは、犬の悲しげな目のなかにはっきりと見えていた。

手をのばし、犬を木の杭からはずしてやったが、首のまわりにきつく巻きついた針金のほうはしっかりと押さえておいた。拠点のなかを走りまわってもらっては困る。

しかしそんな心配は無用だった。犬はうれしそうにわたしの横をついてきて、ランの外に出してもらえるのをいまかいまかと待っているナウザードとＲＰＧのところまでやってきた。二匹とも大喜びで、ゲートにぴょんぴょんと跳びついている。

若い雌犬を片手で押さえて、かけがね代わりの縄をはずした。ナウザードもＲＰＧも勢いよくランを飛び出し、ほんの一瞬だけ立ち止まって新入りのにおいをかぐと、もう駆け出して、さっきまで犬の群れが暴れまわっていた場所のにおいを確かめにいった。昔なじみでも探しているのかもしれない。

　小さな雌犬の長い尻尾が揺れて、シュッシュッとかすかな音を立てていた。わたしは犬をランに入れ、首の針金をはずしてやった。

「仲間に入れるんだろ?」数分後、興奮したRPGの前足をつかんでランまで引きずってきたデーブが言った。RPGの毛足の長い尻尾が、地面を激しく叩いている。

「しかたないさ。放り出すわけにもいかないしな。外で子犬が生まれたら大変だ」

　わたしは裏ゲートを振り返った。ゲートの手前の埃っぽい地面には、大量の犬の足跡が散らばっている。がらんとなったその場所には木の杭が寂しげに立っており、ただナウザードだけが、左のうしろ足を杭に向かって持ちあげていた。拠点の敷地内には、ナウザードが使えるような樹木もほとんどないのだから無理もない。

「あいつらはいったいどういうつもりなんだ」さっき目撃したことの意味を考えながら、わたしは声を荒げた。「言いたいことは山ほどあるが、なによりタリバンがうろつきまわっている土地で夜中に裏ゲートを開けっぱなしにするなんて、正気の沙汰とは思えない」

　これまでの経験からすれば、ANPがあんな風に犬をつないでおいたという事実には、それほど驚くべきでもないのだろう。

「明日にはANPのやつらに、タリバンと一緒に暮らしたほうがまだマシだったと思わせてやる」とわたしは言ったが、ANPと諍いを起こしてもしかたがないことはわかっていた。いずれにせよ、たいした仕返しができるわけではない。

　わたしはナウザードをしばらくのあいだ追いかけまわしてから、ランのなかに引き入れた。デーブになでてもらっている雌犬を見ても、ナウザードが気にする様子はなかった。

「ゲートの外に追い出すなんて、いくらなんでも無茶だよな?」とわたしは言ったが、デーブがなんと答えるかはもうわかっていた。群れの犬たちがまだ互いに追いかけ合っている音が、ぴたりと閉めたゲートのすぐ外から聞こえてくる。

　わたしはもともと早起きをして、イギリスにいるリサに電話をかけようと思っていた。いまから部屋に戻っても、たいして眠れやしないだろう。そこでわたしは、誰も通話の予約を入れておらず、衛星電話が受け台の上に鎮座しているこの時間を利用することにした。リサに電話をかけて、たったいま目にしたことを伝えなければ。

　こちらがなにか言う間もなく、リサの声が勢いよく衛星回線の向こうから飛び出してきた。

「かけてくるのが遅いわよ。ずっと待ってたのに！」

「あのさ……」

　言い終わる前にリサが割ってはいった。「保護施設《レスキュー》を見つけたわ」

　わたしは受話器を耳に押しつけた。聞き間違いではないのか。

「ペン、聞こえた？　レスキューを見つけたのよ！」

　わたしは目を閉じ、思い切りため息をついた。

　リサのほうはすっかり浮かれていて、すぐに話の先を続けた。「ロンドンにある動物救済団体でね、メイヒューっていうところなんだけど、そこがアフガニスタンの北部にある保護施設の運営を支援しているの。メイヒューの人が、犬を受け入れてくれる人の連絡先を教えてくれたのよ」

「ああ……よかったよ、ホントに」それしか言えなかった。肩から大きな荷物が下りていくのが感じられた。

「犬は何匹受け入れてもらえるって？」わたしは聞いた。今夜の騒ぎについては、まだリサに話せていなかった。

「保護したい犬が二匹いるって言っておいたわ」と言ったところでリサは言葉を切った。「まさかあなた、違うわよね？」

リサは、人の考えていることを読む勘が嫌になるほど鋭い。

「リサ、まさかあんなものを目にするとは思ってもみなかったんだ」できるだけ手短に、ほんの数分前に外で目撃した光景について説明する。おそらくあの雌犬を助けるタイミングは遅すぎただろうと、わたしは考えていた。あの子はもう妊娠しているんじゃないだろうか。もし子どもを生むなら、町の通りに放り出すというのはありえない。話を終えるころには、リサはショックで黙りこんでおり、その沈黙から察するに、雌犬も一緒に保護してもらいたいとあらためて伝える必要はなさそうだった。

「それで、レスキューはどうやって犬を受け取りにくるんだって？」

「あなた、話をちゃんと聞いてなかったでしょ」とリサは言った。

なんのことだかわからない。

「わたしはさっき、レスキューは犬を受け入れてくれるって言ったのよ。向こうまで連れていくのはあなたなの」

返事をするまでに一秒かかった。頭をフル回転させて、いま聞いた情報を処理する。

さっきおろした大きな荷物が、ふいに肩の上に戻ってきた。「〝向こう〟って、具体的に言うとどこなんだ？」

「アフガニスタン北部よ。地図で見ると、カブールのもう少し先みたいね」とリサは言った。アフガニスタンの地図が目の前になくとも、カブールはもちろん、それよりも北のどこかの町など、月ほど遠いのと同じなのはわかっていた。

「くわしいことは全部Eブルーイに書いて送ったわ」

Eブルーイというのは、パソコンで打ちこんだ手紙の内容をインターネットのネットワークを介して送れるシステムで、それをバスティオン基地でプリントアウトしたものが、通常の手紙と一緒にわたしたちのところまで届けられる仕組みになっている。つまり、Eブルーイの手紙が届くまでには、おそらく一週間は待たなくてはならない。

わたしはそれから、ふたりのあいだの約束を尊重してリサの現実世界での生活についてたずねたが、心のなかではすでに、どうやってこのふいに目の前にぶらさげられたニンジンに食いついてやろうかと、あれこれ考えはじめていた。

受話器を司令室の外に設置された受け台に戻し、建物のドアを開けて早朝の月明かりのなかに出た。寝袋がわたしを呼んでいる。突然、ドッと疲れを感じた。


わたしは身をかがめて、いちばんの新入りをなでてやった。ここへ来てから数日がたち、雌犬は拠点の生活のリズムにも慣れてきたようだった。みんなからかわいがられて、ご機嫌で過ごしている。

雌犬は足を揃えてきちんと座り、細長い尻尾を激しく振っている。お尻の下にあるのは、すっかりお気に入りになった、迫撃砲シェルターのまわりに積んである土嚢だ。誰かが犬たちと遊ぼうとランに近づいてくるだけで、雌犬は体を震わせて喜んだ。

驚くほどすべすべとした毛足の短い毛皮は、大部分がナウザードの毛皮よりも色が濃く、コーヒーの色に近かった。おなかの下の部分と足の前面だけは、明るい焦げ茶色をしている。わたしがおなかをさすってやろうとしゃがみこむと、雌犬は懸命にわたしをなめようとした。人の目を惹きつけずにはおかない大きな瞳は、茶色みを帯びた黄色というめずらしい色みで、遠くから眺めるとひどく悲しげに見えた。しかし人が近づいてくるのを見たとたん、その目は生き生きと輝いた。わたしは首を振りながら、すっかり興奮しているその小さな顔を見つめた。

部下たちはすでにこの子に名前をつけていたが、彼らが選んだ名前とその由来について、自分が納得しているのかどうか、正直なところわたしには自信がなかった。彼らは自分たちが好きなアメリカの若手ポルノ女優の名前をとって、雌犬にジーナと名づけたのだ。あの子を見つけたときの状況は少しも愉快なものではなかったが、部下たちにそれなりのユーモアのセンスがあることだけは、認めないわけにはいかなかった。

「なあ、ジーナって名前はどう思う？」わたしは雌犬に言った。「ロシア軍の武器の名前をつけられるより、多少はマシかもしれないぞ」

ＲＰＧとナウザードは、ジーナととてもうまくやっていた。二匹とも、ジーナが自分のスペースを持てるように気を遣っている。その様子を見ながら、わたしはひそかに、この二匹はもしかすると、ジーナの子どもなのではないかと考えていた。どういうわけか二匹とも、ジーナがこのなかで一番偉いのだと納得しているように見えたのだ。

「どうぞお召しあがりください」わたしはナウザードのごはん皿を、ＲＰＧとジーナの皿から十分に離れた場所に置き、いつもの警戒位置に立った。三匹とも、朝食に夢中でかぶりついている。

食べものは、ジーナとナウザードのあいだにある唯一のもめごとの種だった。

わたしは携帯食《レーション》を入れてある箱の脇に、ランのなかに食べものを投げ入れないようにという小さな貼紙を出した。誰かが犬たちのあいだに立っていない限り、ナウザードは目の前に出されたものを丸飲みにしてから、すぐにＲＰＧやジーナを攻撃して、彼らが食べているものを奪い取ろうとする。ジーナは一瞬やり返すのだが、ナウザードが強く噛みつくと、あとは大急ぎでランの隅に逃げこんでしまい、その隙にナウザードが地面に落ちた食べものにかぶりつく。こういうことがあるとジーナは決まって、まるで傷ついた子どものようにクーンクーンと甲高い声で鳴き、わたしがランにはいってなぐさめてやるまで鳴きやまないのだった。

わたしがもっとナウザードと一緒に過ごす時間をとって、彼を新しい環境や生活に慣らしてやればいいのだろうが、そんな余裕はどこにもなかった。

問題は、ジーナがいつもごはんをゆっくりと味わうことだった。あの子がこれまで、まわりにナウザードのような犬がうろついている場所でどうやって生き残ってこられたのか、不思議でならなかった。わたしは、今日こそナウザードをジーナに寄せつけまいと心に決めていた。

「ノー、ナウザード」わたしはわざと声を張り、ナウザードにこちらの意志を伝えようとした。ナウザードはすでに自分のボウルを空にして、もっと食べるものはないかとあたりを探しはじめていた。

わたしは履いているブーツでそっとナウザードを押しやり、ジーナが半分まで食べたベーコン入りビーンズのボウルがある方角からやつの体の向きをそらした。

「少しは学んでくれよ、まったくわからず屋だな」とわたしは言い、またもやブーツで、ナウザードの体を自分の空のボウルのほうへ押しやった。

ナウザードは徐々にこちらの意図を理解してきたようだ。わたしに向かってうなり声をあげている。

「グルルルル」わたしはうなり返し、砂をひとつかみ、ナウザードに向かって放った。

大急ぎでランを掃除すると、しっくい塗りの奥の壁にもたれて寝転んだまま、わが家に差し込んでくる暖かい朝一番の日光を楽しんでいる犬たちを置いて外に出た。これから日課のブリーフィングだ。

「またあとで寄るから。じゃあな」わたしはゲートの縄をしばりながら言った。今度顔を出せるのは、おそらく午後に予定されている補給ヘリが来たあとになるだろう。

ブリーフィングではとくに新しい情報もなく、その日の残りはのろのろと過ぎていった。拠点のなかで設備管理などの雑用にいそしまなければならない日は、いつだってそんな風だった。一一月中旬の太陽はまだじりじりと熱く照りつけ、拠点の外壁を補修するための土嚢を作る作業に励んでいると、額には玉の汗が浮かんだ。

予定されていた補給ヘリは一時間半も遅れたが、わたしとジョンが拠点に戻ってくると、じきに兵たちのあいだからはにぎやかな歓声があがった。数人の兵士が、たったいま本部ビルの外に置いたばかりの一四個の郵便袋を、猛スピードで仕分けしている。

ヘリが離陸のときに巻きあげた砂を体から払い落としているとき、司令官がやってきてわたしを脇に呼んだ。ついさっき、バスティオン基地の本部と話をしたという。トムとマットの状況がわかったのだ。ボスが補給についてのちょっとした連絡事項を話しているあいだ、わたしはじっと黙ったまま、これからボスが口にするだろうことについて、余計な想像をしてはいけないとそればかり考えていた。司令官は疲れているように見えたが、それを言うならここにいる全員が疲れている。

「高さ二〇メートルの崖の上から落ちたようだ。原因も状況もわからない」とボスは言い、そこでいったん言葉を切ると、手で顔をぬぐった。「マットは足と腕と背骨を骨折したが、十分回復の見込みがある」

かすかな安堵が胸に広がったが、わたしにはこれがいいほうのニュースだとわかっていた。

「だがトムのほうは、危険な状態は脱したが、医者はまだ頭蓋骨と脊髄の損傷を調べている。楽観はできないようだ」

ボスはわたしの目をまっすぐに見つめてそう言った。たぶん上級将校らしく、この場にふさわしい決然とした表情を作ろうとしているのだろう。わたしはそれに応えようと、頼りになる小隊軍曹らしい態度を崩すまいとがんばってみたが、あまりうまくはいかなかった。

「くそっ」目をそらしながらわたしは言い、手の平で力なく顔をぬぐった。

「命は助かった。その点は喜ばしいことだ」司令官は無理に明るい声で言った。

司令官がトムの状態について、わたしと同じくらい落胆していることはわかっていた。なにを言うべきなのか、まったく思いつかない。司令官を励ましたらいいのか、自分を励ましたらいいのかもわからなかった。

「ボス、ちょっと部下たちに話してきます。あいつらも噂が広まる前に、話を聞きたいでしょうから」タフな外見をとりつくろいながらそう言った。

午後遅い太陽が照りつけるなか、ＡＮＰの庭とわが軍のトイレ区画とのあいだの穴ぼこだらけの泥道を、居住エリアに向かってのろのろと歩いていく。みんなにどう話せばいいのだろう。

トムの顔を心に描くと、バスティオン基地にいたころ、わたしがひげを剃れともう何百回目かの注意をしたときに、彼が見せた少年のような笑顔が思い出された。無精ひげと日焼けした肌のせいで、トムはまるでカウボーイ映画に出てくるエキストラのように見えた。

トムはまだたったの一八歳だ。わたしは彼が生きてきたよりも長い年月、軍人をやっている。ときどき、こんな風に聞いてくる人がいる。トムやマットのような若者が、なぜ自分の命を賭けてまで、タリバンが政権を取ろうがどうしようが誰も気にしていないアフガニスタンのような国のために尽くすのかと。もしナウザードの長老たちが明日やってきて、また休戦をしたいと言ったなら、あるいはわたしたちも、さっさと家に帰るべきなのかもしれない。拠点の内側でこうしてぼんやりと座っているだけでは、自分がなにかを成し遂げているという気持ちにはとうていなれなかった。タリバンのほうはそのあいだ、誰に邪魔されることもなく武器を補給し、こちらに対する新たな攻撃計画を練っているというのに。こうした犠牲者を出してまで、ここにいる価値が本当にあるのか。しかし部下たちにいま聞かせるべきなのは、そんな言葉ではないだろう。

ゲレシュクではじめて哨戒に出たときのことを思い出す。タリバンからの攻撃を受ける直前、荒れはてた中庭のそばに射撃位置を確保しようとしていると、ふたりの女の子の姿が目にはいった。見たところ、どちらもまだブルカを着るほどの年ではなく、彼女たちは体をすっかり覆うような、たっぷりとした明るいピンク色のワンピースを着て、少しウェーブのかかった長い黒髪を耳のうしろになでつけていた。わたしはできるだけ親しげな表情を作って手を振ってみたが、ふたりはびっくりして立ち止まると、走っていって、支柱に蝶つがいひとつでぶらさがっている、腐った木のゲートの向こうに隠れてしまった。

その場で待機しながら、ゲートのほうを目の端で確認する。すぐに動くものが見えた。好奇心には勝てなかったと見え、ひとりの女の子が勇気を出して、大きく見開いた目をゲートの端からちょこんとのぞかせた。わたしはまたにっこりと笑い、手を振った。今度は女の子は顔をくしゃくしゃに崩して白い歯を見せた。

わたしたちは、地元の人たちの心をつかむことも、アフガニスタンでの重要な任務だと教わっていた。わたしはこのとき、なにかお菓子を持ってくればよかったと後悔したが、これがはじめての〝本物の〟哨戒だったので、そんな余裕はなかったのだ。

必要な事柄をすべて頭に入れつつ、準備を整える部下たちの様子をチェックするだけで精一杯だった。だから今回の哨戒で、お菓子は〝必需品〟のリストにははいっていなかった。パトロール隊が前進したので、最後にもう一度女の子たちに手を振った。ふたりの着ている色鮮やかな服が、あたりを覆いつくすように広がる、乾燥した鈍い黄色を背景にくっきりと浮かびあがった。女の子たちが手を振り返した。

数分後、部隊はタリバンとの総力戦に突入した。戦場のすぐ近くに無邪気な子どもたちが暮らしていることなど、やつらはまったく気にかけていないようだった。

現場にいるわれわれは、自分たちの働き次第では、あの女の子や、そのほか何千人という人々に、未来を切り開くチャンスを与えられることを知っている。十分な時間と資金さえあれば、この混乱を極める国にも、きっと前向きな変化をもたらすことができるはずだと、そうあってほしいと願っているのだ。

それこそが、トムとマットがアフガニスタンに来た理由だ。ふたりはこの場所にいたというただそれだけで、小さな変化をもたらした。彼らの事故は、たまたまそのなかで起きてしまったというだけのことだ。アフガニスタンでも、イギリスでも起こりえた。あれが避けられた事故だったのかどうかはわからないが、いまさらなにをしようとも、事実を変えることはできない。とはいえそう考えてはみても、たいした気休めにはならなかった。

わたしは足を止め、大きく息を吸った。小隊軍曹らしくしなければ。ふたりの部下に起こったことについて、どう説明すべきかを考えるのだ。簡単にこなせる仕事ではなさそうだった。

個人的な考えを言わせてもらえば、政治家がどういう思惑でわれわれをここに送りこんだのかも、さらにはアフガンからの撤退を求めるイギリスの人々の声も、わたしにとってはどうでもよかった。賭けてもいい。やつらの誰ひとりとして、実際にアフガニスタンの地を踏んだことなどないのだから。

狭い居住エリアに続く角を曲がり、わたしはもう一度深呼吸をした。部下たちの多くは、まだ何人かずつ固まって座ったまま、届いたばかりの手紙をうれしそうに読んでいた。家から届いたお菓子を見せ合う彼らの足もとには、破いた包装紙やお菓子の包み紙が散らばっている。

わたしが近づくと、何人かが笑うのをやめた。こちらの表情から、わたしがいいニュースを伝えにきたのではないことを察したのだろう。彼らの疑念はすぐに現実のものとなった。わたしは状況を説明し、故郷からの手紙があげてくれた兵士たちの士気を、一瞬のうちに地に落とした。わたしがいまわかっていることを話すあいだ、部下たちは無表情な顔でこちらを見つめていた。情報をヘタに隠してもしかたがない。彼らには知る権利がある。わたしは話を終え、引き続き気をゆるめないようにと言った。

「もう事故で部下を失うのはごめんだ——これは命令だぞ。わかったな」わたしは一様に沈んだ顔を見まわした。「われわれはここに仕事をしにきている。だからそれをしっかりこなしていこう」

何人かがうなずいた。

最近隊に加わったばかりのポールが、数秒の沈黙のあとで甲高い声をあげた。「軍曹、おれたちから花を送ったほうがいいですか？」

わたしはゆっくりと彼を見た。集まった兵たちのあいだから、忍び笑いが漏れた。この子が善意で言っていることはわかっている。

「いいや。花を送ることはしない。おまえは自分が病院で寝ているときに、花を送ってほしいのか？」

少々きつい言い方になってしまったかもしれない。「なにか役に立つものを考えてみてくれ。リサに手配できるか聞いてみるから」

　わたしたちはお金もクレジットカードも持っていないので、たとえ郵便局を見つけられたとしても、ナウザードからなにかものを注文するのは不可能だった。

「ナース服を着たストリッパーを派遣してもらったらどうスかね」わたしが歩き出したとき、メイズが言った。

　わたしは首を振った。

「そんなことをしたらマットの彼女が怒り狂うだろ。常識的にものを考えろ、このアホ軍団が」

　このちょっとしたやりとりが、ムードを明るくしてくれた。わたしがその場を離れるとき、部下たちはより常識的な贈りものにはなにがあるだろうかと話し合っていた。いや正確には、彼らの考える範囲での、できる限り常識に近い贈りものと言ったほうがいいのかもしれないが。

　これで慰労休暇《R&R》には、病院への見舞いの予定がはいることが決定した。わたしは病院が苦手で、早くも暗い気持ちになっていた。彼らになにを言ったらいいのかも、彼らの怪我の状態を目のあたりにしたら、自分がどんな反応をするのかもわからなかった。

　わたしはまだ自分に届いた手紙を読んでいなかったが、どうやらもうしばらくは読めそうにない。ボスから日が暮れる前に短めの哨戒に出るよう言われており、準備を整えるための時間はもう九〇分を切っていた。今回もわたしが機動部隊のリーダーを務めるため、すべての車に燃料がはいり、必要な装備が搭載されているかを確かめなければならない。犬たちの次のごはんも、哨戒が終わるまではおあずけだ。

　わたしは三台の車に分乗する部下たちを集め、今日の哨戒での役割と、出発までに準備しておくべきものについて伝達した。

　時間ぴったりにフル装備の車に乗りこむと、パトロール隊は拠点を出発した。冷たい夕方の風が心地よく、西側の山々の向こうに太陽が沈んでいくのが見えた。ふっくらと大きな積雲がいくつか、北のほうにできはじめていたが、風はまったくと言っていいほどなかった。ボディアーマーと、弾薬と装備を詰めこんで胸にさげたポーチの重量のせいで、クッションもなく背が垂直に立った助手席では、どんな姿勢をとっても座り心地が悪かった。全員が押し黙ったまま、薄れゆく光のなかで、哨戒の進行状況を伝える絶え間ない無線の声を聞いていた。

今回の哨戒は拠点からさほど遠くへは行かないため、もし戦闘があれば、援護要請の無線がはいるよりはるかに早く、その音が聞こえるだろうと思われた。

頭を助手席のヘッドレストにもたせかけ、徐々に暗くなっていく空に現れはじめた、キラキラと輝く小さな光を眺めた。

北斗七星を形作る星々を探す。北極星を見つけるときに基準にする星座だ。ここで見る星は、イギリスで見る星に比べてなんと明るく輝いているのだろうと思いながらも、わたしはR&Rのことを考え続けていた。休暇まではあとひと月もない。

イギリスに帰って、リサに会いたくてたまらなかった。リサはいまごろなにをしているだろうか。ちょうど仕事を終えて、これからフィズとビーマーと一緒に、近所の静かな通りへ散歩に出かけるところかもしれない。

ヘッドセットから声がして、パトロール隊が、無線ネットワークにつながれている全員に進行状況と現在地を知らせてくるたびに、わたしは現実に引き戻された。頭のなかでパトロール隊のルートをたどる。こうしておけば、急いで駆けつけなければならないときに地図だけに頼らずにすむ。

パトロール隊があたりをひとまわりして、とぼとぼと拠点に戻っていくまで、わたしはじっと無線に耳を澄ませていた。またもや――ありがたいことにと言うべきなのだろうが――わたしの出番はなかった。

全員が無事拠点にはいったと10Aから報告がはいるやいなや、わたしは車から脱出した。一分ほどかけて、背中をほぐすようにストレッチをする。二時間近くもワゴンのなかで身動きもせずに座っていたせいで、背中はガチガチに固まっていた。

「ダン、車の片づけの監督を頼めるか？」

「ええ、了解です」ダンは重たい五〇口径を台座から持ちあげながら言った。

「ありがとな。まだ手紙を読んでいないんだ」急いで自分の寝室まで歩いていき、真っ暗な部屋のなかに装備を放り投げた。

木のドアを押し開けた瞬間から、気温がぐっと下がったのを感じた。部屋のドアは枠にうまくはまっておらず、外気をほとんどさえぎらない。日中は、壁の低い位置にある木枠だけでガラスのない窓からはいる外光で、部屋の一部だけは明るくなっている。空気の冷たさに、軽く寒気が走った。窓枠のガラスがはいっていたはずの空間を、きちんとふさいだほうがいいのかもしれない。いまはとりあえず古い寝袋を詰めて、冷たい夜風がはいらないようにしているのだが、それでもすきま風はどこからともなくはいりこんできた。レーションがはいっていた段ボール箱を、窓にぴったりはまるように四角く切り、マスキングテープで留めればなんとかなるだろう。ただしやる時間があればの話だ。

手探りで、たいして厚くもない手紙の束を取り出し、折りたたみ式のベッドの隅に置いた。

世界のどこにいようとも、軍人にとっていちばんうれしいのは間違いなく、家から届いたばかりの手紙を手にする瞬間だ。インターネットが登場したせいで、この喜びを味わえる人間は、世界中を探してももうあまりいないだろう。

手紙の表書きをざっと確認すると、母親と弟の手書き文字と、リサが送ってくれたEブルーイの印刷された文字が目に止まった。

わたしは全部で六、七通の手紙を持って外に出た。そのうちの一通は、小さな段ボール箱でもはいっているかのような感触があった。わたしとナウザードが首を長くして待っている駆虫剤かもしれない。わたしは泥を固めて作られた小さな建物の入り口にある、低い階段に腰をおろした。

手紙を下に置き、リサからのEブルーイの三辺を、ミシン目のついた耳に沿って切り開く。Eブルーイは見たところ、ちょうど給与明細表の巨大版のような外見をしている。

開いた紙を美しく輝く月のほうへ傾け、月明かりで文字を読む。懐中電灯はポケットのなかにしまったままだ。

リサは自分が受け取ったEメールの内容を、そのままEブルーイに転載していた。

差出人：ジョイ
宛先：リサとペン
件名：アフガニスタンの犬

親愛なるリサ

あなたからのEメールを受け取り、それをアフガニスタンでの保護活動を支援している関係者に転送しました。

わたしたちは、ある海外救援隊員が開設した、小さな動物シェルターの運営をサポートしています。このシェルターは、数多くの動物の福祉のために役立っています。来週中にあちらから返信がないようでしたら、もう一度わたしに連絡をくだされば、こちらから確認をしてみます。緊急事態が起こる場合や（こういう仕事では、残念ながら頻繁にあるのです）、Eメールが行方不明になることもあります。

なにかご質問がありましたら、どうぞご遠慮なくおたずねください。
それでは。

ジョイ
メイヒュー・インターナショナル・プロジェクト担当

まずはメールの短さに驚かされたが、次にリサが書いた一枚だけの手紙を読んでみると、どうやらこの最初の接触の時点から、状況はもう少し進展していることがわかった。

メイヒュー・アニマル・ホームからのメールを受け取った数日後、彼らが手紙で言及していた関係者が、リサに電話を寄こした。電話をかけてきた女性はアメリカ人で、最初の何秒かはいったいなんの電話だか、リサにはピンとこなかったそうだ。その女性がアフガニスタンの犬の世話をしているということに言及してはじめて、ああ、そのことかと腑に落ちたという。

リサの手紙によると、女性はパムという名で、わたしたちの犬を預かることに対して驚くほど前向きらしい。パムはリサに、タリバンの敗北後、彼女が海外救援隊として働いていたおりに、現地には動物の福祉施設がないことや、あるにしてもあまりにもお粗末だという現状を知るに至った事情を説明した。メイヒューからの補助金を受け、パムはアフガニスタンの最北部に動物の保護施設を設立し、地元のアフガン人を雇い入れた。

唯一の問題はパムが、わたしが軍のヘリを自由に使えると誤解していることだった。彼女はヘリを使って犬を保護施設の近くにあるイギリス軍の基地まで運び、あちらのスタッフが車で回収すればいいと考えているのだった。

リサはこちらの事情を察していたようで、この文章に続けてこう書いていた。「その時点ではパムにはなにも言わなかったけれど、あなたは海兵隊のヘリを利用するとは一度も言ってなかったわよね？　ヘリは使わないんでしょう？　パムには、あなたがR&Rにはいる前に犬を施設に入れたいと思っていて、いまそのための計画を練っているって言っておいたけれど、それでよかったかしら？」

わたしはふむふむとうなずいた。リサはしかし、レスキューまで犬を運ぶにあたって、わたしがどういう計画を立てているかについてはなにも聞いてこなかった。またもやリサは、こちらの胸のうちを正確に読み取っていた。わたしがなんの計画も立てていないことを、彼女はよくわかっているのだ。

正直に言えば、わたしはレスキューの側に、この町から犬を回収する手段を用意してほしいと思っていた。なんといってもレスキューのスタッフはアフガン人なのだから、国内を好きなだけ自由に移動することができるだろうと気軽に考えていたのだ。パムがその方法を提案してこなかったということは、おそらくそう簡単な話ではないのだろう。

リサは短い手紙の終わりに近い数行で、家での生活に少しだけ触れていた。最後の行を読んだわたしは目を輝かせた。リサはいまもまだ、わたしがいなくて寂しいと思ってくれているらしい。

「よしよし。おれだって寂しいからこれでおあいこだな」とわたしは手紙に返事をした。この声が、魔法のようにリサのところまで届いてくれたらいいのだが。

Eブルーイをたたみ、くたびれた戦闘用ブーツと、暗闇に沈む砂の地面を見おろした。手紙を受け取って浮き立っていた気分は、あまり長くは続かなかった。みるみるうちに現実が胸に広がる。肩が痛んだ。

この動物シェルターまで行くということは、一一〇〇キロの距離を移動するということだ。わたしが犬を送り出すナウザードという町は、ひたすらだだっ広い土地のまんなかに位置し、周辺にあるものといえば荒れはてた砂漠だけで、そこには危険な狂信者がうじゃうじゃといるうえに、何百万個という地雷が埋められている。

「いったい、どうすりゃいいんだ？」そう声に出して言ってみる。

軍の助けを借りなければ、お話にもならないように思えた。

にわかにタイミングが重要な要素になってきた。きわどいやりとりになるだろう。わたしのR&Rは一二月六日にはじまる。それまでにナウザード、RPG、ジーナをここから出さなくてはならない。わたしが留守にする一〇日のあいだ、犬たちの面倒をみたり、降りかかってくる面倒に対処する役割を、誰かが進んで引き受けてくれるとは思えなかった。

ため息をつき、夜空と欠けていく途中の月を見あげる。いまこそ、なにか奇跡的なアイディアが降ってきてくれないものだろうか。
一、二分ほどじっと考えこんだあとで、月が答えを教えてくれるはずもないことにはたと気づいた。
「今夜は流れ星も見えないな」わたしはつぶやいた。

現実的な問題の数々が、あらためてのしかかってきた。おれはいままで本気で、あの子たちを安全な場所に連れていってやれると思っていたのだろうか？　ミッション・インポッシブルもいいところだ。イーサン・ハント［一九九六年製作の米映画『ミッション：インポッシブル』の主役の役名］でさえ、自動的に消滅するテープレコーダーのメッセージを聞いただけで、さじを投げるに違いない。これではあまりに時間がなさすぎる。そうじゃないか？

だんだんと、自分が本当のところ、ただイギリスの生活が恋しくて、犬たちの面倒を見ることで、どこか別の場所にいるような気分に浸りたかっただけなのではないかと思えてきた。もしかするとおれは、じきに四〇にもなろうというのに、犬を安心毛布のように利用していただけなのかもしれない。自分がいまだにそんなものを必要としているとは、思いたくもなかったが。

犬たちが安全な場所にたどりつける可能性など、本当にあったのだろうか。ただあの子たちをぬか喜びさせただけなのではないか。犬たちがそれを理解できるはずもなかったが、そんな事実はたいしたなぐさめにもならなかった。あの子たちを拠点から追い出して、食べものをあさりながら生きていく世界に戻せば、わたしも彼らも、ひどくつらい思いをすることになる。絶望がひたひたと胸に迫る。とっておきの計画などどこにもない。わたしに残された選択はもう、犬たちを拠点から追い出すことだけなのだろうか。そう思うと胸が痛んだ。

一番の問題は、わたしがいつも受け身で、手紙や電話がもたらす情報を待っていなければならないという現状だ。現実世界は、わたしがいま身を寄せているこの小さな世界よりも、速いスピードで動いていく。もしかすると――本当にもしかするとだが、リサがもうなにか計画を立てていてくれるのではないだろうか？　そんな考えが頭をよぎる。

もしかすると、眠れば頭がスッキリするかもしれないし、もしかすると、そのあとでなにかいい考えが浮かぶかもしれない。

わたしは犬たちのほうへ歩き出した。遅くなったが、あの子たちにごはんをやらなければ。それに夜間の任務も待っている。

睡眠の順番がまわってくるのは、まだずっと先のことだ。

第8章　クレイジー・アフガン

「こいつはいい眺めだな」新鮮な空気を胸いっぱいに吸いこむと、冷たい風が開襟シャツのなかを吹き抜けていった。

「おう、なかなかのもんだろう」丘《ヒル》に常駐している火器支援部隊のジムが、にっこりと笑った。「曳光弾が頭の上を飛んでいくときはもっとすごいぞ！」

雲ひとつない空は深い青に染まり、南に広がる砂漠の、日に焼けた黄色い地面や、東、西、北側に鋭く立ちあがる鈍い芥子色の山々と、くっきりとした対比をみせていた。

ずっと南のほうには、ゆらめくかげろうの向こうに、広大な農地で働く小さな人影が見える。イギリスであの広さの畑を耕すとしたら、トラクターでも一日がかりだろう。この国でいまも現役で使われている木の鋤で耕すのでは、いったいどれだけの時間がかかるのか、とても想像がつかない。

わたしはほんの一瞬だけ、その眺めを堪能した。スイスアルプスの山で見た光景を思い出す。あのときは必死の思いで頂上までたどり着くと、三六〇度の壮大なパノラマが迎えてくれたのだった。

うしろを振り返り、荒涼とした丘の上に立っているわたしのそばに置かれたふたつのケージに目をやる。ＲＰＧ、ジーナ、ナウザードはそのなかでおとなしくしており、このさわやかな風とみごとな景色を、わたしと同じくらい楽しんでいるように見えた。

ＲＰＧとジーナは大きいほうのケージのなかで、うしろ足に体重を預けてまっすぐに座っており、ナウザードは小さいほうのケージのなかで、空間を独り占めして満足そうに寝転んでいた。三匹とも、いまから次なる冒険のステージへと旅立つわけだが、わたしにさえ、その冒険の行く末がどうなるのかはわからなかった。


ここ二、三日のあいだに、事態は急展開をみせていた。計画と呼べそうなものが、ついに具体的な形をなしてきたのだ。

わたしは慰労休暇《R&R》のため、一二月六日にイギリスへ出発することになっている。一一月の最後の数日がいやおうなしに近づいてくると、不安が本格的に押し寄せてきた。

あせりがジワジワと、水面に浮いてくる泡のようにあらわになってくる。わたしは頭のなかでずっと

「もし」ばかりを繰り返していた。もし犬たちを安全な場所に届けられなかったら？　もしわたしが留守にしているあいだ、誰も犬の世話を引き受けてくれなかったら？

拠点の誰かに犬の世話を頼むというのは、とてもできそうにない。懸念はいろいろとあるが、三匹の世話をするという作業自体が、いまやたいへんな重労働になってきていたのだ。

ジーナは慇懃なご婦人といった風情で、ランのなかでは明らかにナウザードやＲＰＧよりも大きな態度をとっていた。そばを通る人の注意を引こうと、キャンキャンと吠え立てることもしょっちゅうだ。ジーナの体はひと目見てわかるほど、ふっくらとしはじめていた。デーブとわたしがあの木の杭から救い出したときには、ジーナはすでに妊娠していたのだろう。

しかしジーナのいい点は、知らない人がそばにくるのを嫌がらないことだった。誰であれ兵士がランのほうに歩いてくると、ジーナはＲＰＧと一緒にランのいちばん手前にちょこんと座り、頭をなでてもらうのをじっと待っている。ナウザードのほうはあいかわらずで、知らない人が来れば必ずランの奥から吠え立てた。いまでもまだ、ナウザードが心から信頼しているのはわたしだけだった。

いまや時間はなにより貴重だったが、わたしはランに行ったときには必ず、一匹につき数分間は、よくなでてやることにしていた。犬たちとのつながりはますます強くなり、どうやってこの絆を断ち切ればいいのか、わたしにはもうわからなかった。

あのＥブルーイを読んでから、リサとは何度か話をした。衛星の電波を介して、わたしたちは犬とレスキューのトラックとを引き合わせる方法について、ない知恵をなんとか絞り出そうとした。ナウザードの町にいる〝ジングル・トラック〟［アフガニスタンやパキスタンで見られる派手な装飾を施したトラック］の運転手なら、お金を払えばきっと犬を運んでくれるはずだと、わたしは思っていた。これまでにもたびたび、そうしたトラックが南のラシュカルガーの方角へ向かうのを遠くから見たことがあった。しかし哨戒に出ても、われわれは住民のいるエリアのなかまではいっていかないので、運転手に取引を持ちかけるチャンスもつかめずにいた。

地元の運転手がダメだとすると、残る選択肢はパムか、あるいはレスキューのスタッフに、犬を回収する空のトラックを南に派遣してもらうことしかない。おそらくは数百ドルという経費がかかるだろうが、それで犬を安全な場所へ届けられるのなら、惜しくはないと思った。しかしリサと電話で話をして、それは無理だという結論に達した。それでは犬が回収されたことが確認できたあとに、リサに電信為替でアフガニスタンへ送金してもらわなければならない。

どうにも申し訳ない気持ちだった。リサにすべてをまかせて、はるかイギリスからあれこれと調整をしてもらう以外に、わたしにはどうしようもなかった。リサの苦労は相当なものだろう。時差があるうえ、アフガニスタンではまともに使える電話回線も少ないのだ。そんなわけで、リサの手紙が到着してからの数日間、わたしはできるだけ頻繁にリサに電話をかけるようにした。やっとのことでリサと話せても、たいていは新しい情報はなにもなかった。割り当てが決まっている電話の時間を無駄にしてはいけないと、わたしは大急ぎで愛しているよとだけ言って電話を切った。それでも、電話で話せる時間はいつだってすぐに足りなくなった。

ありがたいことに、わたしにはデーブという頼りになる味方がいて、彼は自分のテレホンカードをわたしに使えと言ってくれた。電話がつながるのを待つあいだ、ひっきりなしにタバコを吸っている様子から察するに、デーブもわたしと同じくらい犬たちのことを心配しているようだった。わたしたちにとって、犬はそれだけ大切なものになっていた。リサとの電話を重ねるほど、自分の漠然とした救出計画に、そもそも無理があるのではないかという気がしてきた。状況はあいかわらずだと話すリサの声を聞きながら、わたしはデーブのほうを見て首を横に振った。

ただでさえ厳しい状況に追い打ちをかけるように、わたしが拠点で動物保護センターのまね事をしていることが、バスティオン基地にいる上層部から目をつけられてしまった。

そもそもはR&Rでバスティオンを出入りする兵たちの口を通して、〝ナウザードの野犬捕獲員〟が野良犬を動物レスキューへ移送しようとしているという噂が広まったのがはじまりだった。それを聞いた人々が犬の輸送には軍のヘリを使うのだろうと考えるのも無理はなく、ほどなくしてその噂はお偉方の耳にはいることになったのだ。

その後、ボスのところにバスティオンから、おそらくはやや一方的な無線連絡があり、ボスは動物にかんする方針を厳重に守るようにとの注意を受けた。ボスとしては連絡を受けた以上、その内容をわたしに伝えざるをえない。ある夜、機密情報についてのブリーフィングのあとで、ボスはわたしを脇に呼んだ。

「ファージング軍曹、野生の動物を隊のマスコットとして受け入れることにかんする軍の方針を、きみにあらためて伝えるよう通達があった。この隊では、犬を引き取ることはいっさい禁じられている。例外は認められない。それから言うまでもないが、軍の機材を使って犬を輸送することは、行き先がイギリスであろうと、どこかほかの場所であろうと許されない。そのような行為は、健康被害をもたらす可能性がある」

ボスの口調は淡々としていて、日焼けしたその顔にはまったく感情が現れなかったので、ボスが本気でそう言っているのかどうか、判断がつかなかった。

「了解です。サー」わたしは大きく息を吸ってから言った。ボスの口から、いまにも犬を追い出せという言葉が飛び出そうとしているのかどうか、わたしには本当にわからなかった。それでもなにか言ったほうがいいような気がした。「念のためにお伝えしておきますが、わたしには犬を軍のマスコットにする意図はありませんし、犬がイギリスへ行く予定もありません」

これは本当だった。犬を軍のマスコットにしようとか、ましてやイギリスに送ろうなどとは考えたこともない。アフガニスタンのレスキューに送るだけでもひと苦労なのだ。故郷の家にはすでに犬が二匹もいる。それをわざわざ倍以上に増やしたいなどと、思うはずがないではないか。

ボスはあいかわらず表情を崩さなかったので、わたしはさらに言いつのった。

「あいた時間を使って、ちょっと動物福祉にでも貢献しようと思っているだけですから」

ボスの顔に浮かんだ笑顔から、彼の本心が見えた。ボスはしかし、心のなかで考えていることを口に出しはしないだろう。

「そう言うだろうと思ってたよ」くだけた口調になってボスは言った。堅苦しい空気は消えていた。「それで、どんな様子なんだ？　犬は三匹になったんだって？」

「万事順調ですよ、ボス。そう、いまは三匹になりました。新入りはどうやら妊娠しているようで、そこは若干問題になるかもしれません。ですからできるだけ早く、やつらをここから出そうと思っているんです」わたしはにんまりと笑いながら言った。

司令官はさも驚いたように、大げさに頭を振ってみせた。

「よろしい。くれぐれもわたしを巻きこまないでくれよ」

「ボス。わたしがそんなことをするわけないじゃないですか」わざと傷ついたような顔を作ってそう言ってから、わたしはまわれ右をして部屋を離れた。

建物の外へ向かいながら、いまやすべては、リサが犬をアフガン北部のレスキューに送る手だてを見つけられるかどうかにかかっているとあらためて考えた。本当のところ、最後の手段としてこっそり軍のヘリを使うことも考えてはいた。しかしこうなった以上、もしそれを実行に移せば、直接くだされた命令に背くことになる。犬を補給ヘリに乗せることがかなえば、四五分でカンダハールに着き、問題はすっかり解決するのだから、それを考えるとなんとも歯がゆかった。「でも、もうその線は消えちまったな」そうぽつりとつぶやく。

公正を期して言えば、あの命令は悪意からくだされたものではない。それはわたしにもわかっている。われわれがアフガニスタンに来たのは、犬を救うためではない。上層部としては、軍事作戦の最中に犬を救助するという先例ができそうな事態を、見過ごすわけにはいかなかったのだろう。

とはいっても、それで事態が好転するわけでもない。せめてもの救いはボスが——非公式にではあるが——わたしがいまの努力を続けることを許してくれたことだった。もしボスが、犬たちをいますぐナウザードの町に放せと言ったなら、自分はどうしていただろうかということについては、考えたくなかった。

それは一一月二七日、R&Rにはいるためナウザード拠点を離れるよう通達されている日の四日前のことだった。リサの苦労がついに実を結んだのだ。リサはこれまでに数え切れないほど何度もアフガニスタンに電話をかけ、レスキューの管理人であるコーシャンと話をしていた。ありがたいことに、コーシャンは英語が話せた。リサはコーシャンを相手に、南部の町ナウザードまで三日間かけて走ってくれるトラックを手配してもらえるよう、粘り強く交渉していた。

当初、コーシャンはそんな仕事を引き受ける者などいないと突っぱねていた。危険すぎるからだ。しかしリサは一度こうと決めたら、そう簡単には引きさがらない。めげずに電話をかけ続けて説得した結果、ついにコーシャンは、ナウザードまでの旅を引き受けるという運転手を見つけてくれたのだった。

リサがその知らせを伝えてくれた電話を切ると、わたしはすぐにデーブを探しに走った。いまごろはライフルを磨いているはずだ。大ニュースを彼に伝え、ふたりでハイタッチをした。トラックはカンダハールを出発し、一一月三〇日、今日から三日後にナウザードの町がある谷間にやってくる。衛星電話は安全とは言えないので、わたしはリサにこちらの正確な位置を教えることができなかった。われわれがどこにいるかということはすでにタリバンに知られており、やつらはわたしの電話を盗聴して情報を得る必要などまったくない。しかしわたしとしては誰にも迷惑をかけたくなかったので、リサに頼んで運転手に、われわれがクレイジー・アフガンと呼んでいる道にはいったら、一帯で唯一の高台で、真っ平らな谷底のまんなかに不自然に突き出している場所に向かってほしいと伝えてもらった。その高台とはもちろん、ヒルの上にあるイギリス軍の攻撃拠点のことだ。

わたしは、トラックがヒルに向かってくるところをこちらが見つければいいと考えていた。そうむずかしいことではないだろう。そのトラックは、われわれがここに住みついて以来、ヒルの攻撃拠点にまっすぐに向かってくるはじめての車になるはずだからだ。

「絶対にうまくいく」あとは自分にそう言い聞かせるしかなかった。


その翌日のこと、立候補で集まった〝犬救済委員会〟のメンバーであるわたし、ジョン、デーブが朝の紅茶を飲んでいるとき、われわれはふとあることに気がついた。犬を輸送するなら、彼らを入れておくためのケージが必要だ。まさか犬たちがみずからトラックのうしろに乗りこんで、あとはレスキューまで気楽にドライブを楽しんでくれるというわけでもあるまい。

次の日、ジョンとわたしは普段よりもさらに早起きして、機関兵が廃棄処分にしたゴミの山をあさった。使い古しのヘスコ防壁のパネルをかき集めると、ある程度の大きさのケージをふたつ作れるだけの量がなんとか見つかった。犬はおそらく三日か、もしかするとそれ以上ケージのなかに入れられっぱなしになるだろうから、楽な姿勢がとれるようにしてやる必要があった。運転手が旅の途中で、犬を外に出してやるとはとても思えない。

三時間かけて、最初のケージを作った。ヘスコ・パネルを使っておよそ六〇センチ四方の立方体を作り、ひとつの面に小さな蝶つがい式の扉を取りつける。ケージはかなり頑丈な仕上がりで、トラックに積んだり降ろしたりする作業にも耐えられそうだった。

ジョンとわたしは、一歩さがって自分たちの作品をうっとりと眺めた。DIYなど、慣れてしまえば朝めし前だ。

「すごいぞ、ジョン。結構イケてるよ。退役したら、これで食っていけるんじゃないか?」そう言って、ジョンの背中をバシンと叩く。

「これを使ったらどうかな」振り向くと、隊のなかでは比較的年かさのパットがいた。パットは通常の任務のほかに、電池や弾薬といった予備物資の調達を担当している。パットの手には、プラスチック製の手錠《カフ》が握られていた。

「ケージの壁の下のほうに、数センチの高さまで内張りをするといい。そうすれば、犬の足がケージの外に出て引っかかるのを防げるよ」

「なるほどね」それは思いつかなかった。

「携帯食《レーション》のパックがはいっていた段ボールで、壁の下のほうから床までを覆ったらいいんじゃないかな」とパットは言った。

パットが提案してくれた方法はなかなかうまくいき、なかに敷いた段ボールはプラスチック製のカフを使って、ケージの格子としっかりと結びつけておいた。トラックの荷台には覆いがついているかどうかわからなかったので、雨風を防ぐために、ケージのうしろ半分を、もとは援助機関のテントに使われていた破れたキャンバス地で覆うことにした。

この旅が楽しいものになるとはかけらも思えなかったが、数人の兵たちが提供してくれた使い古しのTシャツのおかげでケージの床には多少の弾力性を持たせることができたので、これが北を目指す長い道中のあいだ、トラックのひどい振動を少しでも吸収してくれることを期待するしかない。英国王立動物虐待《RSP》防止協会《CA》のお墨つきがもらえるほどではないにせよ、今回の旅のあいだは、このケージで十分にことは足りるだろう。

ヒルの上で、わたしは腰をかがめ、ケージの隙間からナウザードに指をなめさせた。「もうすぐだぞ、相棒」安心させるようにそう言った。「おまえはこれから、ほんのちょっとした旅に出るんだ」控えめな表現のコンテストがあれば、優勝も狙えそうなセリフだった。

ビスケットを三枚取り出し、一匹ずつ順番に食べさせる。ジーナはビスケットよりも、頭のてっぺんをなでてもらうほうがうれしいようだった。

背筋をのばし、東のほうの山道を振り返る。運転手はあそこからやってくるはずだ。われわれはあの道をクレイジー・アフガンと呼んでいたが、それはヘルマンド州に展開しているデンマーク軍のパトロール隊が、幾度かタリバンと交戦した場所だったからだ。デンマーク軍がどれほど激しい攻撃をしかけても、道の周辺にひそんでいるタリバンは、まだまだとばかりに平然と戻ってくる。

われわれは戦闘の様子を間近に見ていた。曳光弾が夜空を染めあげるのをうっとりと眺めたこともある。一度など、デンマーク軍の車が動けなくなり、車両をタリバンに奪われるのを防ぐために、戦闘ヘリのアパッチがやってきてヘルファイア・ミサイルで破壊するところも目撃した。幸い、兵士たちは全員無事に車から脱出していた。

このくらい高い位置にいると、われわれのいる谷間にくねくねと続いているその道がはっきりと見えた。今日は静かな一日になりそうだったので、ボスはわたしを解放し、運転手が現れるまでヒルにいていいと言ってくれた。やってくるトラックがどんな外見なのかも、運転手がなんという名前なのかさえ、わたしは知らなかった。

わたしは荒涼とした泥の丘に座り、ナウザードのケージに寄りかかりながら、のんびりとトラックを待つことにした。引き渡しを約束した正午まではまだ一時間ある。

一時間がゆっくりと過ぎ、次の一時間ものろのろと過ぎていった。そのあいだわたしは、タリバンを発見するためにヒルの連中が使っている高性能照準器で、遠方をじっと見つめていた。

「どうもまだみたいだな、ナウザード」わたしは肩越しに話しかけた。トラックが来ると思われる方角から砂漠を抜けてナウザードまで続いている道は、二本の泥道だけだ。ごくたまに、かげろうのゆらめく地平線から車がクレイジー・アフガンを走ってきては、うしろに砂煙をあげながら砂漠を横切っていった。

もう一度地平線を確かめる。そうするのももう何千回目だかわからなかったが、トラックはいまもどこにも、一台も見えなかった。午後はじりじりと過ぎていき、わたしはいつしか、この先、犬たちを待っている生活のことを考えていた。わたしはこれまで、リサに保護施設にどんな設備があるのかとたずねたことさえなかった。誰が運営しているのか？　動物は何匹くらいいるのか？　新しい飼い主をどうやって見つけるのか？　自分がいまから犬たちを手放すのだと思うと、気持ちが沈んでいくのを感じた。レスキューにはいれるなら、そのほうが犬たちとっていいのだとわかってはいたが、わたしは彼らの世話をする時間を楽しんでいたのだ。犬たちがいなくなったら、なんだか調子が狂ってしまうだろう。

そうして四時間近く、犬たちと一緒に広々とした丘でさわやかな風に吹かれながら待っていたが、なにかよくないことが起こったのではないかというザワザワした気持ちが、ついにわきあがってきた。きっとどこかで手違いがあったのだ。

アフガン人の時間に対する感覚は、控えめに言っても、あまり厳格なほうではないとわかってはいたが、これはあんまりだった。一日中感じていた予感があたったのだ。心の底では、あまりにことが簡単に運びすぎると思っていた。わたしのなかに、電話で聞いた話のとおりにすべてがスムーズに進むだろうと信じ切っていないところが、確かにあった。

丘の上に並んだ塹壕やサンガーをのぞいて、ヒルの責任者である軍曹の姿を探した。彼はいれたての紅茶を味わっている最中だった。

「飲むか？」軍曹は聞いた。

「いや、いいよ」わたしはサンガーの内部に設けられた居住エリアへの入り口に並べられた土嚢に腰をかけた。「トラックが来ないんだ。電話を使いたいから、丘を下りるよ」

「わかった。万が一トラックが現れたときのために、目は光らせておこう」なんとなくだが、彼はわたしが犬を助けようとしていることを、あまりよくは思っていないのだろうという気がした。わたしが立ちあがると、彼はにやりとして言った。「それから、運転手のことは絶対に撃ったりしないと約束する」

「ああ、助かるよ」笑うような気分ではなかったがそう言った。本当はトラックが来ること自体、期待薄だと思っていた。トラックが来ないということは、つまり犬たちはどこにも行かないということだ。

ヒルを下りる準備を整え、最後にもう一度、クレイジー・アフガンのほうを見やる。トラックが魔法のように地平線に現れるということもなかった。わたしは肩を落とし、ふたつのケージを、大きめの防御設備を運ぶときに使う平床式のトラックに積みこんだ。

犬たちは狭い場所に閉じこめられているあいだ、驚くほどおとなしくしていた。まるで生まれたときからケージで運ばれるのに慣れているかのように、ストレスを感じているそぶりなどかけらも見せなかった。犬たちはきっと、わたしの判断を信頼してくれているのだろう。その信頼を裏切るような結果になってほしくはなかった。

覆いのないトラックの荷台にふたつのケージと一緒に乗りこんで拠点へと戻りながら、わたしははじめて、犬たちにかける言葉を見つけられずにいた。

犬をランの脇まで運び、念のためまだケージからは出さずに、そのまま本部の建物までダッシュして衛星電話をつかんだ。まずはアクセスコード、それからリサの電話番号を押す時間が、永遠のように長く感じられる。もう少しであきらめようかと思ったそのとき、電話がつながった。

「リサ、おれだ。コーシャンに電話してくれ。トラックが来ないんだ。なにか聞いてないか?」わたしはリサがハローを言うのも待たずに、一気にまくしたてた。

「いいえ、聞いてないわ。それで、いますぐ電話をしたほうがいいの?」驚いたようにリサが言った。

「そうだよっ」わたしは鋭く言い返した。「なにが起こっているのか、それと運転手がどこにいるのかを知りたいんだ。一日中ぼんやり座ってるわけにはいかないだろ」実際には一日中座っていることもできたし、そうなればずいぶん長い一日にはなっただろうが、いま重要なのはそこではない。

「ちょうど仕事に出るところなのよ」リサは言った。イギリスがいま何時かということさえ、わたしは考えていなかった。

「頼むよ、リサ」わたしは食いさがった。「トラックが来る途中なのか、それとももう来ないのか、わからないと困るんだ。一時間でかけ直すから。オーケー？」

「わかったわ」リサはしぶしぶそう言った。「一時間後には職場にいるから、レッスン中だったらちょっと待ってもらうことになるけど。できるだけはやってみるから」そう言ってリサは電話を切った。

リサに電話をかけ直すのを待つ一時間は、たまらなくジリジリするだろうとわかっていた。サンガーにいる兵たちの様子を見まわることに意識を集中しようとがんばってはみても、トラックがどこにいるのか、トラックになにが起こったのかという疑問が頭から離れない。見まわりに行く先々で、部下たちが必ず、どうして犬はまだ拠点にいるのかとたずねてくるのだから、どうしようもなかった。

リサに電話をする予定の時間にはまだあと五分あったが、わたしはすでに番号を押していた。幸い、リサはレッスンにははいっていなかったが、新しい情報も持っていなかった。リサはコーシャンと話をすることができず、それにもしコーシャンと話せたとしても、先方が運転手と連絡を取るまで待たなければならないのは確実だった。

「愛してるよ、ハニー」わたしはがっくりと肩を落として通話終了のボタンを押し、犬たちをランに戻すために歩いていった。

もうこれ以上、犬を移動用のケージに閉じこめておくわけにはいかない。あの子たちはすでに七時間近くも、じっとおとなしくしているのだ。三匹は小さなランのなかにうれしそうに駆けていった。まるで車でどこか楽しいところにでも出かけてきたような様子だ。その姿に一瞬、フィズとビーマーが重なった。フィズもビーマーも、バンの窓から流れる景色を眺めるのがなにより好きだった。

犬用のボウルと、ランの外にまとめて置いてある、兵たちからはすっかり嫌われているレトルト食品を手に取った。犬たちはいつもと同じようにさっとお行儀よく座り、尻尾を――ナウザードの場合は尻尾の根元を——埃っぽい地面の上で左右に振りながら、わたしがごはんをボウルによそうのを、獲物を狙うタカのような目でじっと見つめている。

犬たちが食べているあいだ、わたしはナウザードの前に立ってほかの二匹を守り、それからボウルを片づけて、一匹ずつ順番になでてやってから、ゲートをしっかりと縄で閉じた。犬たちがこの先、どのくらい長くこのランにいることになるのか、わたしには見当もつかなかった。

翌日の早朝、リサがベッドにはいる直前を狙って、わたしはもう一度電話をかけた。「運転手はいったいどこに行ったんだ?」

絶望的な気分のわたしの耳に、リサの変わりばえのしない説明が聞こえた。コーシャンからは折り返しの電話がこない。朝起きたらすぐにもういちど電話をしてみるから。

「きみと一緒にベッドにもぐりこみたいよ」リサの温かい体の横で眠る感覚を思い出しながらわたしは言った。「本当にそうできたら、どんなにいいか」頭のなかにその様子を思い描いて繰り返す。「そうすれば目を閉じて、なんの心配もせずに眠れるのに」

「なに夢みたいなこと言ってるの。うちのベッドにはお邪魔虫のロットワイラーがいるでしょ」リサが言った。

突如として、猛烈なホームシックに襲われた。

電話を切る。腕時計を見ると、朝の二時になるところだった。うまくいけば明日がはじまる前に、まだ二時間は眠れるだろう。二時間ではとても足りないがしかたがない。

午前中がのろのろと過ぎ、また午後になるころ、わたしは本部がある建物の屋根の上で北方の山々を眺めていた。あの先のどこかに、アフガニスタンの最高峰、標高七四九二メートルのノシャック山がある。

ノシャックに登ろうというのはしかし、あまり賢い考えとは言えない。山までのルートは地雷に阻まれている。地雷をしかけたのはロシア人ではなく、タリバンに町を襲撃されるのを防ごうとした北部同盟［アフガニスタンの反タリバン勢力］だ。そこに地雷があるということはまた、貴重な農地や牧草地が、もう使いものにならなくなってしまったことを意味した。人々が互いにうまくやっていけないというのはひどく悲しいことではあったが、考えてみれば、もし彼らが仲良くしていたら、わたしはきっと仕事にあぶれてしまうのだろう。

目線を落として腕時計を確かめる。あと数分で午後三時だ。

数日前から、灰色をした巨大な嵐雲が徐々に現れ、午後のこの時間帯には高い峰を覆うほど大きくふくらむようになっていた。雲は日ごとに恐ろしげな様相を呈していた。これは間違いなく雨の前兆で、雨粒が落ちてくる日もそう遠くはないと思われた。

このところほぼ休みなく吹いている冷たい風に雨が加われば、拠点での生活はいっそう不快さを増すだろう。ここには服を乾かす場所さえ満足にないのだ。

ドッグランのほうに視線を移す。わたしが最初にナウザードが隠れているところを見つけた古い建物に邪魔されて、ランはここからは見えなかった。それでもあのランのことなら隅々までよく知っているので、わたしにはその様子を頭のなかにくっきりと思い描くことができた。犬がまだしばらくここにいるなら、ランにもう少し手を加えたほうがいいだろう。犬の頭上を守ってくれるのは迫撃砲シェルターだけだし、あれでは雨は防げない。ジーナは夜にはたいてい迷彩ネットの下で丸くなっていた。わたしはまた知らず知らずのうちに、不思議なめぐり合わせで出会った三匹の野良犬たちが置かれた苦境について考えていた。あの子たちをレスキューに送り届ける方法が、必ずなにかあるはずだ。

それにしてもあの運転手はいったいどこへ行ったんだ？

ボスが、南にあるバラクザイ村への哨戒を命じたという話は、拠点内にまたたく間に広まった。出発は夜明けだ。哨戒はいい気分転換になってくれるに違いない。出発までに必要なリハーサルと打ち合わせで、しばらくのあいだは忙しく動きまわっていられるだろう。

その夜になって、ようやく運転手にかんするもやもやが解消された。運転手は確かにここへ来ようとしたのだが、たどり着くことができなかったのだ。

わたしはなんとか時間をやりくりしてもう一度リサに電話をかけた。リサはついにコーシャンと連絡が取れたという。コーシャンはことのなりゆきをリサに説明し、リサはその話を理解できた範囲で、あらためてわたしに話してくれた。

運転手はクレイジー・アフガンとナウザードの方角へ向かうサンギン渓谷にはいる道で、タリバンの検問所で二度止められた。タリバンは、北部訛りのある運転手がなぜこんなに南のほうにいるのか、そしてなんの商売をしようとしているのかを教えろと要求した。もちろんその運転手には、国際治安支援部隊《ISAF》に所属するイギリス海兵隊員に頼まれて犬を引き取りに行くなどと、言えるわけがなかった。そんなことをすれば、みずから進んで死刑宣告を受けるようなものだ。

わたしは自分自身に腹が立った。バカげたミスだった。計画を細かいところまでよく詰めておけば、あらかじめ運転手に頼んで、トラックの荷台に地元の住民がいかにも欲しがりそうな品物を積んでおいてもらうことだってできたはずだ。そうすれば、運転手には谷にはいる口実ができただろう。しかし実際にはトラックは空だったし、ナウザードの町がある谷には、運転手が引き取りに行ってもおかしくないようなものはなにもなかった。タリバンは運転手が検問を通ることを許さず、彼をさんざん脅しつけて追い返したという。その運転手はもう二度と、ここに来ようとはしないだろう。

ところがさらに話を聞いてみると、なんと代替案があるという。

「コーシャンがね、カンダハールまでなら行ける運転手がいるって言ってるの。犬をそこまで連れていくことはできるかしら」リサは言った。

「リサ。犬を運んでくれる人を見つけられるチャンスは、もう明日しかないんだ」わたしはぽつりと言った。

　リサはなぜ明日しかないのかとは聞かなかったし、もし聞かれたとしても、自分が明日哨戒に出ることを話すわけにはいかなかった。

　受話器を置いて目を閉じ、肺のなかの空気をゆっくりと吐き出す。この保護作戦は、やっぱりうまくいかないのかもしれない。自分にはなにもできないという思いが、胸のなかでどんどん大きくなっていき、どうしても止めることができなかった。

　わたしは体をもたせかけていたひび割れの走る壁に沿ってズルズルと座りこみ、そのまま何分かじっとしていた。

「しっかりしろ。情けないぞ」ようやく自分に向かってそう言いながら、わたしは立ちあがった。「まったくなんてざまだ、ファージング」

　あきらめるために、ここまでがんばってきたわけではない。なにかしら道はあるはずだ。

「ネバー・ギブ・アップだ」午後の風のなかで、そう声に出してみる。海兵隊の訓練の最中に、繰り返し叩きこまれた言葉だ。コマンドーの証であるグリーンベレーが欲しいなら、決してあきらめてはいけない。もう一度、この言葉を自分が実践できるかどうか、試されるときがきたようだ。

　もしかしたら、バラクザイでトラックが見つかるかもしれない。そしてもしかしたら、その運転手が犬を谷から連れ出して、レスキューの運転手と落ち合う約束をしてくれるかもしれないではないか。そう願うしかなかった。そのほかにいったい、なにができるだろう。

第9章　バラクザイの町

まだ昼前だったが、わたしはすでに汗をかいていた。冷たい風も、背中を流れ落ちる汗を止めるのには役に立たず、肩には重たい装備がのしかかっている。

アフガニスタンの冬が寒いのも、そう悪くはないかもしれないと心のなかでつぶやいた。もし気温がいまよりも高かったら、とうていこれだけの荷物を持って歩ける気がしなかった。われわれより前にここに来て、アフガニスタンの盛夏を戦い抜いた陸軍の連中に心底感心したことを、わたしはここに潔く認めたい。

広々とした砂漠を何キロも歩いていくと、ようやく見覚えのある茶色がかったオレンジ色の泥壁が見え、自分たちが村のはずれにたどり着いたことがわかった。

こうして外を歩くだけでも、かなり気分が明るくなった。隊の面々を見まわすと、大半の者は相当にかさばる装備を身につけているにもかかわらず、その顔を見れば明らかに、息苦しい拠点を抜け出せてたいそう喜んでいるのがわかった。

ここまで歩いてくる途中、埃っぽい景色のなかを、トラックが一、二台、走っているのを見かけた。しかしいつものように、トラックはわれわれの近くに来ることをあえて避けていた。近づけばわれわれに停められて、荷を調べられるとわかっているのだ。もともとわたしは、運転手と話をするチャンスがあるとすれば、村に停車しているトラックを見つけるしかないと覚悟していた。

まだ午前中だというのに、空には黒い雲がかかり、山のふもとから南に向けて広がる広大な砂漠の上を覆いつくそうとしていた。イギリス空軍《RAF》が出す天気予報によると、今日遅くには、冬の雨の最初のひと降りが来るかもしれないということだった。そうなる前に拠点に戻れればいいのだが。

バラクザイはナウザードよりもずっと規模が小さい村で、ナウザードがある谷に食料を供給している農地のはずれに位置していた。村には小さな門のついた壁に囲まれた、どれも似たような建物がいくつも並んでいる。同様の建物はナウザードにもあったし、おそらくはアフガニスタンの大半の地域で見られるものなのだろう。こうした建物はすべて、どこまでも網の目のように広がる狭い路地でつながれている。路地を奥へ進むと、だぼだぼの汚いシャツとズボンを着た子どもたちが現れて、すぐにわれわれに向かってペンやクレヨンをくれとまとわりついてきた。

靴を履いている子はひとりもいない。わたしはついうっかり、髪が黒くて明るい青い目をした男の子に、ペンを差し出してしまった。その子は手振りで、ペンが欲しいという意志を上手に伝えてきたのだ。予想どおり、わたしのまわりにはあっという間に子どもたちが群がって、こちらが身につけているあらゆるものにつかみかかってきた。

冷たい態度をとるのは嫌だったが、子どもたちを押しのけるしかない。ここでいちばん起こってほしくない、起こしてはならない事態とは、子どもが手榴弾を手に持って駆け出すことだった。隊に同行していた通訳に向かって手招きすると、彼はすぐにやってきて、どなり散らしながら腕を大きく振り、子どもたちを追い払ってくれた。それでも子どもたちは、わたしからペンか発光《ライト》スティックを取りあげるまでは絶対にあきらめないと決意している様子だった。

地元住民の心をつかむことは、われわれの任務における重要課題ではあったが、実際に現地入りしてからというもの、わたしにはアフガニスタンの人々がこちらにどういう感情を抱いているのかが、よくわからなくなっていた。われわれがここにいるのは、カルザイ大統領が駐留を要請したためということになっていたが、それは政治的に体面を取りつくろった言い方でしかない。実際には、大統領は現実問題としてそうせざるをえなかったのであり、国の情勢はそれだけ不安定なのだ。国民のなかには、われわれを歓迎する者もいれば、気に入らないという者もいるはずだが、それはどこの社会でも同じだろう。それでもただひとつ言えるのは、この国が渇望する安全と安定を多国籍軍が確保できなかった場合、われわれは確実に一般の人々からの支持を失うということだ。

アフガニスタンに侵攻するというそもそもの決定について、個人的にどう考えているかは関係ない。タリバンを政権の座に座らせたまま、せっせとテロリストの温床を作らせていても、なにひとついいことなどないのだから。

ヘッドセットからくぐもった声がした。前方を行く部下のひとりが、誰かにロシア兵かとたずねられて、なんと答えればいいのかと聞いてきたのだ。この事実ひとつをとってみても、ここの住民たちがいかに世界から切り離されているかがわかる。タリバンはテレビやラジオの視聴を禁じたので、やつらが政権を取った時点で、外部からの放送はまったくはいってこなくなった。その結果、ヘルマンド州にはまだ、二〇〇一年にはじまったアメリカ主導によるアフガニスタン侵攻を知らない人がたくさんいるのだった。

わたしが送信ボタンを押すよりも早く、隊列の前のほうにいるボスが返事をした。ボスは皮肉めいた口調で、たぶんいちばんいいのは、われわれがイギリス人で、アフガニスタンの人々を助けるためにやってきたと伝えることじゃないかと言った。

パトロール隊が南へ進むにつれ、村のあちこちにたくさんの顔が見えはじめた。どの顔も曲がり角の向こうから、無表情にこちらを見つめている。ここが男性に支配された社会であることは明らかだった。女性の姿はどこにも見えない。ひげが生える年になった男性は、ほぼ例外なくあごひげをたくわえていた。服装は誰もが同じようなものだった。灰色か青の長袖シャツの裾を、だぼだぼのズボンとくたびれた革靴の上に垂らしている。

車が通れるくらい広い道に出たとき、ミニバンが走り過ぎるのが目にはいった。車の屋根に座っているのは、全員が子どもたちだ。手を振ってみる。小さな男の子がふたり、手を振り返してくれた。

さらに先へ進むと、簡素なつくりの屋台の前を通りかかった。たいした品数はなく、果物が少しと、それからしなびた野菜がちらほらと並んでいる。

一〇代の少年がふたり、前面の壁がない小さな建物の外をうろついていた。そこはどうやら自動車修理工場のようで、おそらくはバイクの部品と思われるものが、地面の上にバラバラと置かれていた。乾いた土に油が染みをつくっている。

かつては店舗として使われていたであろう壊れかけの建物から、ひとりの老人が出てきた。ギラギラと輝く目は、しわの寄った顔に比べてやけに若々しく見える。

老人は手に小さな木製の鳥かごを提げており、なかには羽を不器用にばたつかせる鮮やかな色の鳥がはいっていた。観賞用か、それとも食用なのだろうか。それは定かではなかったが、老人はわたしにそれを買えと言ってきた。わたしはお金を持っていなかったし、それに片手に鳥かごを提げて哨戒から戻るというのは、あまり上司にウケがよくないだろうという気がした。だからわたしは手を振って丁重に「いらない」と伝え、つたないパシュトー語を口にした。「サラーム・アライクム」

老人はただ、無表情な顔でじっと見つめ返してくるばかりだ。たぶんわたしには、学校でかじったフランス語のほうに才能があったのだろう。ハリーがここにいて通訳をしてくれたら、この鳥かごを持った老人に、トラック運転手を知らないかと聞いてみることができるのだが。しかしハリーの姿は見あたらず、残念ながらそれもかなわなかった。

もう一度意思の疎通を図ってみようと、わたしは右手を胸にあてた。世界共通の和平のしるしだ。そのせいでライフルが手を離れ、体の脇に革紐でぶらんと垂れさがったが、アフガニスタンの習慣では、左手はお尻をふくときだけしか使わないとされているので、老人の気分を害さないためにはこうする以外になかった。わたしは別れのあいさつのつもりでうなずいてみせ、ふたたび歩き出した。

路地はどれもそっくり同じ見た目で、標識もなければ、通りの名称の表示もひとつもなかった。もしここに郵便サービスというものが存在していたなら、郵便配達人はさぞかし苦労することだろう。

道の両側にはただひたすら壁が並んでおり、どの道を行ったらどこへ行けるのか、まったく確信が持てなかった。そんな状態だったので、ある細い路地へと引き返した数分後、無線連絡がはいり、われわれが最初のチェックポイントを通り過ぎてしまったと指摘されたときにも、たいして意外とも思わなかった。

ボスは学校として使われている小さな建物の内部を確認し、建物の修理や援助など、われわれが手助けできることについて、村の長老たちと話し合いたいと考えていた。

先頭を行く班が現在位置を再確認して出発し、一方、わたしのいる班はもう少しその場にとどまってから、いま出てきた道に戻り、また別の壊れた建物と路地が並ぶ区画へとはいっていった。

わたしはうしろからゆっくりとついていきながら、前を行く部下たちの動きに目を配った。路地では風がそよとも吹かないので、まだあたりは比較的暖かく感じられる。腐った食べものと人間の排泄物のにおいが鼻をついた。

パトロールの隊列が止まるたび、各人がすばやくあたりを見まわし、腰をおろして射撃姿勢を確保する。重たい装備を担いでいるので、体力を節約しなければならない。止まるたびにしゃがんだり立ったりするのは、もう若くはないわたしの膝にはとりわけこたえた。哨戒につきもののこういった停止と出発の繰り返しは膝に大きな負担がかかるし、また地面にしゃがんだまま体を回転させる動作も多いため、膝をつく位置も慎重に選ぶ必要があった。

無線の声が、ボスが村の中心部に到着し、長老と話をしたいと申し出たことを伝えてきた。あたりがにわかにバタバタと騒がしくなったのは、地元の男たちが長老を捜しに走っているのだろう。

わたしはしゃがんだ姿勢で待機する兵の列に沿って歩き、二、三度立ち止まって何人かに注意を与えた。村の中心というのは、草も生えていないただのひらけた空き地で、ごく一般的なスイミングプールくらいの広さだった。低い泥壁と、廃屋がぽつぽつと立っており、その前面には突き出すようにからっぽの木の屋台が取りつけられている。

すでにかなりの数の男性と子どもたちが集まっていた。ほぼ全員が色あせた青灰色のシャルワール・カミースを着ている。シャルワール・カミースとは、このあたりで昔から着られている丈の長いゆったりとした民族衣装だ。裸足の子どもたちが、空き地の周辺で待機している海兵のまわりに群がってきた。

わたしはボスと通訳のハリーがいるほうへ近づいた。ふたりは、染みひとつない真っ白なターバンを巻いた、見るからに風格のある背の高い老人と熱心に話しこんでいる。老人の灰色のあごひげは見たことがないほどの長さがあり、彼の胸のあたりまで垂れさがっていた。

わたしが彼らの脇を通って、空き地の向こう側にいる兵に、いま彼がそうしているように空き地の内側を見張るのではなく、外側を見張るようにと注意するために歩いていくと、会話の断片が耳にはいってきた。

「ボス。長老はまだ、送ってもらう約束だった薬と食べものと教材を待っていると言っています。いまごろはもう届いているはずだそうですが」ハリーが言った。

ボスがなにか答えたが、そのときにはわたしはもう彼の声が届かないところにいた。しかしボスの答えは聞かなくとも想像がついた。この地域の人々が切望している安全が確保されない限り、どこの支援機関も、この村になにも届けようとはしないだろう。地元の住民たちはまずわれわれと力を合わせて、タリバンがあたりにのさばるのを食い止めなければならない。それが実現してはじめて、こちらは村の人々が本当に必要としている物資を届けることができるようになるのだ。

村のまんなかでの話し合いはさらに数分間続き、最後に三人が互いに握手をすると、ボスが出発の合図をした。

村のはずれで建物の列は唐突に途切れ、わたしたちはまたもやだだっ広い砂漠に足を踏み入れようとしていた。

袖を引っ張られる感覚があり、ふと下を見ると、茶色い髪の小さな女の子が突き刺すような緑色の瞳でわたしを見あげていた。せいぜい一〇歳か一一歳くらいだろう。その子は薄汚れた手をわたしのほうに突き出してきた。

「ハロー、お嬢さん」わたしはしゃがんで視線を女の子の高さに合わせた。「当ててみせようか。きみはペンが欲しいんだ。そうだろ？」

わたしはサッと周囲を見まわして、彼女の友だちが大挙して押し寄せてこないかどうかを確かめた。あたりには誰もいないようだったので、胸のポケットから鉛筆と飴をいくつか取り出した。こういうときのために、ポケットに忍ばせておいたのだ。

鉛筆と飴をわたしの手から奪い取ると、女の子の顔に特大の笑みが広がった。しかし彼女は走り去ろうとはせず、そこにじっと立ったまま早口のパシュトー語でわたしになにか話しかけた。幸い、目をあげるとすぐそこにハリーの姿が見えた。うちの隊の伍長の横を歩いている。

「ハリー、ちょっといいかな」

ハリーは走ってきて、その場をテコでも動かないといった様子の少女にあいさつをした。

「この子がなにを言っているのか、さっぱりわからないんだ。通訳を頼めるかい」

ハリーが女の子に話しかけ、ふたりは言葉をかわし、わたしはじっと耳を傾けてはみたものの、なにひとつ理解できなかった。

ハリーがわたしを見て、淡々とした口調で言った。「この子はあなたに、字の書き方を教えてほしいと言っています」

「え……」少女はわたしがすぐにでも授業をはじめるとでも思っているかのように、こちらをじっと見あげている。ハリーもまだわたしを見ていた。彼はその鋭い黒い瞳でわたしを試すかのように見つめながら、彼にはすでにわかっているはずの返答を待っていた。

「それはできないんだ。いまはできないけど、もう少ししたらできるかもしれない」わたしは少女にというより、ハリーに向かってそう言った。

ハリーは答えを聞き終わってからも一瞬長くわたしを見つめ、それからパシュトー語に通訳をした。わたしは小さな黒いノートを取り出し、まだ白いページが残っているうしろのほうを開いた。手でひとつかみにしてページを破り、それを女の子に差し出す。「いまはこれしかしてあげられない。わかったかい？」

ハリーの通訳は必要なかった。女の子は紙に手をのばし、それをしっかり握りしめると、サッと踵を返して狭い路地を村の中心に向かって走っていった。

「ハリー、ここに学校はあるのか？」パトロール隊に追いつこうと歩きながら、わたしは言った。隊はちょうど、ひんやりと冷たい風が北から吹きつける砂漠にはいって隊列を広げようとしているところだった。

ハリーは目をあげずに答えた。「ええ。だけど先生はひとりしかいません。古い建物を教室として使っていますが、教材はありません。通う子どももずいぶん減ってしまいました」

北にある拠点に向かって、砂漠の荒れた大地を横切りながら、ここの人々の暮らしをよくするために、われわれにできることはなんだろうと考えた。

犬を救うというわたしのささやかな努力は、この問題全体の大きな成り立ちのなかでは、あまりにちっぽけなことのように思えた。それでも拠点が近づくにつれ、わたしの頭はふたたび犬たちのことでいっぱいになっていった。

結局わたしはバラクザイでも、これまでに哨戒に出かけたほかの場所と同じく、トラックの運転手探しにみごとに失敗したことになり、おそらく時間内に車を見つけてカンダハール行きを手配することは、もう不可能だろうと思われた。

もはや残された手段はひとつしかない。規則を破るときが来たようだ。

第10章　離陸

それからの数日間、わたしはできるだけ長く犬たちと一緒にいるようにした。ときには眠るはずの時間にも横にならず、犬たちとランのなかでのんびりと過ごすほうを選んだ。もうじきイギリスに帰るのだから、丸一日近く飛行機のなかで眠れるし、大規模な哨戒の予定もなかったので、時間はたっぷりとあった。

ランに続く角を曲がると、ナウザードはすぐにわたしの声に気がつく。丸まって寝ていた体を起こして赤いクッションの上に四つ足で立ち、ランの格子のあいだから鼻を突き出してくる。根元しかない短い尻尾が左右に揺れる。RPGはそのうしろで踊るように跳ねまわり、ジーナはいつもの甲高いキューンキューンという声をあげて、わたしがゲートを開けてランのなかに体を押しこむまで鳴き続ける。

ビスケットを差し出すと、その効果は絶大で、犬たちはたちまちおとなしくなる。それを見るとわたしは、この子たちが待ちこがれているのはわたしなのか、それともわたしがあげる食べものなのかと首をひねりたくなってしまうのだった。

「そりゃ食べものだよな、そうだろ?」わたしはそう言って犬たちをからかった。

こういった感情は理解できないという人もいるかもしれないが、犬たちはわたしと心を通わせる仲間だった。犬はこちらになにも聞いたりしないし、しばらく会いにこなかったからといって、わたしに嫌気がさすということもない。それどころか犬たちは、わたしが会いにきたときにはいつだって大喜びで迎えてくれる。ランに座って犬たちをなでているだけで、心がホッと安らいでくる気がした。とりわけジーナは、このうえなくおだやかな性格で、背中を下にしてころんと転がるのが大好きなので、それを見るとこちらはついおなかをさすってやりたくなってしまうのだった。

犬をレスキューに届ける方策も尽き、追いつめられたわたしは、唯一残された、わずかだがうまくいく可能性のある手段に出ることにした。ただしうまくいく可能性といっても、本当に一縷の望みといった程度ではあった。

計画はシンプルなものだった。しかし大きな落とし穴がいくつもあり、最悪の場合には重い懲戒処分を受ける危険をはらんでいた。

リサがコーシャンから聞いたところによると、彼が用意したアフガン人運転手は、もう一度ナウザードまで来るつもりはないらしい。ちなみにこの運転手の名はファランであることが判明したのだが、そのファランはしかし、バスティオン基地であれば行ってもかまわないと言っているのだという。

ファランにとって、バスティオン基地を見つけるのはそうむずかしいことではないはずだ。うちの隊があそこで過ごした短いあいだだけでも、たくさんのジングル・トラックが毎日基地の外に集まり、生活必需品などの商品を地元の人々を相手に売っていた。カンダハール以南の住民であれば、必ずバスティオン基地の場所は知っている。

その作戦でいこうということになり、トラック運転手にはリサを通じて、バスティオン基地に一二月六日に来るように伝えた。わたしが慰労休暇《R&R》のためにナウザード拠点をヘリで出発する日だ。リサにはまた、運転手に、トラックの窓にわたしの名前をはっきりと書いた紙を掲げておくことを確実に伝えてくれと頼んでおいた。

わたしが今回やるべき作業は、バスティオン基地に犬たちを連れていくことだ。そのためには方法はひとつしかない。わたしと一緒に、軍のヘリに乗せるのだ。

上の許可をもらっていないのだから、これは当然、危険性の高い作戦だった。

計画が頓挫しそうな要素はいくらでもあった。悪天候でわたしが約束の日にヘリに乗れないという可能性もある。そうなったら、トラックの運転手はいつまで待っていてくれるかわからない。

たとえヘリが時間通りに来たとしても、計画はうまく運ぶだろうか？　予定では、わたしと部下のメイズが、犬を隠した箱を持って搭乗用ランプまで走る手はずになっている。この作戦は、ヘリの機上輸送係が、迫撃砲が飛んでこないかどうかのほうに気を取られて、箱の中身は備品かなにかだろうと勘違いしてくれることを前提としていた。途中でヘリに犬が三匹乗っていることに気づかれたとしても、ときすでに遅し。そのころには空の上だ。お説教はあとで聞けばいい。それに上層部がわたしに与えることができる罰など、たかがしれている。まさかすでに前線にいる人間を、前線に送るわけにもいくまい。

バスティオンまでたどりつくのは、数ある難題の最初のひとつでしかない。犬を基地に連れていったとしても、失敗のバリエーションはいくらでもある。

まず運転手とうまく落ち合わなければならない。イギリスへ向かう軍の飛行機にわたしが乗りこむまでのわずかな時間に運転手と会えなければ、犬はどこにも行き場がなくなってしまう。そうなれば表のゲートまで連れていって、外に放すしかない。バスティオン基地は荒涼とした平野のまんなかにある。外に放すということは、すなわち死刑を宣告するのと同じことだ。

犬たちをバスティオン基地に置いておくという選択肢はない。射殺されてしまうだけだ。

もしタイミングがうまく合ったとしても、そのほかにも懸念はある。

たとえばバスティオンが攻撃を受けて基地が閉鎖されれば、わたしは外に出て運転手に犬を引き渡すことができなくなる。

それから犬にかかるストレスの問題もある。小さい段ボール箱のなかに二、三日は押しこめられたままになるだろうし、ヘリコプターにも乗せられる。ヘリのなかはお世辞にも世界一静かな場所とは言えない。

この作戦がうまくいく確率は、宝くじを当てるのと同じようなものだろうが、それでも残された手段はこれだけだし、なんとか成功させるしかなかった。

仲間のなかでデーブだけは、わたしの作戦に最後まで反対していた。「なあ、ヘリの騒音は大丈夫か？あの子たちは震えあがっちまうよ」

もちろん彼の言うことは正しい。耳をつんざくようなヘリの爆音は相当なものだ。しかしほかに手だてがない。

「わかってる。わかってるよ」わたしは静かに言った。

それでもデーブは、わたしがまた新しく犬を輸送するための箱を作るのを手伝ってくれた。今回は可能な限り小さく作る必要がある。犬はやっと立つことができるだけで、あとはほとんど動けない。かわいそうだが、ほかにどうしようもない。


R&Rにはいるわたしとメイズを迎えにくるヘリがナウザードの着陸地点に到着するまで、あと三時間を切った。そのときわたしはふいに、バスティオンで待っているはずの運転手ファランが、携帯電話を持っているかもしれないという可能性に気がついた。ファランに電話をかけて、彼がちゃんとバスティオンに着いたかどうか、確かめることができるんじゃないだろうか？　衛星電話まで走って家の番号を押すと、ラッキーなことにリサは家にいた。

「リサ、運転手の携帯番号をコーシャンに聞いてもらえないか？　三〇分でかけ直す。チャンスはいましかないんだ。できるかい?」わたしは切羽詰まった口調を隠そうともせずにそう言った。

リサとふたたび電話がつながったときには、ヘリの着陸予定時刻まであと一時間しかなかった。コーシャンは番号を教えるのを渋ったそうだが、リサが粘ってくれた。わたしはリサから聞いた番号を大急ぎで手帳にメモした。

ハリーは司令室にいて、わたしが頼むとファランに電話をかけてくれた。衛星電話が運転手の携帯電話につながるまでの時間は、永遠に思えるほど長かった。そしてついにハリーが、アフガニスタンの言葉であいさつをかわす声が聞こえてきた。しかし会話は、思ったよりあっけなく終わってしまった。

ハリーが振り返ってわたしを見た。

「残念ですが、この番号は運転手のものではありません」

「本当か、ハリー。もう一度番号を確認してくれ。相手の名前はなんだって?」わたしは手帳を振りまわしながら叫んだ。

「彼の名前はファランではなく、もう二度とかけないでくれと言われました」

手帳の番号を見直してみる。衛星電話のスクリーンに表示された履歴の番号と、まったく同じだ。

「くそっ」わたしは目の前にあったヘスコ・ブロックを蹴飛ばした。リサが番号を教えてくれたとき、わたしは間違いのないよう復唱して確認している。もともとリサが番号を書き間違えていたのか? それともコーシャンがわざと違う番号を教えたのだろうか?

リサに電話をかけたが、すぐに留守番電話につながった。リサは仕事に出かけてしまい、電話に出られないのだろう。わたしはメッセージを残さなかった。言うことはなにもない。

「残念です」ハリーがもう一度そう言った。犬を安全な場所に届けることがわたしにとってどれほど大切か、ハリーはわかってくれている。

わたしはハリーの腕に手をかけた。「大丈夫さ。海兵は常にバックアップを用意しているもんだ」わたしはできるだけ頼もしく見えそうな笑顔をとりつくろった。

「これがいい考えだとは、おれにはどうしても思えないよ、ペン」新しい輸送用のケージに仕上げをほどこしながらデーブが言った。

「ご忠告ありがとう、デーブ。だけどほかにどうしようもないんだ」

「きっと見つかっちまうぞ。本当は自分でもうまくいくとは思ってないんだろう？」デーブがまっすぐにわたしの目を見た。「こんな危険を冒す価値があるのか？」

「ないと思うか？」わたしは答えた。

驚いたことに、ナウザードは抱きあげられても少しも怒らなかった。いままでわたしは、彼を抱きあげようなどとは考えたこともなかったのだ。しかもナウザードは、ひどく小さな段ボール箱に押しこめられるときにも、嫌がるそぶりも見せなかった。箱の内側は金属片で補強してあるのでつぶれることはないし、下の面には、快適さを考えて、前回作った大きめのケージから取ってきたTシャツを敷いてあった。

「ごめんな。おまえたちのためなんだ」わたしは狭いスペースにナウザードを入れながらそう言った。ナウザードの悲しげな目には、自分の身になにが起ころうとも、もうどうでもいいというあきらめの色が見えた。

大切な荷を入れた三つの箱をピックアップ・トラックに積みこみ、補給ヘリとのランデブー・ポイントに出発した。荷台に立って箱を手で押さえているあいだ、三匹の犬は揃ってこちらを見つめ、困惑した表情を浮かべていた。

地平線に現れたふたつの点が徐々にふくらんでいく。ヘリだ。近づいてくるチヌークから聞こえるバラバラというかすかな音が、だんだんと大きくなる。わたしの代理を務める伍長が、こちらが着陸地点にいることを知らせる発煙筒を準備している。ヘリの到着まであと数分。最後のサイコロを転がすときが来た。

わたしは前回の夜間任務のおり、アーニーの電話番号を手に入れていた。アーニーはバスティオン基地でセキュリティを担当している伍長だ。わたしはアーニーが車を使うことができ、また基地を出てジングル・トラックが集まっている場所へ行くための通行証も持っていることを知っていた。

アーニーとは去年の冬、ノルウェーで行なわれた訓練の最中に知り合った。何度かジムで一緒に汗を流し、そのあと町へ出てノルウェー・ビールで英気を養った。トラックの運転手がいるかどうかを確かめてほしいと頼むと、アーニーは快く承知してくれた。

ヘリの着陸まであと数分となったいまこそ、アーニーに様子を聞いておくべきだろう。衛星電話の信号は弱く、一、二秒のあいだは雑音しか聞こえなかった。それでもついにアーニーの声が聞こえ、簡単明瞭なメッセージを伝えてきた。

「見つからなかったよ」アーニーはあっさりとそう言った。

「確かか？」わたしは聞いた。正直に言えば、そんな答えが返ってくるだろうという気はしていたのだが、それでも胸がズキンと痛んだ。

「ああ確かだ。車で全部の車両を見てまわったけど、ペンの名前を窓に掲げてあるトラックはひとつもなかったよ」

わたしはしぶしぶ現実を受け入れた。もうこれまでだ。

「わかったよ、アーニー。探してくれてありがとう。ひとつ借りだな」

「おう。イギリスに戻ったらビールをおごれよ」

「了解。気をつけてな」そう言って電話を切った。

代理の伍長はもう着陸地点に立って発煙筒を焚き、ヘリに合図を送っていた。ゲームオーバーだった。

デーブはわたしの横に立っている。わたしがこれからなにを言うのか、彼にはもうわかっているのだろう。

「運転手はいなかったよ」わたしはトラックの荷台に置かれた三つの箱を見つめた。

接近するヘリの騒音が大きくなる。

「面倒をみてもらえるかな」とデーブに言った。

「まかせとけ。ほかにたいしてすることもなさそうだしな」デーブは右手を差し出した。「ゆっくり休暇を楽しんで、新しい計画を立てて帰ってこいよ」

わたしはデーブの手を握ってから、今度は一匹ずつ、犬の鼻に手を触れた。ナウザードは手袋をはめたわたしの手を、いつものように格子のあいだからなめようとした。

「みんな、ごめんな」わたしはささやいた。

トラックの荷台からデイパックとライフルをつかみとり、メイズに手振りで行くぞと伝えた。チヌークは荒れた地面に着陸する態勢をとるために旋回しながら、すでに砂と土を盛大に巻きあげている。ヘリは降下を続け、わたしとメイズは徐々に駆け出してヘリの後部に向かった。そしてあとは振り返らずに、吹き荒れる砂煙のなかに走っていった。

第11章 慰労休暇《R&R》

軍服は嫌なにおいを放っている。薄汚れたデイパック、ボディアーマー、ヘルメットは足もとの床にぞんざいに放り出してある。

カウンターに置かれた酒分量器《オプティック》越しに、その向こうにある鏡に映った自分の姿が目にはいった。髪はぼさぼさで、いまなら確実に練兵場での追加訓練を言い渡されそうな有様だった。

「こっちのほうも、もうしばらくは放っておけるな」にんまりと笑いながら、あごに生えた二日分の無精ひげをなでた。

砂漠仕様のブーツに目を落とす。アフガニスタンの砂漠の黄色みを帯びた茶色の砂が、靴紐のあいだに詰まっている。わたしがいま立っているこの赤い絨毯には、まるでそぐわない代物だ。

ビールがなみなみとつがれた一パイントのグラスを口に運ぶ。目を閉じて、大きくふた口飲んだ。アルコールを口にするのは二ヵ月ぶりだ。たまらなくうまい。

自分はさぞかしこの場から浮いて見えるだろうと思ったのだが、こちらをそっと盗み見ている視線を探してあたりを見まわしても、誰ひとりとしてわたしを気にしてはいなかった。パブの客はいまのところ、ランチとおしゃべりに夢中で、わたしの姿など目にはいらないようだった。ここに来る前は、アフガニスタンの現状について教えてくれという人たちが自分のところに殺到するだろうと思っていたのだが、わたしが店内に足を踏み入れても、こちらに視線を向けようとする者さえいなかった。わたしは少しだけがっかりしていた。

いまは一二月のはじめで、パブにはすでに金と銀の飾りつけがしてあった。部屋の隅にはあふれそうに大きなクリスマスツリーが置いてあり、その下には色とりどりの紙に包まれた作りもののプレゼントが積みあげられている。

「クリスマスパーティのご予約はいますぐ。早めのご予約が確実です」壁のあいているスペースには至るところにそんな貼り紙がしてあった。

わたしは七日後の自分がどこにいるかを知っていたし、ナウザードで一二月二五日を迎えるときには、クリスマスディナーにありつけないことは確実だった。

数メートル離れたところでは、ビジネスマンのグループが熱心に話しこんでおり、テーブルの上には空になった皿と飲みかけのビアグラスが乱雑に置かれている。きっとあの人たちは、わたしがたったいまあとにしてきた場所とは、まったく関係のない世界の話をしているのだろう。ここ一〇週間のあいだにわたしの身の上に起こったことを、彼らはまるで知らないのだ。しかしそれがなんだというのだ。海軍にはいると決めたのはわたしであって、彼らではない。

わたしの物思いを断ち切ったのは、ブルネットのウェイトレスだった。いや、より正確に言えば、彼女が着ている胸元の大きく開いたシャツだった。「もう一杯いかが？」わたしの顔を見ずに彼女は言った。

わたしはウェイトレスの口から、なぜボディアーマーと戦闘用ヘルメットを持ってパブに突っ立っているのかという質問が出てくるのを待った。しかし彼女もやはり、とくに興味はないようだった。もしかすると彼女は、いったいこの人はどこから来たのだろうと思っていたのかもしれないが、少なくともそれを表情には出さなかった。

「そうだな、いただくよ。ありがとう」

彼女はおかわりをそそぎ、わたしがカウンターに代金を置くと、別の客のところへ去っていった。イギリスに向かう飛行機のなかで、部隊つきのカメラマンから一〇ポンドを借りておいてよかったとわたしは考えた。ナウザードを離れるとき、わたしの懐には一ペニーもはいっていなかったのだ。

あの運命の瞬間――ヘリの後部に開いた貨物口から、ナウザード、RPG、ジーナを乗せたトラックが、ヘルマンドの広大な砂漠のなかのちっぽけな点になるのを見ていたあのときから、わたしはほぼノンストップでイギリスに帰ってきた。

バスティオン基地に到着すると、ラッキーなことに、輸送機がいまにも現実世界に向けて飛び立つところだった。帰国便の席が確保されているわたしとメイズは、そのフライトにギリギリで乗りこんだ。途中、燃料補給や飛行機の変更で何度か着陸したが、時間がかかるのはいっこうに気にならなかった。家に近づいてさえいれば、それでよかった。

ブライズ・ノートンの空軍基地でわれわれを乗せたバスは、高速道路の途中で何度か停車して、愛する人たちの出迎えを受ける兵を降ろしていった。わたしが降りるのは、プリマスにはいって最初の円形交差点《ラウンド・アバウト》だった。バスで隣になった男に携帯電話を借りてリサに電話をかけ、わたしがいる場所を伝えておいた。

二杯目のビールの最後の一口を飲み終えたちょうどそのとき、パブの出窓に吹きつけてある作りものの雪の向こうに、うちの車が見えた。荷物をつかんで、正面のドアから外に飛び出す。ほぼ満車状態の駐車場で、リサが空きスペースを探していた。

リサはフィズとビーマーも車に乗せてきており、わたしが車の助手席のそばまでやってくると、二匹は狂ったように暴れ出した。ドアをグイッと引き開けたとたん、興奮しきった犬たちにもみくちゃにされた。わたしは両手を使って、どちらの犬も同時になでてやった。

「おいおい、おまえたち。それ以上なめないでくれ。わかったよ、おれも会いたかったって」わたしは二匹を押しのけながらそう言い、ちょうどそのときバンの脇にまわりこんできたリサに向き合った。リサはにっこりと笑っている。

リサの笑顔は、わたしの記憶のなかにあるとおりだった。わたしたちは抱き合い、そのまま長いことじっとしていた。「すごく会いたかったよ、ハニー」ようやく体を離すと、わたしは言った。

「わたしもよ」

わたしは急いで荷物を車のトランクに放りこんだ。

「もう一杯やったの？」わたしが助手席に乗りこむと、リサはからかうようにそう言った。

「ウェイトレスがどうしてもって言うから、ほんの一、二杯、飲まされたような気はするな」ばつの悪い思いで苦笑いしながらわたしは言った。「本格的に飲む前の準備運動だよ」

　家はわたしがここをあとにしたときのままだった。とはいえ、変わっていることがないわけでもない。女性がよくやるように、リサもわたしがいないあいだに、家の物をあれこれと移動させたようだった。

　冷蔵庫から出してきた冷たいビールをもう二、三杯、喉に流しこんでから、雨と風を押して犬たちと一緒に誰もいない浜辺へ散歩に出かけた。

　嵐のように激しい波が岸に押し寄せてはめちゃめちゃに砕け散るなか、ビーマーはわたしが濡れた砂の上に投げたテニスボールを追いかけ、フィズは岩という岩の周辺をかぎまわって、お気に入りのすばしっこいスナリスを探していた。

　リサとわたしは手をつないで歩き、心地よい海風に吹かれながら、ここ二ヵ月のあいだに起きたことをすべて話しつくす勢いでおしゃべりをした。

　家に帰ると冷蔵庫からまたビールを出して飲みながら、リサにデジタルカメラで撮影したナウザード、RPG、ジーナの写真を見せた。それぞれの性格と、拠点にやってきたいきさつをくわしく話していると、喉の奥に大きなかたまりがせりあがってきた。

　パソコンの画面に映し出された拠点とナウザードの町の写真を見るにつけ、リサにも徐々に、われわれのいた場所がどれだけ孤独で、外の世界から切り離されているかがわかってきたようだった。しかしこうして現地を離れ、腐ったゴミのにおいも埃もないところで画像として眺めていると、過去二ヵ月間の自分の生活とアフガニスタンという国が、もうはるかかなたにあるように感じられた。住み慣れたわが家に戻ってきたいま、あそこで起きたなにもかもが、どこか非現実的に思えた。

　家ではインターネットが使えるので、わたしは、リサに最初に連絡をくれたアメリカ人女性にメールを書いた。犬たちの写真も何枚か添付しておく。

差出人：ペン・ファージング
宛先：パム
件名：アフガンの犬

ハイ、パム。


リサ・ファージングの夫のペン・ファージングといいます。現在はR&Rでしばらくのあいだ家に戻っているため、こうしてインターネットを使うことができるようになりました。

まずはじめに、犬たちを助けるためにお力添えをくださったことにお礼を言わせてください。犬たちはみんなとてもいい子で、わたしは彼らを必ず救出したいと思っています。どんな提案でもかまいませんので、なにかあればお聞かせ願えませんか。イギリス軍はこの件で力を貸してはくれません。

ナウザードにやってきたヘリに犬たちを乗せられなかったときは、胸をえぐられるような思いでした。手配されていたはずの運転手がバスティオン基地にいることが確かめられなかったので、犬をヘリに乗せるリスクをとれなかったのです。基地に連れていったあとで犬を運ぶ手段がないとなれば、基地の司令官は犬を射殺しろと命じるでしょう（軍の上層部は狂犬病などに対してやたらと神経質ですし、バスティオン基地には犬たちを置いておける場所もありません）。手配してくださった運転手は、わたしが通訳を介して電話をかけてもこちらと話そうとしませんでした――もう二度とかけるなと言われたのです。彼が本当にバスティオン基地に来たのかどうか、わたしには確信が持てません。バスティオンにいるわたしの同僚が、基地の外を探しても彼のトラックを見つけられなかったため、こちらとしては危険を冒してまで犬たちをヘリに乗せることができませんでした。

それから、これまでに立て替えてくださっている金額をお教えください。できるだけ早くお支払いします。一月の終わりくらいまでであれば、犬たちをナウザードから出すことが可能です。パム、どんなアイディアでもかまいません。提案してくだされば本当に助かります。

返信お待ちしています。

ペニー・F

パムからの返信はすぐに来た。新しい情報はなかったが、そもそもたいして期待もしていなかった。

差出人：パム
宛先：ペン・F
件名：**Re**：アフガンの犬

ハイ、ペニー。

犬たちの写真を拝見し、どの子も、わたしたちが保護して大切に世話しているほかのアフガニスタンの犬たちと、とてもよく似ていると感じました。この使命を失敗に終わらせてはなりません。どうにかして犬たちを、ゲレシュクかラシュカルガーまで連れてくることはできませんか？　そうしてくだされば、確実に犬たちを回収できます。こちらへの送金方法については、リサにメールを送っておきます。これまでの経費は六〇〇ドルです。とりあえず、別の犬をアメリカに届けるための資金をあてておきました。しかしまだ、あなたの犬たちを保護できていないのですよね。きっとどこかに、ゲレシュクかラシュまで犬たちを送り届けてくれる人がいるはずです。バスティオン基地の外にいつも集まっている運転手はどうですか？　基地の誰かに前もって話をしてもらって、犬をゲレシュクからシュに連れていくことを約束しておくことはできませんか？

「やれやれ。やっぱり自分でなにかしらいい方法をひねり出すしかないってことだな」わたしはパソコンを閉じ、発想を豊かにしてくれる液体を探すために冷蔵庫に向かった。

わたしが家にいられるのは七日間だったが、できるだけゆっくり過ごそうとすればするほど、時はいっそうスピードをあげて過ぎていくように感じられた。

トムとマットを病院に見舞う予定は取りやめになった。ふたりとも、近親者以外の面会を医者に禁じられていたのだ。わたしは心のどこかでホッとしていた。ふたりに会っても、なんと言ったらいいのかわからない。

リサがサウスウェールズのホテルに数日分部屋をとっていたので、わたしたちは荒涼とした山の尾根に沿って散策をしながら時間を過ごした。残念ながら雨模様だったが、犬たちはどちらも水を得た魚のように、石ころだらけの山道を先頭を切って走っていった。ビーマーは寝転ぶのにちょうどよさそうなドロドロの水たまりを決して見のがさない。水たまりのなかに腰をおろし、尻尾で泥をはねとばしていたかと思うと、また次の水たまりを探しにすごい勢いで駆けていく。一方のフィズは地面に鼻を寄せたまま走りながら、大好きなヤマリスを熱心に探している。こんな天気の日に山に登っているマヌケな生物はわれわれくらいだという事実は、まったく気にならないようだった。

　頂上に着くと、たいていは厚い雲と霧だけしか見えない景色に迎えられた。これだけの高度では、視界はほぼゼロに近い。頂上にはあまり長くとどまらず、すぐにくだりはじめて、暖かいホテルのバーへ行ってたっぷりとした食事をビールで流しこんだ。

　部屋にはテレビがあったが、わざわざ見ることもなかった。やることはもう十分にある。ときおり、自分でも知らず知らずのうちに、あの遠い場所と、わたしが四輪駆動《フォーバイフォー》のトラックの荷台に置き去りにした三匹の犬たちのことを考えていた。

　ナウザードを離れる前、わたしはデーブに、犬たちが無事ランに戻ったかどうかを電話で知らせてくれるよう頼んでおいた。

　デーブはきちんと約束を守ってくれた。残念ながら、彼がこちらに電話をくれたときには、時差を勘違いしていたらしく、真夜中に留守番電話に伝言が残してあった。メッセージは短かったが、犬たちは元気にしているということだった。ただしナウザードは一度、デーブの隙をついてランを逃げ出したらしい。デーブはたっぷり一時間、ナウザードをランに連れ戻そうと拠点のなかを走りまわったそうだ。

　留守電を聞きながら、わたしは思わず笑ってしまった。あの子たちが元気でいるとわかってホッとした。

　時間はあいかわらず飛ぶように過ぎていき、あっという間にホテルを出て、ブライズ・ノートンへ出発する日が来た。わたしたちはリサの両親の家に寄って犬たちを預けてから、空軍基地に向かうことにしていた。リサの実家には朝早く到着し、わたしが家に続く小道を歩いていると、農場の牛の世話をするために出てきたリサの父親に行き会った。義父の口から出た言葉を聞いて、わたしはその場に凍りついた。

「ペン、今朝のニュースを見たかね。彼は知り合いか?」

「なんの話です?」わたしはたずねた。鼓動が速くなる。

「昨日ナウザードで殺された海兵のことだよ」

「なんですって。彼の名前は?」リビングのテレビに向かって駆け出しながら、わたしは叫んだ。

数分のあいだ、ジリジリしながら画面を流れるヘッドラインを見ていたが、ついに目の前に目当てのニュースが現れた。

BBCのリポーターはバスティオン基地にいた。彼のうしろにときおり、哨戒に出かける兵士たちの短い映像が流される。続いて背景に映し出されたのは、砂漠用迷彩服に身を包んだ海兵隊員の写真だった。顔を見てすぐに、誰だかわかった。

リチャード・ワトソン海兵。わたしと同じK中隊で、ダッチーの小隊の所属だ。

「なんてこった」

リサが黙ったまま背後に立ち、両脇にだらりとさがっていたわたしの手を取った。リサはわたしの手をそっと握りしめ、わたしも彼女の手を握り返した。

第12章 懐かしの〝わが家〟へ

アフガニスタンに戻るフライトでは、ほぼ眠りどおしだった。ときどき目を開け、荷物が詰めこまれた輸送機の貨物室を見まわしたが、すぐにまた目を閉じて、からっぽの夜空を飛んでいくエンジンの絶え間ないうなりを聞きながら寝てしまった。機内の誰もが、戦地へ戻るところだった。つまりはここにいる全員が、すでにこの状況の経験者だということだ。目的地に着いたとき、そこでなにが待っているのか、わたしにはもうわかっている。新たな場所に向かうときにつきものの不安は、そこにはなかった。

別れ際、わたしはリサを一度目のときよりもずっと長く抱きしめていた。殺されたのがワトソン海兵だと知ったあの瞬間に、リサと一緒にいたのがよくなかった。アフガニスタンでは危険と隣り合わせだということを、わたしたちは目の前で思い知らされてしまったのだ。

C130輸送機がバスティオン基地を囲む砂漠の上にのびた土の滑走路に着陸すると、まるで自分が一度もここを離れたことなどなかったかのように感じられた。

わたしがヘリを降りようと貨物ランプを歩いているとき、機上輸送係とスタッフは、早くもこのどでかい機体をもう一度空に飛ばすための準備に取りかかっていた。空気はわたしの記憶にあるよりも冷たく、湿気を含んでいた。北の山には白い雲が低くかかっている。

ブーツが踏みしめる地面はドロドロにぬかるんでいたが、わたしはイギリスから冬用の革製ブーツを持参していた。キャンバス地の靴は雨のときには役に立たないので、肩から提げたデイパックのなかにしまってある。当分のあいだ、そっちを使うことはないだろう。

メイズとわたしは、まず倉庫に行ってライフルと装備を取ってきた。作戦司令室のあるテントに顔を出し、登録をすませる。わたしが留守にしていた一〇日のあいだにも、ここはまったく変わっていなかった。すべての机に置かれた無線がガーガーと音を立て、報告と要求がヘルマンド州の各地から続々とはいってくる。壁は地図とグラフに埋めつくされている。湿気はこの部屋にまではいりこんでいた。

この日、当直将校を務めていたのは、わが部隊の訓練将校だった。プリマスにいたころ、わたしは毎日、彼のところに報告に出向いていた。

「ああ、小隊軍曹――どうした?」雑然としたデスクのほうへ歩いてくるわたしを見ると、将校は笑顔になった。

「たったいま慰労休暇《R&R》から戻ったところです、ボス。われわれ二名、ナウザードに戻りたいのですが、あちらへ向かうフライトはありますか?」

「あるぞ。おまえたちが二〇分で出られるならな」目の前のPCをチェックしながら、彼が言った。

「即時対応《イミディエイト・レスポンス》のヘリに同乗すればいい」

わたしは息をのんだ。即時対応チーム《IRT》のヘリは、怪我人を回収するときにしか飛ばない。

「なにがあったんです?」

「骨盤を折った兵がいる。原因はわからない」

「くそっ。誰だかわかりますか?」怪我人は誰だろうかと考えると、いくつもの顔が頭をよぎった。

「スミス海兵だ」PCの画面から目をあげずに将校は言った。

スミスは事務系の仕事をするためにアフガニスタンに派遣されたところを、うちの中隊からの要請によって、増員としてナウザードに来てもらっていた兵だった。彼が合流したのは、まだほんの数週間前だ。

わたしはすでに、ヘリの発着所までは走っても五分はかかると考え、頭のなかでカウントダウンをはじめていた。

「そのフライトに乗ります。パイロットに伝えておいていただけますか?」

「わかった。三ヵ月後にまた会おう。R&Rを満喫したようでなによりだ」内線電話を手に取りながら、将校は笑顔で言った。

ざわついた作戦室のテントを走り出ると、メイズが本部のテントを囲むヘスコ防壁に寄りかかってぼんやりと突っ立っていた。

「ぐずぐずしている暇はないぞ、メイズ。装備を持ってヘリの発着所に走れ。あと一五分で出発だ」

メイズはぽかんとした顔でこちらを見た。彼の脳みそに、いまわたしが言った言葉がゆっくりと染みこむ。

「くっそ、マジかよ」

フライトにはギリギリで間に合った。ランプを駆けあがって貨物室に飛びこんだわたしとメイズは、K中隊の兵士たちにあてた手紙と小包がはいった青い大袋を三つ引きずっていた。

ふたりで武器の持ち出し許可証にサインをしているとき、メイズがナウザードに送られるのを待つ荷物のなかに、この大袋があるのを見つけたのだ。その時点ではいい考えのように思えたのだが、実際に重たい郵便袋と自分の装備を抱えてヘリの発着所までの一キロを走ったあとでは、わたしもメイズも、あんな〝いい考え〟など思いつかなければよかったと心の底から後悔した。

機上輸送係が、医療クルーの両脇にあいたふたつの空席を指さすあいだも、汗が体から吹き出していた。こちらが席に腰を落ち着けるのを待たずに、チヌークはくもり空に向けて飛び立った。

わたしはWREN《レン》の医療助手に向かって笑顔を作った。彼女は医療対応チームの一員で、わたしの席よりひとつ奥の補助席に座っていた。彼女がこちらに笑みを返し、わたしは郵便袋を脇に放って席に腰をおろした。

彼女はすでに医療用マスクをいつでも装着できるよう首にかけ、片方の手にゴム手袋と包帯を握っていた。足のあいだには、いっぱいにふくらんだ医療用バッグが置かれている。彼女のライフルは、まるでこの場にまったく関係のない物体のように、座席の下に押しこんであった。

「ねぇあなた、そんなに郵便配達員になりたいの？　よかったら今度わたしのところに、個人的な届けものをしてくれてもいいわよ」ヘリのエンジンがあげる騒音に負けじと、彼女が大声を張りあげた。顔はにんまりと笑っている。

わたしはまじまじと彼女を見た。意外な言葉に不意を突かれたのだ。わたしの聞き間違いか？

なんと返したらいいのか戸惑っていると、彼女が盛大に吹き出した。やられた。わたしはからかわれたのだ。軍事医療チームとしてIRTのヘリで現場に駆けつけるというのは、かなりのストレスを強いられる作業に違いない。行く先でなにが待っているのかもわからないまま、現場に到着したらすぐに負傷者のところに連れていかれ、バスティオン基地にとんぼ返りするヘリのなかで処置を施すことを求められる仕事を、正直うらやましいとは思えなかった。ストレスのかかる状況を、ユーモアが救ってくれることも多いというが、彼女はまさにいまそれを実践して、わたしをまんまと引っかけることに成功したのだった。「やられたよ」落ち着きを取り戻したわたしはどなり返した。「もしきみがツイてたら、そのうちにぼくに包帯を巻かせてあげられるかもしれないな」

彼女はまだにんまりと笑ったまま親指をあげてみせると、目の前の床に置いた医療バッグのチェックを再開した。

わたしは操縦席のうしろを見やった。ヘリはやけに低空を飛行している。雲が地面につきそうなほど低くかかっているのだから無理もないのだろう。おまけに雨も降っている。あまりは強くはないが、これだけ降っていれば、パイロットはそれなりに苦労しているはずだ。

二〇分のフライトはあっという間だった。わたしの頭のなかは、すでに遠い昔のように思えるR&Rの思い出と、ワトソン海兵を失ったことを兵たちがどう受け止めたのかという物思いのあいだを、行ったり来たりしていた。それにナウザード、RPG、ジーナの様子についても、一刻も早く知りたかった。デーブからはあの留守電以来、連絡がなかったので、犬たちがいまでも拠点にいるのかどうかさえ、定かではなかったのだ。兵をひとり失うことに比べれば、三匹の野良犬の運命など取るに足らないことだというのはわかっていた。それでもやっぱりあの子たちはわたしの犬だったし、どうしているかが気になってしかたがないのだった。

輸送係から合図が返ってきた——着陸まであと一分だ。メイズとわたしは立ちあがり、ガタガタと揺れるヘリのなかで、機体の天井からぶらさがっているつり革につかまった。足を大きく開いて踏んばり、膝を巨大なサーフボードに乗っているかのように軽く曲げる。医療クルーはまだ座ったままで、負傷者が運びこまれるのを待っていた。

　ヘリが大きく揺れて着陸したことがわかると同時に、メイズと一緒に郵便がはいった三つの大袋を引きずりながらランプを駆け下りると、そこは頬を刺すような雨と泥が飛びかう嵐のなかで、ヘリのローターからの下降気流がそれをさらにかきまわしていた。ゴーグルをつけてスカーフを口の上まで引っ張りあげていても前がよく見えないので、なんとかヘリの後部から離れて安全な距離を取ろうと前に進むだけでもひと苦労だった。べちゃべちゃの泥が乱れ飛んでいるせいでよくは見えないが、腰をかがめた四つの人影が、寝袋に入れられた誰かをランプからヘリに運び入れようと奮闘しているのがちらりと目にはいった。

　あれはきっと、病院に運ばれるスミス海兵だろう。

　ほんの何秒かで四人は地上に戻ってきて、ヘリから三〇メートルほど離れてしゃがんでいるわたしとメイズの横に並んだ。ちょうどその場所を狙ったかのように、くもり空に飛び立つチヌークに跳ねあげられた石や泥が飛んできた。その石がガツンと左腕を直撃し、わたしは顔をしかめた。

　騒音と石の雨がどうにか収まってきたところで、わたしは泥だらけのゴーグルを下に引きさげた。これではさっぱり使いものにならない。外の世界がなにひとつ見えないのだ。

　誰かに拳で腕を殴られた。さっき石が当たったのとちょうど同じ場所だったので、わたしはまたもや顔をしかめた。「おかえり、軍曹《サージ》。R＆Rはどうだった？」

　知っている声だ。その人物がゴーグルとスカーフを取ると、以前よりもさらに密度を増した怪しげな口ひげが現れた。やはりデーブだ。洗髪が行き届いていない黒髪は、わたしの予想よりもかなり長くなっているようだった。

「楽しかったに決まってるだろ。でもここが懐かしくてしかたなかったよ」しらじらしいセリフを言いながら、わたしは立ちあがってデーブの手を握った。「こっちはどうしてた？」

ワトソンの名前を出す必要はなかった。デーブはわたしの言いたいことを理解してくれている。

「ああ、マシになった。みんな落ち着いてる。最初の二、三日はキツかったよ」

わたしは砂漠を見まわした。ジョンの運転する見覚えのある四輪駆動車《フォーバイフォー》が、やかましいブレーキ音を立てて停車した。町の両側にそびえる山々は、低い雲にすっぽりと覆われている。霧雨が降り続いていた。

わたしはデーブに向き直ったが、彼にはすでにわたしがなにを聞きたいのかがわかっていた。

「心配するな。犬たちは元気だよ。まだちゃんと拠点にいる。ジーナはちょっと丸くなったけどな」

「あの子たちをここから出すためにこれからどうするかは、まだ決めてないんだ」郵便袋をトラックの荷台に積みこみながらわたしは言った。デーブは答えなかった。北からの冷たい風にあっという間に体が冷えきり、ヘリに乗った高揚感も薄れていった。

「よお、ジョン。あいかわらずこいつに乗ってんのか?」あいている助手席の窓から手をのばし、ジョンの手を握った。見慣れた顔に会うのはうれしかった。

「恋人を他人の手にはまかせられませんよ。あたりまえじゃないですか」とジョンは笑った。

わたしはジョンの隣に乗りこみ、ほかの連中はトラックの荷台に乗った。拠点まではほんのひとっ走りだ。視線を真下に移して、わずか数分前までは洗い立てのきれいな軍服だったものを眺める。いまはもうびしょびしょで、泥にまみれていた。これから数週間は、このまま汚れっぱなしで放っておかれるのが目に見えるようだ。

窓の外に目をやると、さっきから砂漠の様子がどこかおかしいと思っていた、その原因に気がついた。色が違うのだ。ここ数ヵ月のあいだ見慣れていた、乾ききった鈍い黄色のかわりに、いまでは緑色をした薄い草の絨毯が、見渡す限り広がっていた。

「ワオ、いつからこうなったんだ?」フロントガラスの向こうを指さしながらわたしは言った。

「最初の雨が降った翌日です。たったひと晩でもうこれでした。ジャジャーン、はい、草でございい、って

雨でぬかるむナウザードの拠点

くらい簡単でしたよ」穴だらけの小道から目を離さずにジョンが言った。

拠点のほうはしかし、少しも変わったところはなかった。わたしが最後に金属のゲートから車で出発したあのときと、まったく同じに見える。唯一の違いは水で、雨が拠点の分厚い壁にせき止められて外へ逃げられないため、地面のへこんだ部分にはもれなく大きな水たまりができていた。

「しまったな。こんなことなら長靴を持ってくるんだった」わたしがそうつぶやいたとき、車がとりわけ深い水たまりを突っ切って、司令室の外に停車した。

わたしはまっすぐにボスのところへ帰還の報告に出向いた。ボスは驚いた顔をしており、どうやら数日後に予定されている補給フライトまで、わたしが戻らないと思っていたらしい。

「いい髪型だな、軍曹」戦闘用ヘルメットを脱いだわたしを見て、ボスはにやりと笑った。確かにわたしは、R&Rのあいだに髪をやや短く切り過ぎてしまったのだった。大半の兵がもう二ヵ月以上も髪を切っていないなかに混じっていると、まるでピカピカの新兵みたいに見えた。

わたしのR&Rについて軽く話をしたあと、現状にかんする説明を受けた。ここ一〇日間の出来事に追いつかなければならない。

わたしはワトソンが亡くなった状況の詳細にじっと耳を傾けた。ナウザード北部へ哨戒に向かう途中、パトロール隊は二日連続でタリバンの待ち伏せ攻撃を受けた。二度目のとき、ワトソンは武器搭載型ランドローバー《WMIC》の助手席にいた。わたしも何度か指揮官として乗った車だ。ワトソンが撃たれたのは、彼の機動部隊が火力支援の要請に応えている最中だった。

一方、骨盤骨折だけですんだスミスのほうは、WMICの上方から、上半身を出した状態で乗っていたのだそうだ。数日前から稼働していた砂漠のまんなかにある監視所に補給を行なうための、夜間哨戒の途中の出来事だった。周囲の光を増幅する暗視ゴーグルをつけていたにもかかわらず、運転手には向こう側へ急に落ち込んでいるワジの縁が見えなかったのだ。車のタイヤが泥のなかでグリップを失い、岸を転がり落ちたことを考えると、スミスが軽い怪我ですんだのは幸運だったと言える。

ボスがそんないきさつをほぼ話し終えるころ、タリバンがわたしの帰還を歓迎する音が聞こえてきた。「やるべきことを忘れちゃいないだろうな」ボスのその言葉を最後に、わたしは司令室を飛び出した。犬に会いにいくのはあとまわしだ。

サンガーの自分の持ち場まで走る。ほんの二四時間前、わたしはしゃれたホテルでビールを飲んでいた。いまは狭苦しいサンガーにいて、全身ずぶぬれのまま、砲撃の音が向こうの山々にこだまするのを聞いている。タリバンがわたしに、ここではなにひとつ変わっていないことをきっちりと思い出させてくれた。

ハッチはわたしの右側で機関銃を構えている。ハッチとはまだ言葉をかわしていない。遠くの目標に狙いを定めながら、ハッチがわたしに向かって叫んだ。「おかえりなさい、サージ」

雨に濡れそぼった活気のないナウザードの町を見渡す。おもしろいことなどなにひとつなかったが、わたしはなぜか笑顔になっていた。雨が降り、草が生えてはいても、不思議と自分がこの場所から一度も離れたことがないかのように思えた。

デイパックをどさりとベッドの上に置き、脇のポケットから、イギリスで買ってきたお土産の犬用ガムを取り出した。非番で残っている者がいないかと、急ぎ足で兵舎をまわる。居住エリアの建物にはいくつか開いている窓があり、キラキラと光るモールや旗でクリスマスの飾りつけが施されていたが、いまはそれもどしゃ降りの雨に濡れてポタポタとしずくを落としていた。

ある部屋の片隅には、やけに古ぼけた小さなトウヒの木まであった。あんなものをどこから探し出してきたのやら、見当もつかない。

部下たちの大半は、サンガーにいるか、ベッドで眠っていた。なにかしら個人的な用事に取り組んでいた何人かと短い言葉をかわす。ワトソンの件にはあえてふれなかった。部下たちがそのことについて話したければ、向こうから言ってくるだろう。しかしいまのところ、誰もその話はしなかった。わたしは自分のR&Rの話と、家にいるあいだに、どれだけ酒とうまいものを腹に詰めこんだかという話をして、部下たちのムードを明るくしようと努めた。

ふたたび外に出て、犬たちに会いに敷地を歩いていったが、地面のあらゆるくぼみにできた水たまりを避けて通るのはかなりの手間だった。ランに到着し、なかをじっと見つめてみたものの、誰もわたしに会いに出てこない。ランのなかには、波形鉄板で作った新しいシェルターがあった。きっとデーブかジョンが作ったのに違いない。外からシェルターをのぞいてみると、二匹の犬が一緒に丸くなっていた。ジーナとRPGだ。

ナウザードは迫撃砲シェルターのなかにいるのだろう。こちらには新しく、上部にビニールの防水カバーが取りつけてあった。わたしは手早くゲートの縄を解き、隙間からランのなかに滑りこんだ。

ゲートのそばの低くなった場所にできた水たまりに立ち、びしょぬれのポケットからガサガサとガムを取り出す。「おれに会えてうれしいってやつはいないのか？」波形鉄板のシェルターに向かって叫んだ。

RPGとジーナはすぐに頭をあげ、声が聞こえたほうに顔を向けた。同時に迫撃砲シェルターの奥から、見慣れた鼻が雨のなかにピョコンと飛び出した。

犬たちは一瞬で誰が来たのかを察した。三匹の犬たちが泥のなかでピョンピョンと跳びはねるせいで、じきにわたしの体は、泥の足跡にすっかり覆われてしまった。ジーナが興奮してキャンキャンと鳴くかぼそい声は、わたしがいなくて寂しい思いをしていたことを物語っていた。

「わかった、わかった。こっちもおまえたちに会えなくて寂しかったよ」わたしは犬用ガムをまずはナウザードの口に入れ、続いてRPGとジーナにもひとつずつやった。いつも驚かされるのだが、彼らは野良犬であったにもかかわらず、わたしの手からおやつを受け取る仕草は、いつもこのうえなくやさしいのだ。

「落ち着け、ジーナ。そんな体なんだから、興奮しないほうがいいぞ」

ジーナの体はいまや、かなりふっくらとしていた。これならじきに、立派な子犬たちが出てくるに違いない。

ガムをもらい、それぞれにぬかるんだランの隅に引っこむと、犬たちはおとなしくなった。わたしはみんながガムを食べるのを注意深く見守り、それからナウザードにちょっかいを出して、ジーナがまだ自分のガムをのんびり食べているという事実から彼の気をそらそうとした。

ときおりジーナは食べるのをやめ、わたしのことをじっと見つめた。まるでわたしが、いまにもまたどこかへ消えてしまうのではないかと思っているかのように。

「いいからお食べ、ジーナ。この乱暴者をいつまで抑えておけるかわからないからな」

第13章　AK

今日は犬たちの食事にあまり時間をかけていられない。

哨戒が予定されていたし、それが終わればそのまま、補給ヘリを迎えに出ることになる。しかも今回はただの補給ヘリとは違う一大イベントだ。なんといっても、クリスマスの郵便物が送られてくるのだから。

バスティオンからはいった連絡によると、ヘリには三五袋分の郵便物と、それからなにやらお楽しみのプレゼントも載っているということだった。ナウザードの拠点は、期待で静かにわきかえっていた。いつも飛びかっている突拍子もない噂話でさえ、いまは影をひそめている。

携帯食《レーション》のパックの中身を三つのボウルにあけたとき、なぜだか、犬たちがいつものようにごはんを熱狂的に喜んでいないように感じた。天候のせいだろうか。降り続く雨に加えて、最近では凍るように冷たい北寄りの風が吹きつけて、いっそう寒さが増していた。

拠点ではこのところ、毎日同じサイクルが繰り返されていた。目が覚めると地面が凍っている。氷はゆっくりと解けていき、午後になるとどしゃぶりの雨がやってきて、それがまたひと晩かけて氷に変わるのだ。うっとうしいとしか言いようがない。夜の気温の下がり方は急激で、しかも日に日に寒さは厳しくなった。北の山々はもう、絵はがきで見る山のように白い帽子をかぶっている。

夜間の歩哨任務は、過酷な我慢比べの様相を呈してきた。朝の〇一〇〇時にホカホカと暖かいダウンの寝袋を出るのには、かなりの勇気がいった。つい昨日の晩、わたしの腕時計についた温度計はマイナス一〇度を記録した。

アフガンが冬本番を迎え、わたし、デーブ、ジョンからなる私設の犬救済委員会は、犬たちをこうした天候からよりしっかりと守るためのシェルターを作るべきだとの結論に達した。とくにジーナは、じきに子犬が生まれるのだからぜひとも対策が必要だった。

拠点の裏の外壁からあまり離れていないところに、まだ使われていない小さな中庭つきの建物があった。はじめてこの拠点に来たころに、一度ざっと見まわりをしたことがある場所だったが、あまりしっかりした構造ではないという理由で使われないままになっていた。

しかし少し想像力を働かせて手を加えれば、ここにドッグランをふたつ、あるいは三つくらいは作れそうだった。なにより、小さな物置が三つ、建物の裏手の頑丈な壁に作りつけてあるのが理想的だった。このスペースは冷たい雨から身を守るのにぴったりだ。わたしたちはさっそく工事に取りかかり、また犬たちがより暖かく過ごせるようにと、大きな段ボール箱を三つ持ってきて、テープで補強し、ひとつの側面に犬が出入りできる大きさに切り込みを入れた。それから箱をそれぞれの部屋に置き、内側には、失敗に終わったレスキュー作戦の際に使ったTシャツを敷いた。

この中庭つきの建物は、拠点の西側に位置し、兵たちのいる場所からはかなり離れていたので、犬たちが吠えはじめても、周囲に迷惑をかけることもないだろうと思われた。野良犬の群れが夜、拠点の外縁を囲む壁の向こうを走っていくと、犬たちはときどき吠えることがあったのだ。もしかするとナウザードは、暗くなってから外をうろつきまわった日々を懐かしんでいるのかもしれないが、本当のところはよくわからなかった。一日にきちんとした食事を二回もらい、世話をしてくれる人間がいるのだから、これはナウザードにとって損な取引だったというわけでもないだろう。

ナウザードの“部屋”

また別の日の午前中、必死の作業の末に、新しいランはついに完成をみた。この仕事に取り組んでいるあいだだけは、デーブもわたしも、いまでは毎日のように北から吹きつけてくる風にさらされていても、体はポカポカと暖かかった。

われわれは、近いうちにナウザードとRPGをジーナから離そうと考えていた。ジーナの子犬が生まれたら、二匹の雄犬がどういう反応をするかわからない。ランを仕切るためのフェンスはすでに適当な大きさにカットして壁に立てかけてあったが、いまのところは、まだひとつの広いランとして使えるようにしておいた。

「おまえたちどうしたんだ？」犬たちがごちそうだと思っているものがはいったボウルを手に持ったまま、わたしは言った。「新しい家が気に入らないのか？　それとも食欲がなくなったのか？」

そう言った言葉の後半部分は、自分でもそんなことがありうるとはかけらも思っていなかった。

ナウザードはわたしのほうを見てもいない。食事時にこんな反応ははじめてだった。

「ナウザード、いったいなにを見てるんだ？」わたしは自分の背後に向けられたナウザードの視線をたどってみた。「おっと、おまえはどっから来たんだい？」

わたしのうしろの泥壁には、なんの役に立つのかわからない小さなくぼみがあった。そこはついさっきまでは、空になったレーションのパックを、捨てに行く時間がないときにとりあえず入れておくための場所だったのだ。

ところがいま、そのくぼみにはRPGに似た毛色の、不自然な体格をした小さな犬が、荒い息をつきながら、昨日のゴミの上に横たわっていた。

わたしは犬たちの朝ごはんの準備を中断して、小さな犬のほうにそろりと近づいた。どうやら雌犬のようだ。なぜ苦しそうにしているのか、その理由はすぐにわかった。体がこんなに小さいというのに、首の太さだけが通常の倍近くにふくれあがっているのだ。

「いったいどうしたんだ、おちびちゃん」手を差し出しながらわたしは言った。犬は動かなかったが、視線でわたしの手を追い、そっとうなり声をあげた。あまり闘志がわいているようには見えなかった。

もっとよく見ようと、わたしは体勢を変えて犬の頭のうしろが見おろせる位置まで体を乗り出した。

「オーケー。おまえがどうしてあんまり動かないのかがわかったよ」

犬の肥大した首の付け根には、ひどい傷があった。出血している部分の周囲では、血まみれの毛と切り裂かれた皮膚がぐちゃぐちゃに絡まっている。さらに近づいてじっくり眺めると、そこには小さな刺し傷がふたつ、互いに一・五センチくらい離れてついているのがわかった。わたしは素人だが、これはどう見てもヘビに噛まれた跡のように思えた。アフガニスタンには二七〇種のヘビがいて、そのうち五〇種が毒を持っている。この子の首がこれほどふくらんでいるのは、ヘビのせいに違いない。わたしはもう一度、やさしく、ゆっくりと犬の頭に手を触れた。今度も犬は体を動かさず、ただわたしに向かって絶えずうなり声をあげていた。

「よし。なにか持ってきてやろう。ただし効くかどうかはわからないからな」

わたしは立ちあがると、ナウザードのほうを見た。「ごめんな。朝ごはんはちょっとだけ待ってくれ」

大急ぎで倉庫へ走る。目当ての段ボール箱をすぐに見つけると、中身を床にあけた。片づけはあとまわしだ。

わたしが戻ってきたとき、小さな犬はまだ脇を下にして寝ており、荒い息をついていた。さっきからまったく動いていない。革の戦闘用グローブをはめ、犬の両脇と背中の下にそっと手を差し入れた。ふくらんでいる首をできるだけ支えるようにして、ゆっくりと犬の体を持ちあげ、箱に移す。この日は寒かったので、わたしは分厚い戦闘用ジャケットを着ていた。小さな犬を抱きかかえながら、心のなかではどうか犬が上着を食い破りませんようにと祈っていた。幸い、犬のうなり声はひどく弱々しかった。

犬はRPGの半分くらいの大きさだったが、この子の足はRPGのようにひょろひょろと細くはなかった。わたしは箱を、廃棄処分にされた波形鉄板の影にそっと押しこみ、傷ついた犬の上に古いTシャツをかけてやってから、医者を探しに走った。

時間を気にしつつ中庭を横切りながら、わたしは首をひねっていた。いったいどういうわけで、突如としてナウザードの野良犬が大挙してわたしのところに集まってくるようになったのだろうか。なぜあの小さな犬は、わざわざ拠点のなかにはいってきたのだろう？　どうしてあの子は、わたしが助けてくれることを知っていたのだろうか。

デーブもジョンも、わたしが外から犬を連れこんだのではないと言っても、とうてい信じてはくれないだろう。

　わたしが医務室にはいっていくと、医者は在庫調べの最中だった。

「先生《ドク》、ちょっといいかな？」

「ああ、どうした？　また例のイボの調子が悪いのか？」医者がわざと大きな声で、助手に聞こえるようにそう言うと、静かに本を読んでいた助手が目をあげた。

「ははは。おもしろいよ、ドク。お気遣いありがとう」医者はわたしがイボで悩んでなどいないことを知っている。これはいい噂話の種になるに違いない。以前、わたしに朝早くたたき起こされたことに対する仕返しをされた格好だった。「ドク、仮にだけど、小さな赤ん坊がヘビに嚙まれたとしたら、その場合はどんな薬を使えばいいと思う？」

「ヘビに嚙まれた？　そうだな。だとすればなんらかの解毒剤だが、どんなヘビに嚙まれたかによるだろうな」わたしを見あげながら、ドクが言った。

「もしどんなヘビだかわからなかったら？」

　ドクは顔をあげ、はははあという顔をした。

「その赤ん坊ってのは、もしかすると犬だったりするのか？」

「ああ」ばつの悪い笑みを浮かべてわたしは言った。

「オーケー。嚙まれた部分に殺菌クリームを塗って、この錠剤を一日二回ひとつずつ、三日間だ」ドクはそう言って、荷物がぎゅうぎゅうに詰まった医務室の、上のほうの棚にある袋に手をのばした。「ただし効くかどうかは保証できないぞ」

「かまわない。もし効かなかったら、イボにつけてみるから」ドアを飛び出しながら、わたしは大声で言った。

　クリームをつけて、犬に錠剤を飲ませるまでの作業を、ほんの数分で終えなければならない。小さな犬が戦いを挑んでくるような事態には、おそらくならないだろう。あの子はかなりまいっているように見えた。

クリスマスの郵便物は恐ろしく大量だった。チヌークはすでに飛び去り、砂漠の着陸地点では、ヘリから吊り下げて運ばれてきた巨大な荷台《パレット》に固定された荷物と、四〇袋近いクリスマスの郵便物が、じめじめとした風に吹かれていた。

ジョンとわたしと、その他四名の作業班は、これだけの量の郵便物をいったいどう処理したらいいのかと考えながら、その場に立ちつくしていた。

木製のパレットには、大きな段ボール箱がいくつも、しっかりとくくりつけてあり、ふたりがかりでも楽には持ちあげられないほどの重さがあった。

よく見てみると、この箱のなかにひとつ、ナウザードのコックへと書かれているものがあった。

「てことはつまりおれか、ダッチー宛だな」わたしとダッチーは、クリスマスまでに新しいコックが来てくれることを切望していたが、どうやら実現は望み薄だった。

ジョンとわたしが好奇心にかられて箱のなかをのぞいてみると、冷凍の大きな七面鳥が四つと、何種類もの野菜、ベーコンとソーセージ、それからクリスマス用のクラッカーがはいっていた。

「早いところエプロンをつけたほうがいいですよ」ジャガイモとニンジンが詰まった袋をトラックに積みこみながら、ジョンがクスクスと笑った。

真のサプライズ・ギフトはしかし、その箱のいちばん底にはいっていた。三ケース分のビール缶だ。パレットに乗せられてきたまた別の箱のなかには、さらに多くのビールケースがはいっており、これを発見したわたしたちは背中を叩きあって喜んだ。ざっと数えたところ、全部合わせれば、クリスマスの日にはこの拠点にいる全員にひと缶ずつ配れそうだった。

拠点の兵たちは、例の噂が真実だったことを知って以来、少しばかり気落ちしていた。なんとあのセレブ・シェフのゴードン・ラムゼイが、本当にアフガニスタンでクリスマスディナーを作るのだという。もちろん、バスティオン基地での話だ。それはまったくすばらしい行ないには違いないが、前線の拠点で戦う兵たちにはなんの恩恵もない。このビールのプレゼントは、間違いなくその埋め合わせだろう。バスティオンはちゃんとわれわれのことを考えてくれているのだ。

拠点までの短いドライブのあいだ、わたしの心を悩ませていたのは、四つの巨大な七面鳥を、たったひとつのガスレンジでどうやって調理するかということだった。

くつろぐAK

それから何日かのあいだ、わたしはあの小さな犬の首にクリームを塗ってやった。犬は錠剤も上手に飲んでくれた。コンビーフのスライスのなかに混ぜこんでやったのがよかったようだ。

二日目が終わるころ、犬は箱のなかに背筋をのばして座り、縁からちょこんと頭をのぞかせていた。わたしが近づくと、小さな尻尾が揺れるのが見えた。

この子の名前は、ロシア製の自動小銃ＡＫ47からもらうことにした。ちょうどＲＰＧを小さくしたような姿だったので、同じように武器の名前にしようと考えたのだ。

「だいぶよくなったみたいだな、ＡＫ」

首の腫れも引いている。これでもう、嚙みつかれる心配をせずに頭をなでてやれそうだ。わたしはＡＫの体を持ちあげて、自分の足もとにおろしてやった。ナウザード、ＲＰＧ、ジーナはフェンスに張りついて、ことのなりゆきをじっと見守っている。

小さなＡＫは地面のにおいをかぎ、少し足をふらつかせると、またすぐに座りこんだ。ランの犬たちが揃ってキューンとかすかな声を漏らした。

「広い世界に踏み出すのは、まだ少し早かったかな」

ふたたびＡＫを抱えあげて箱のなかに戻し、コンビーフのスライスをもうひと切れあげた。

第14章 戦地にサンタがやってくる

クリスマスイブの日は、その直前の一、二週間の日々とまったく同じようにはじまった。雨だ。いまではほとんどのドアにぶらさがっているクリスマスの飾りつけは、ぐずぐずと降り続ける雨のせいで見る影もなくくたびれている。

ドロドロの地面に一歩足を踏み出しながら、わたしはもう一〇〇〇回目くらいになる繰りごとを心のなかでつぶやいた。イギリスから長靴を持ってくればよかった。革のブーツは常に湿っており、履いてから数分もたたないうちにじわりと水が染みてくる。清潔な厚手のウールソックスはこのところ、拠点内の闇市場でたいへんな人気を博していた。

わたしは新しいドッグランに足を向けた。新入りの場所を作るために、ランにはすでに手を加えてあった。

AKのヘビに噛まれた傷は順調に回復し、食欲が戻るまでには数日かかったものの、いまではほかの犬たちと同じように、大口を開けてごはんをたいらげるようになっていた。

中庭をちょこちょこと歩いても大丈夫なほどに回復すると、われわれはAKをほかの犬たちと一緒の部屋に移すことにした。AKがランのなかにはいったとたん、たいそう熱のこもったにおいのかぎ合いがはじまった。犬たちはしばらく互いのにおいを夢中でかいでいたが、やがてジーナが飽きたのか、さりげなく離れていった。

RPGとAKはそのまま一緒にじゃれ合いはじめ、ついにはAKがくたびれて寝転がり、荒い息をつきながら隅に行って丸くなった。それでもAKはじきに復活し、またもやRPGと、さっきと同じ戦いごっこをはじめた。

おそらくRPGは、めずらしく自分が勝てる相手と遊べるのがうれしかったのだろう。ナウザードのほうは、自分のクッションに座って眺めているだけで満足しているようだった。

デーブは、AKを拠点に入れたのは自分ではないというわたしの言葉を信じはしなかったものの、それはそれとしてAKを気に入っていた。小さなAKは、デーブがごはんをあげるために近づいてくるたびに、大急ぎでフェンスまで走ってくる。

「こっちに来て、首の具合を見せてみろ」デーブが言うと、AKはいそいそと駆けてきて彼の足もとに丸くなり、デーブが首の傷にそっと触れているあいだもそのままじっとしているのだった。とくに話し合う必要さえなかった。AKは、拡大を続けるわれらがドッグ・ファミリーの一員に迎えられた。

それから一、二日のうちに、ランをもう一度設計し直さなければならないことが明らかになった。この空間にフェンスで区切ったスペースを三つ作り、各部屋が別々の入り口で奥の小さな物置につながるようにしようという計画だった。

ナウザードには自分だけのランが必要だ。ナウザードは、RPGとAKが絶えずじゃれ合っているのが、あまり気に入らない様子だった。ナウザードとＲＰＧのあいだではすでに〝言い合い〟があったようなので、わたしたちは二匹を離しておいたほうがいいと考えたのだ。ＲＰＧとはついこのあいだまで大の仲良しだったというのに、ナウザードはヘスコ・フェンスをはさんだ反対側で、自分専用の狭いスペースをうろつきまわれることを、喜んでいるように見えた。

　加えて、ランを区切っておくと、ごはんのときにナウザードを見張っておかなくてもすむというのも便利だった。蝶つがい式の小さなゲートを開けて、ごはんのボウルをなかに押しこめばことは足りるのだ。

　実を言えばわたしは心ひそかに、ごはんをあげる前に犬たちをずらりと目の前に並んで座らせることを夢みていたのだが、そのためには訓練する時間を取らなければならないし、われわれにいちばん足りないものこそ、その時間なのだった。

　ジーナはまるで犬たちのお母さん役といった風情で、自分だけのささやかなスペースに腰をおろしたまま、まわりの様子に目を配っていた。慰労休暇《R&R》に行っているあいだに、子犬の育て方についてはネットで調べておいたので、いまはわたしにも、ジーナには子犬のために自分だけで使える部屋が必要だとわかっていた。ジーナはフェンスで区切られた場所に入れられることについては、まったく不満を持っていないようだった。

　入居者全員が期待に満ちたまなざしで見つめるなか、わたしは余りものの携帯食《レーション》の山をかきまわして、今日の分のごちそうを手にとった。

　犬たちを分けて入れられるこのランのできばえに、わたしはたいへん満足していた。どうしてもっと前からこの建物を使わなかったのかと思うほどだ。ナウザードは、すでにお気に入りの場所となったふたつの古い土嚢の上で、フェンスに体重を預けて寝転んでいる。そこからなら、この敷地の唯一の出入り口にも、隣の犬たちが遊んでいる様子にも目を光らせることができた。ＲＰＧとＡＫがあまりに追いかけっこに熱を入れていると、ナウザードはまるでもう少し静かにしろとでも言うかのように、寝転んだまま吠えてみせるのだった。

三つのランの掃除を終えたちょうどそのとき、迫撃砲の弾が空に弧を描いて飛んでくる例の音が聞こえた。

「みんな、またおでましだぞ」犬たちに向かってそう言いながら、わたしはゲートを飛び出した。しかし犬たちはとっくの昔に、それぞれの避難場所の奥に引っこんでいた。このまましばらくは、外に出てくることはないだろう。

それからの二時間、わたしは北の歩哨所《サンガー》でタリバンを相手に戦った。タリバンはこの拠点のなかに迫撃砲を落としたくてしかたがないと見える。小さく歓声があがり、米軍の攻撃ヘリコプターが戦闘に加わった。ヘリは二発のヘルファイア・ミサイルを敵陣の上に落とした。ホッとしたのもつかの間、タリバンは対空砲らしきもので、ヘリの兵装パイロン〔胴体の下にミサイルなどを取りつけるための支柱〕に砲弾を数発くらわせることに成功した。これが物事のなりゆきを決定づけ、大物に呼び出しがかけられた。大物とはつまり、B1爆撃機のことだ。こいつがいまから、タリバンの射撃位置に七〇〇〇ポンドの爆弾を落としにやってくる。

ここにいる者は、全員が無線で三〇秒のカウントダウンを聞いているのだから、われわれにはこれからなにが起こるかがよくわかっていた。そしてわたしには、それに加えてもうひとつわかっていることがあった。使われていない狭い物置の奥に、これからやってくる衝撃のことなどなにひとつ知らずに隠れている犬たちがいることだ。しかしいまはどうすることもできない。

覚悟はしていたが、それでも一〇〇〇メートル強しか離れていない着弾地点からの爆風には度肝を抜かれた。谷底からわきあがる爆音が山まで響き渡ったその瞬間、犬たちがどれほど恐ろしい思いをしたかと考えると、胸が痛んだ。

キノコ雲がゆっくりと雨模様の午後の空にのぼっていくあいだも、わたしは爆発に巻き込まれたであろうタリバン兵を気の毒に思ったりはしなかった。タリバンがワトソン海兵に待ち伏せ攻撃をしかけた時点で、やつらはみずからの運命を決定したのだ。

こうした絶え間ないタリバンとの戦闘が、弾薬の深刻な不足を招いていた。これを解決するには、大規模な補給作戦を決行するしかない。

すべての物資を運ぶためにはヘリが一〇機ほど必要になるが、使用可能なヘリの数が限られるため、これはちょっと実現しそうになかった。そこで輸送機C130ハーキュリーズに出動を要請し、ナウザード付近の砂漠に物資を荷台《パレット》ごと落としてもらうことになった。わたしはボスから、砂漠に出ていって投下地帯を確保し、周囲が安全で障害物のないことをパイロットに信号で知らせる役目を仰せつかった。

今日もまた、犬たちに会いにこられたのは午後八時になったころで、しかもほんの短い時間しか一緒にいられない。すぐにでもまぶたを閉じたくてたまらなかった。全員にごはんをあげてから、ナウザードのランにふらふらとはいりこみ、背中を冷たい泥壁に預けてしゃがみこむ。ナウザードがトコトコと駆けてきて、わたしの隣に腰をおろした。根元だけ残った耳をなでてやると、ナウザードはわたしの手に頭を押しつけて、もっと強くなでろとせがんだ。それから数分のあいだ、わたしはナウザードの言うとおりにしてやった。腕時計のアラームを二〇分後に鳴るようにセットすると、自分でも気づかないうちに寝入ってしまった。凍えながら目を覚ましたときには、まるで一〇秒しか寝ていないように感じたが、実際は二〇分が経過していた。ナウザードはまだ隣にいる。わたしはしぶしぶ立ちあがったが、睡魔はまだわたしを夢のなかに引きずりこもうとがんばっていた。長い夜になりそうだった。

クリスマスの真夜中の一分過ぎ。パイロットは図ったようなタイミングでやってきた。わたしが滑走路を示す赤外線ストロボライトのスイッチを入れた瞬間、接近してくるハーキュリーズ輸送機の低いうなりが、パレットの投下地帯の上空を満たした。うなりはすぐに轟きに変わり、巨大な輸送機の黒いフォルムが頭上を――本当にぶつかるかと思うくらいに頭の上スレスレを通過した。

機上輸送係が荷を満載したパレットをからっぽの夜空にバラバラと投下した瞬間、わたしはC130が思っていたよりもずっと地面の近くにいることに気がついた。

客観的に見れば滑稽な場面だったに違いないが、突如として自分たちが投下地帯のどまんなかにいることに気がついたわたしたちは、笑うどころではなかった。ここは弾薬を満載した一四個の木製パレットが、ものすごい勢いで落下してくるときにいていいような場所ではない。パレットを支えているのは、薄っぺらなパラシュートの布だけだ。

「しまった。走れっ」わたしはジョンに向かって叫んだ。

早朝の月の薄暗い光では、パラシュートが地面からどれくらい離れた位置にあるのか、正確な判断がつかなかった。しかし一見したところ、パレットを下げたパラシュートの最初のひとつが地面に衝突するまでには、あと数秒ほどしかなさそうだ。パレットはひとつで二トンほどの重さがあるのだから、あれが地面にタッチダウンするとき、自分がその下にいるという事態はなんとしても避けたかった。

わたしのブーツが、涸れ谷《ワジ》の滑りやすい泥の壁面になんとかとっかかりを見つけようとがんばっていた
そのとき、背後で最初の衝撃が響いた。

ジョンはわたしの隣で固まったままその音を聞いている。わたしもジョンも前屈みになると、手で膝をつかんだ。ふたりとも、たったいまオリンピックのボートレースに出場してきたかのように荒い息をついている。

「やられたよ。まさかあんなに近いとはな」

冷たい空気を思い切り吸いこんだとき、いちばん近くにあるパレットが、自分から一〇〇メートルも離れていない場所に転がっているのが見えた。

心臓の鼓動をどうにか普段くらいにまで落ち着かせてから、わたしは無線の送信ボタンを押した。

「０、こちら20Ｃ。サンタのソリが到着した。どうぞ《オーバー》」

「０、了解《ラジャー》。回収しろ。以上《アウト》」

静けさがふたたび暗い山々を包みこむ。あたりはやけにしんとしており、もちろんクリスマス当日の夜明け前という雰囲気はかけらも感じられなかった。

「よし、サンタがなにを持ってきてくれたのか、見にいくとしよう」さっきよじ登ったばかりのワジの岸から飛び降りながら、わたしは言った。

それからの一、二時間はじりじりと過ぎていった。歩哨当番になっていない兵たちも参加して、われわれは砂漠の広い範囲に散らばったパレットを探しまわった。まずは巨大なパラシュートを固定しているストラップやケーブルを取り除く作業からはじめ、それから弾薬が詰まった缶をパレットからおろして、機関兵の運転するワゴン車に積みこむ準備を整えた。

この作戦が行なわれているあいだ、拠点には誰ひとり眠っている者はいなかった。防御任務にあたっていない者は、砂漠に出て作業を手伝っているか、もしくは拠点でトラックの荷おろしをできるだけ手早くすませるために待機していた。荷おろしが早ければ、トラックはそのぶん早めにＵターンして、次の荷を積んでくることができる。

拠点にいる者はすぐに弾薬を缶から出して数を確認し、それぞれ拠点内の適切な場所に運んで保管する。丘《ヒル》の連中は目となり耳となって、われわれがクリスマスの早朝にはじめた奇妙な出しものに、タリバンがほんのわずかでも興味をひかれていないかどうかを、油断なくチェックしていた。

「ハッピークリスマス、軍曹」荷ほどきされている最中の黒々とした弾薬の山に近づくと、くたびれたような声が聞こえた。おっとりとしたウェールズ訛りだ。

わが中隊の班で副官を務めるタフが、太いストラップを切断しようと奮闘していた。タフの部下がひとり、ばかでかいパラシュートの下に埋もれている。無謀にも自分だけの力でパラシュートをたたもうとしたらしい。パラシュートは重量が一三〇キロはあり、普通は三人がかりでようやくトラックの荷台に乗せるのだから、ひとりで扱うのはとうてい無理な話だった。

「メリークリスマス」とわたしは返した。「おまえの田舎のマーサーの女の子たちは、今夜はさぞがっかりするだろうな。おまえが村のパーティに顔を出せないんだから」

「まったくですよ、軍曹《サージ》」タフはようやくストラップを切断すると、脇に飛びのいて弾薬入りのブリキ缶がドサドサと落ちてくるのをよけながら答えた。

「パレットはいくつになりました？」

「一一だ。あと三つ見つけないとな」わたしは夜間照準器をのぞいて、どこまでも真っ平らに広がるナウザードの砂漠を眺めた。「最後の三つは、たぶんちょっと離れた向こうのワジのなかに落ちたんだ」暗闇の奥をなんとなく指さしながらわたしは言った。「あそこにあるんなら、ここからは絶対に見えないからな」

「おい、勘弁してくれよ」パラシュートを頭からかぶって、おばけのまねをしている兵のほうへ近づきながらタフが言った。

「ふざけるな、マイク。そっから出てこい」タフはパラシュートに包まれた頭をぴしりと叩いて、言いたいことを直接相手の体に訴えた。

「おい、タフ、いてぇよ」パラシュートのなかの声が言い、布の下から二本の腕を出して、これ以上殴られてたまるかというようにブンブンと振りまわした。

「マイク、言われたことをきちんとやれ。このアホたれが」

「一〇分くらいしたら無線をくれ。それまでにはほかのパレットも見つけておくから」わたしはタフに言った。

タフの顔は見えなかったが、暗闇のなかで、皮肉っぽい表情でこちらを見ていることは想像がついた。

「せいぜい楽しみに待ってますよ」タフは言った。


早朝の太陽が、東の山の尾根から顔を出そうとしていた。山の端は赤とオレンジに染まり、日光がゆっくりと、アフガニスタンに訪れたクリスマスの日を照らし出した。

そろそろ部下たちに作業を再開させなければ。われわれは砂漠のなかでもう七時間も、弾薬の回収作業を続けている。タリバンがこれほど長くちょっかいを出してこないとは、正直なところ驚きだった。

最後のパレットは、乾ききった砂漠の上を二〇〇メートルも先まで転がっていた。タフのチームがいま、わたしのいる地点に向かっている。ここは傾斜の急な土手の下で、遠くからだとわたしの姿はまったく見えないはずだ。弾薬を土手の上まで引っ張りあげるのは、あまり楽しい作業ではないだろう。

わたしは弾薬入りの箱を束ねている頑丈なバックルやストラップの切断に取りかかった。最後のストラップが切れると同時に横に飛びのくと、山になっていた箱の半数がその場所にガラガラと崩れ落ちてきた。

パレットに積まれた荷のまんなかあたりに隠れていた緩衝材が、ふいにわたしの目を引いた。あたりに転がる弾薬の箱をまたいで、緩衝材に手をのばす。緩衝材はあっけなくはずれ、その下から大きな段ボール箱が出てきた。迫撃砲弾の山のなかで斜めにかしいでいる箱を慎重に持ちあげ、蓋を開けてみる。

早朝の光が箱のなかを照らし出した瞬間、思わず笑みがこぼれた。それは白いアイシングのかかった、昔なつかしい四角いクリスマスケーキで、てっぺんに青いアイシングで「Merry Xmas」と書かれていた。ご丁寧に小さな白い封筒まで添えられている。

カードには、やや太りぎみのサンタが煙突にはまりこんだ絵が描かれていた。サンタが持っているプレゼントの袋は、色とりどりの紙に包まれたプレゼントではちきれそうだ。カードを開くとメッセージがあった。

ナウザード拠点の海兵たちへ
安全なクリスマスを
イギリス空軍の面々より

「ありがとうな、ブリルクリーム・ボーイズ〔ブリルクリームは男性用ヘアクリームの商品名。第二次大戦中、イギリス空軍の兵たちのあいだで人気があったことから、彼らのニックネームとなった〕」わたしはにやりと笑った。

朝早くから重労働に励んだあとに、これほどうれしい贈りものはない。お茶と一緒にこいつを食べたら、さぞかしうまいことだろう。とはいえそれは、とりあえず拠点に戻るまではおあずけだ。

いかにも晴れそうだった空に雲がかかりはじめ、湿気を含んだ空気がかなり暖かみを帯びてきた。いまいましいパラシュートの最後のひとつを引きずりながらドロドロの砂漠を歩いていると、体中から汗が吹き出した。

最後の弾薬箱を車に積んで拠点に戻ったのは、八時を少しまわったころだった。拠点までの短いドライブのあいだ、クリスマスケーキの箱はわたしの膝の上でしっかりと確保されていた。

疲れた体に鞭打って大急ぎでパラシュートをたたみ、倉庫として使っている金属製のＩＳＯコンテナに運び入れた。

パラシュートは後日、あらためてバスティオンに戻されることになっている。

「みんな車のまわりに集合しろ。ケーキの時間だぞ」目のまわりの汗と泥を手でぬぐいながら、わたしは叫んだ。

ケーキは一瞬のうちに、何本もの泥だらけの手に奪われてすっかりなくなった。湯気の立つ甘い紅茶でケーキを喉に流しこみながら、われわれはその日の歩哨当番表の調整をすませた。予定されている作戦もないので、タリバンがクリスマスのサプライズを用意していない限り、静かな一日になりそうだった。

普段から湯沸かし用に使われている古い弾薬箱で急いで湯を沸かし、シャワー容器を満タンにする。五分後にはもう、わたしはひげ剃りをすませ、おろしたての下着と清潔な靴下を身につけていた。ズボンのほうは、先週はいていたのと同じものだ。もう一本のズボンは二日前に洗ったが、まだ乾いていないのだからしかたがない。わたしはR&Rの際に、家からバーベキューのときに着るとっておきの真っ赤なTシャツを持ってきていた。リサはこのシャツが大嫌いだったが、そう言われれば余計に着たくなるのが人情というものだ。

アフガニスタンに戻るわたしが、このシャツをデイパックに詰めているのを見たリサは、お願いだからあなたが最後に向こうを離れるときに、それをタリバンにあげてきてちょうだいと言っていた。

母からは、クリスマス用のトナカイの角とピカピカの赤い蝶ネクタイが届いていたので、これでわたしのクリスマス・ファッションは完璧だった。ベッドの下から、やはり休暇のおりに持ち帰ってきたチョコビスケットの詰め合わせを引っ張り出し、ボディアーマーをつけて、歩哨についている部下たちの様子を見に出かけた。行く先々では誰もが疲れた顔をしていたが、それでもわれわれには黙々と働き続ける以外に選択肢はない。クリスマスだからといってサンガーをからっぽにするわけにはいかないのだ。

拠点をひとまわりして、ビスケットの箱も空になるころには、わたしのおなかはかなりふくれていた。サンガーに立ち寄るたびに、自分も甘ったるいチョコビスケットをつまんでいたせいだ。部下だけに食べさせるなんて、そんなもったいないことができるはずがない。

厨房へ行ってみると、ダッチーはすでにエプロンをつけて、ジャガイモの皮を剝いては鍋に放りこんでいた。わたしは入り口を通って厨房にはいったところで足を止め、もう一度ドロドロにぬかるんだ中庭まで引き返した。

「ワオ、こんなのいつ作ったんだ?」わたしは信じられない思いで、グルカ兵が超特急で用意してくれた手作りオーブンを見つめた。オーブンは小さな厨房の外壁にくっつけるように設置されていた。

「おまえが砂漠ではしゃぎまわってるときだよ」ダッチーが言い、わたしの服を見て頭を振った。「グルカの伍長が、おれたちが七面鳥で困ってるって話を聞きつけて、助けてくれたんだ」

それは工学技術の粋を集めたみごとな作品だった。オーブンの材料は廃棄されていたドラム缶で、それを洗ってふたつの古いレンガの上に乗せ、土嚢を使って壁にぴたりと固定してあった。ドラム缶の前面にはA4サイズくらいの穴が開けられ、蓋は穴の脇に蝶つがいで留めてある。ドラム缶の内部にはブラケットが四つ溶接されており、それが、やはりグルカ兵が持ってきてくれた二枚の天板を支える横木の役割をはたしていた。

ドラム缶の外側には、全体に厚さ五センチほどの泥が塗られている。オーブンの下から、泥を突き抜けてゴムのガスホースがくねくねとのびていた。二歩うしろにさがって、角の向こうをのぞいてみる。ガスホースのもう一方の先端は、高さ二メートルのガスボンベに直《じか》につながれていた。

「いったいどうやってガスに接続したんだ?」あまりの驚きに若干うろたえながらわたしは言った。

「おれに聞くな」ダッチーが言う。「さっさとこっちに来て手伝え」

古くから続く伝統により、階級の低い兵士たちは、クリスマスディナーを自分の上司である軍曹や将校から給仕されることになっている。ダッチーとわたしは今回、さらにその上をいって、自分で食事を作るところからはじめることになったわけだ。

それから二時間のあいだ、機関将校にも手伝ってもらいながら、われわれはガスレンジと手作りオーブンで作れる限り、めいっぱいたくさんのクリスマスのごちそうを用意した。じっくりと焼けていく七面鳥の様子をみようと、グルカ兵が作ってくれたオーブンのドアを開けるたびに、なかからは驚くほどの熱風が吹き出した。オーブン用のトングがなかったので、七面鳥を動かすのにはきれいに洗った金属製の杭を使っていた。

七面鳥を切り分けるにおいだけで、兵士たちは興奮でざわめき、給仕用のテーブルにはあっという間に黒山の人だかりができた。隊の副司令官がやってきて、順々に食事を配り、一列になって進んでくる兵たちにメリークリスマスと声をかけた。

「おいマジかよ、見ろよ――ソーセージのまわりにベーコンまで巻いてあるぞ」ひとりの海兵が、目の前で湯気を立てる皿によだれを垂らしながら言った。ありがたいことにまだ雨は降っていなかったが、兵士たちの列はくるぶしまでの深さの泥の上にのびており、その様子はいつか写真で見た音楽フェスの光景を彷彿とさせた。

「あのソーセージのベーコン巻きは、かなりの自信作だ」ダッチーがささやいた。

「まあ悪くないよ。でもおれが作った焼きポテトのほうが人気があると思うけどね」にやりと笑いながら言い返す。わたしはまだバカみたいなトナカイの角と真っ赤なＴシャツを着ていた。

中隊先任軍曹《CSM》が自分の分の食事を受け取りにぶらぶらと歩いてきた。「たいしたもんだぞ、おまえたち。本国に戻ったら、所属の変更を推薦しよう」

「大きなお世話ですから」肉を切り分けている皿から熱々の七面鳥を口に放りこみながら、ダッチーが言い返した。

「おまえたちふたり、それぞれ兵をまとめて一小隊ずつ、二時と三時に本部の建物に連れてこい。わかったな」

「なにがあるんです？」

「サンタが来るんだよ」歩き去りながらＣＳＭが言った。

ダッチーに目をやると、彼も困惑した表情でこちらを見ていた。どうやらわたしたちふたりとも、なにも知らないようだ。

午後二時過ぎ、部下を連れて本部の建物にはいったとたん、わたしは盛大に吹き出してしまった。部屋は中隊の副司令官とCSMの手で、残りもののデコレーションで飾りつけを施され、床には、ここ数週間のうちに少しずつ届いていた福利厚生の一環のクリスマス小包が並べられていた。

これらの小包は、イギリス海兵隊協会のタビストック支部の人たちが中心となって、靴箱にあれこれと気の利いたものを詰め込んで送ってくれたものだった。箱のなかには、カミソリ、歯磨き、お菓子など、軍からは支給されない類の物がはいっている。しかしわたしと部下たちが声をあげて笑ったのは、その箱のせいでなかった。

カーペットが敷かれているスペースのまんなかに椅子が置いてあり、そこにはなんとサンタクロースが座っていたのだ――缶ビールを飲みながら。

もちろんそれは本物のサンタクロースではなく、医療助手の〝スカウス〟【リバプール出身者の意】だった。海軍の一員でありながら、彼はあごひげを生やすことを許されていた。それもかなり立派なものだ。いまでは下あごから耳までが、黒いもじゃもじゃとした茂みにすっかり覆われている。サンタクロース級とまではいかないが、なかなかたいしたひげには違いなかった。その彼が赤い衣装を身にまとってサンタクロースもどきとなり、ナウザードに降臨したというわけだった。

「ホーホーホー！」スカウスが叫んだ。強いリバプール訛りは隠しきれない。「こちらに来て膝にお座り、ちっちゃなお友だち。サンタのおじさんに欲しいものを教えておくれ」

「サンタさん、悪いがおれは遠慮しておくよ」わたしは叫んだ。「でもティムが行きたそうにしているぞ」

わたしはうちの隊でいちばん年下の兵を推薦し、ティムは抗議もせずにスタスタと歩いていくと、サンタの膝にどすんと腰をおろした。

「いってぇ」スカウス・サンタがうめいた。ティムのボディアーマーが膝に食いこんだのだ。「きみはいい子にしてたかな？」椅子のうしろに置いてある大きな箱に手をのばしながらスカウスが言った。

「もちろんです」ティムは答えた。スカウスに調子を合わせてにっこりと微笑んでいる。いや、本当に調子を合わせているだけで、まさか本物のサンタだと信じていなければいいのだが。

「それなら、サンタのおじさんがビールをおごってあげよう」サンタは言い、箱から出したばかりの冷たい缶ビールを差し出した。

「さっきのは取り消します――次はぼくです、サンタさん！」わたしが先頭を切って飛び出すと、そのうしろにスカウスの膝に乗る順番待ちの列ができた。

＊

サンタはビールのほかにも、軍支給の赤いクリスマスデー・ボックスを配ってくれた。世界のどこで任務に就いているかは関係ない。地上で作戦に参加していようとも、海上にいようとも、イギリス軍の一員である限り、この日には必ず小さなクリスマスデー・ボックスが届けられることになっている。サンタと一緒に腰をおろしてビールを味わいながら、わたしたちは箱のなかをごそごそと探ってみた。小さなクリスマス・プディング、サンタの帽子、おもちゃのパチンコといったこまごまとしたものがはいっている。

わたしたちはグルカ兵にも声をかけ、拠点での生活を快適にするために力を尽くしてくれた彼らの労をねぎらった。グルカ兵たちは小さな子どものようにクスクスと笑いながら部屋にはいってきて、大きな歓声と、どなり声バージョンの『ウィ・ウィッシュ・ユー・ア・メリークリスマス』の歌に迎えられた。グルカ兵たちの上気した顔を見れば、彼らがどんな気持ちでいるかは十分に伝わってきた。彼らは終始ニコニコ顔で、興奮したようにネパール語でしゃべり続けながら、ひとりずつ順番にビールとお楽しみボックスを受け取った――もちろんサンタの膝の上でだ。

小さな部屋はじきに、やかましい笑い声と甲高い叫び声でいっぱいになった。また誰かがパチンコの餌食になって、クリスマス・プディングのかけらをぶつけられた。別の隅はさらに盛りあがっており、お楽しみボックスにはいっていた小さなプラスチックのレーシング・カタツムリで、兵たちが互いに勝負を挑んでいた。

ひとり残らずサンタの帽子を頭にかぶり、それから女王への敬礼も忘れなかった。すべての箱の底には、小さな金メッキの額縁に入れられた写真がはいっており、そこから女王がこちらを見あげていたのだ。

全員がいったん立ちあがって写真に敬礼をし、それからまた腰をおろして、くしゃくしゃになった紙や、放り出された箱やラッピングにまみれて笑い転げた。

部屋を見まわすと、ふたりの部下がクリスマス・プディングをめいっぱい口に詰めこむことにチャレンジしているのが見えた。馬鹿なことはやめろと言う代わりに、まわりの兵たちは自分のプディングをわれ先にと差し出し、記録を破れと励ましていた。しまいには両方の選手がむせて、ぱさぱさのクリスマス・プディングをそこらじゅうに吹き出して勝負は終わりになった。

われわれはたっぷり一時間、陽気なバカ騒ぎを楽しんだ。こんな時間はめったにない。誰ひとり、故郷のなにが恋しいなどという話はしなかった。みんなクリスマスディナーを食べられるとは思っていなかったし、ましてやサンタがビールを持ってきてくれるなどとは、予想もしていなかったのだ。

部屋を見渡しながら、わたしの胸には部下たちへの誇りがわきあがった。クリスマスに家にいられないことで文句を言う者はいなかった。彼らはただ前向きに仕事に取り組んでいる。このくらいのお楽しみはあって当然だ。

今日はノンストップの忙しさだった。犬にもほとんど会いにいけず、午前中に大急ぎでごはんをあげたきりだった。午後の遅い時間には、サンガーに何時間かはいって、何人かの部下に臨時の休憩をやった。時間はのろのろと過ぎ、わたしはここ二四時間の睡眠不足がいよいよ体に堪えてきたのを感じていた。ダウンジャケットをしっかりと着こんでいても、サンガーの銃眼から吹きこんでくる風の冷たさがやけに身に染みた。空には雲がなく、この分なら夜になれば、気温は零度をはるかに下まわるだろうと思われた。双眼鏡を通して見える景色は、わたしたちがここに来て以来、ずっと変わらない。このところ寒さが厳しさを増してきたので、地元の住民も暖かい火のそばに引きこもってしまったらしい。

わたしはぼんやりとイギリスにいるリサのことを思い浮かべ、いまごろ彼女はなにをしているだろうかと考えた。ベッドの下にプレゼントを隠してきたので、今夜電話するときにそれをリサに伝えるつもりだった。ふたりともクリスマスにはさほどこだわりはなかったが、それでもいまイギリスでリサと一緒にいられたなら、きっと楽しかったに違いない。

タリバンが攻撃をしかけてこなかったのは驚きだった。今日がクリスマスだということに敬意を表して小休止にしたのかもしれないが、どうもそれはそれよりも、昨日の交戦で深刻な打撃をこうむったと考えるほうが現実的だし、少なくとも個人的には、ぜひともそうであってほしかった。

クリスマスにトナカイの格好をしたジーナ

暗くなるころ、わたしは犬たちのところにごはんをやりにいった。手には七面鳥の関節部分から切り取った薄い肉を四枚持っている。なんといっても、今日はクリスマスなのだ。

ランがある建物の敷地に足を踏み入れたとたん、四匹が吠えたり、ピョンピョンと跳びはねたりして大喜びする気配が耳に届いた。いつものとおり、ジーナはゲートにいちばん近い場所にしっかりと腰を据えて、興奮で体を震わせながら、高音のクーンクーンという声を狭い中庭に響かせていた。デーブがわたしより先に来てごはんの準備に取りかかっており、ボウルにパックの中身を絞り出していた。フェンスのてっぺんに沿って結びつけたクリスマスのモールは、もうずいぶんとくたびれている。

「ついさっき歩哨が終わったんだ。ペンは忙しいだろうと思ってさ」ポーク&小麦粉団子《ダンプリング》をボウルにあける作業を続けながらデーブが言った。

「ああ。たったいま北のサンガーにはいってきたところだ」ごはんの上に七面鳥のスライスをのせながらわたしは答えた。

「こりゃあ犬たちは大喜びだぞ。でもほかの兵たちには内緒にしといたほうがいいんじゃないか」

「ああ、そうだな」

「ジーナにいちばんでかいのをやろう。いまはたくさん食べなきゃな」ジーナのほうをあごで指しながらデーブが言った。

　確かにデーブの言うとおりだ。ジーナのおなかはもうはちきれそうに大きい。子犬たちが姿を現すのも、そう遠いことではないだろう。

「みんな、ハッピークリスマス」いい子で待っていた四匹の前にふたりでごはんのボウルを置き、一歩さがりながらわたしは言った。

　ナウザードの町からやってきた犬たちは、生まれてはじめてのクリスマスディナーに猛烈な勢いでかぶりついた。

第15章　限界

ダッチーとわたしがまたもや厨房にはいって、ボクシングデー［クリスマスの翌日］のディナーとなるチキンの白ワイン煮とパスタの準備に取りかかっていたとき、突然、すさまじい爆発音が響いた。

「0から全部署へ。いったい何事だ？　どうぞ《オーバー》」

「0、こちら歩哨所《サンガー》1。たったいま、クソロケット弾がわたしの射撃位置をかすめました。オーバー」無線の向こうの誰かが動揺した声で叫んだ。

「0、こちら丘《ヒル》。了解。確かにロケット弾の音でした。オーバー」

くそっ、あいつら今度はなにをはじめやがった？

タリバンはこのところ、107ミリロケット弾を撃ってくるようになっていた。107ミリロケット弾は古いタイプの砲弾で、手作りの木製発射台から撃ち出すことができる。そのためロケットを発射したあと、射手は極めて容易に、すばやく身を隠すことが可能なのだが、即席の砲台から飛んでくる弾の射程距離と正確さには、まだまだ改善の余地があった。とはいえ当然ながら、タリバンの射撃チームにツキがまわってこないとも限らない。

「警戒態勢」の叫び声が拠点のあちこちからあがり、ダッチーは厨房のガスを止めた。パスタをゆでている鍋は、このまま放っておくしかない。

サンガーに向かって走りながら、わたしはあまりに見慣れた爆発の煙が、外壁のゲートからあまり離れていない場所であがっていることに衝撃を受けた。

「やけに近かったな」わたしとは別の方向へ走りながら、ダッチーが叫んだ。

次のロケット弾が頭上を飛んでくる轟音に、わたしは足を動かしたまま身をかがめたが、今度の弾は拠点のほうではなく、ヒルがある南の方角へまっしぐらに飛んでいった。誘導装置のないロケット弾は幸い、ヒルよりもずっと南の、誰もいない耕地で爆発した。

金属製のラダーを駆けあがり、サンガーの土嚢のあいだに飛びこむ。ハッチはすでに射手たちに向かって、はるかタリバン・セントラルの方角にある目標を狙えと指示していた。

「クリスマス休暇の埋め合わせですね」ハッチがこちらに向かって叫んだ。ハッチはアドレナリンで目を輝かせながら、遠くを見渡しつつ、若い射撃チームに修正を命じている。

クリスマス当日を別にすれば、わたしが慰労休暇《R&R》から戻って以来、タリバンは毎日欠かさず攻撃をしかけてきていた。そしてその攻撃は、徐々に目標を正確に捉えるようになっている。やつらの爆弾が拠点を直撃する日も、そう遠くないように思われた。

一二月がじりじりと終わりに近づくころ、わたしは現実の時間感覚を失いかけていた。一日はぼんやりとしたひとつの大きなかたまりとなり、まるで映画『恋はデジャ・ブ』〔一九九三年米。ある田舎町の祭りに参加した主人公が、同じ一日を何度も繰り返すループにはまって抜け出せなくなる物語〕のように、その同じかたまりが何度も繰り返されるように感じられた。二四時間のサイクルは、慌ただしい犬のごはん、朝のミーティング、サンガーの見まわり、哨戒、座り心地の悪いサンガーでタリバンの相手をする時間、武器の手入れ、兵たちの夕食の準備、ふたたび犬のごはん、時間があれば睡眠、そして無線番からなり、それを終えたら、このプロセスがまた最初から繰り返されるのだった。

犬たちと過ごす時間は、わたしにとってますます貴重な息抜きになってきた。ＲＰＧはいつでも眺めているだけで楽しい。彼は一日中ランのなかでAKを追いかけまわしている。それとは対照的に、ジーナはおなかがずっしりと重くなってきたので、ただじっと座ったまま、わたしがなでてくれるのを待っている。

あまりもののポーク&小麦粉団子《ダンプリング》は、じきに犬たちに食べつくされようとしていた。そのときちょうどタイミングよく、ジョンが日課の水の配達をしている最中に、大きな箱三つ分のハラール［イスラムの作法にのっとって調理された食品］のチキンとライスが、手つかずで置いてあるのを見つけてきた。アフガニスタン国軍《ANA》宛に届けられたものだったが、ANAはクリスマスの直前にバスティオン基地に戻ってしまい、それきり後任は来ていなかった。ハラールの茶色い米とこってりとしたチキンは、想像を絶する味気なさだった。

「うちにはこいつを食べるやつはいないだろう」デーブが言った。

「まったくだ」最後の一口を噛みしめて、渋い顔を作りながらわたしは言った。「だからって捨てるのはもったいないよな」

その夜、わたしたちは四匹が揃ってこの新しいメニューにかぶりつく様子を、幸せな気持ちで見守った。ジョンと一緒にボウルを片づけているとき、午後からずっとジョンに聞こうと思っていたことがあったのを思い出した。

「今日、あの白い犬を見たか?」

「どの犬です?」

「おれが北のサンガーから本部の建物のほうに歩いていくと、やけに元気のいいやせた小さな犬が、弾薬庫の影から飛び出してきたんだ」わたしは説明した。「おれの足もとを二、三回ぐるぐるまわったと思ったら、ダーッと駆けていって、ゲートと壁のあいだの隙間を抜けて出ていっちまった。それにしてもあんな隙間をどうやって抜けたんだか。幅は一五センチもないんだ。また犬が戻ってこないように、隙間には木ぎれをはさんでおいたよ」

「そうですか。ぼくは見てませんね。それに、犬はやっぱりこれ以上増えないほうがいいですよ」

ジーナの子どもは、もういつ生まれてもおかしくなかった。子犬が生まれたらどうするべきなのか、わたしにはいい考えなどこれっぽっちもなかったし、犬をレスキューに届ける方法も思いつかなかった。最近では、Eメールも電話も途絶えていた。リサはもう何日も、レスキューと連絡が取れずにいる。レスキューの顧客サービスはお世辞にもいいとは言えないものの、かといってそれに文句を言ってもしかたがない。ときおり考えが煮詰まってくるとつい忘れがちになるのだが、あそこは実際には保護施設というよりも、数人のアフガン人が、施設にやってきた犬などの動物たちの面倒を好意から見ているだけの場所だ。

彼らは野良犬や迷子の動物たちをかわいがって世話しているが、この国ではそうした行為にはめったにお目にかかれない。施設専用の事務所もなく、スタッフが受け取る賃金も、たとえあったとしても、おそらくはほんのわずかなものだろうと思われた。それになにより、彼らは西側の組織と協力しているという事実によって、自分たちの命を危険にさらしているのだ。

厨房へ戻る途中、あたりは風もなくおだやかだったが、気温は沈む夕日に合わせてぐんぐんとさがっていた。ダウンジャケットを着たほうがいいだろう。また寒い夜になりそうだ。

どこかそう離れていない場所に迫撃砲が着弾したドーンという衝撃に、体が震えた。音が拠点の壁の内側に反響しているところをみると、今回は本当に、かなり近くに落ちたようだ。

すぐに無線ががなりたてた。

「0、こちらサンガー4。クソ迫撃砲がおれの隣のクソサンガーに着弾しました。オーバー」威勢のいいリバプール訛りはすぐにわかる。うちの中隊でリバプール出身はスカウスだけだ。

「サンガー4、こちら0。無事か？　オーバー」

「エイ。マジぎりぎりでしたけど、無事です。おれのすぐ隣のクソサンガーに落ちたんスよ。オーバー」スカウスがまた同じことを早口でまくしたてる。迫撃砲があまりに近くに落ちたことで、すっかり動揺しているようだ。

「エイ、サンガー4、こちら0。エイ、まずは落ち着け、エイ」返事の主は、スカウスのリバプール訛りをわざとまねてそう言った。

あとになってわかったことだが、スカウスは極めて幸運だったのだ。ここ数週間降り続いた雨のせいで、彼のいた南西向きのサンガー周辺に並ぶ平たい泥屋根ののった建物は、普段よりやわらかくなっていた。着弾した場所はスカウスから一メートルちょっとしか離れていなかったものの、迫撃砲の弾頭は雨の染みこんだ屋根をそのまま突き抜け、下の固い地面に当たった時点で爆発した。そのおかげで、爆発の衝撃はからっぽの建物と分厚い泥壁の内側に閉じこめられることになったのだ。

もし爆発が起きたのが屋根の上だったら、スカウスはもう二度とサンタクロースの役ができなくなっていただろう。

まさに間一髪だった。あまりにきわどかった。

ラダーをのぼってサンガーにはいり、タリバンの次なる出しものに備えていると、わたしの心にはまたもや犬たちのことが浮かんできた。拠点の状況は徐々に悪化しており、誰も口には出さないものの、ときには恐怖を感じることもあった。わたしは犬たちが、小さな物置の奥にしっかりと隠れていてくれることを願った。

あの犬たちには、絶え間ない戦いのBGMからのがれるという選択肢はない。毎日がガイフォークス・デー〔イギリスで毎年一一月五日に行なわれる行事。大量の花火が打ち上げられる〕のようなものだ。そしてわたしたちよりも犬たちのほうが怖い思いをしていることは間違いない。われわれは少なくとも、この大音響がなぜ起こるのかを知っている。たとえそれをコントロールすることはできないにしてもだ。

数日前、頭上を飛んでいくジェット戦闘機に、ナウザードがどう反応するかを目にする機会があった。そのジェット機は、タリバンを威嚇するために周辺を飛行していたのだ。ランの真上からジェット機の騒音が降ってくると、ナウザードは大慌てで駆け出し、古い物置のなかに置かれた段ボール箱に身を隠した。いくらビスケットを差し出しても、ジェット機が頭上でうなりをあげているあいだは、ナウザードは決して外に出てこようとはしなかった。体をぎゅっと丸めて、少しだけ残っている耳をピタリとうしろに倒し、大きく目を見開いたまま、大丈夫だよ、心配いらないと懸命に話しかけるわたしの顔をじっと見つめていた。なにを言おうとも、ナウザードを安心させることはできなかった。ナウザードはピリピリと神経をとがらせている様子で、思えばそれは、当然と言えば当然の反応なのだ。ここにいる人間たちだって、みな同じような状態なのだから。

その夜は静かで、みごとな月が輝いていたので、わたしはナウザードを、このところちょくちょくやるようになった拠点内の夜の散歩に連れ出すことにした。

ここ数日、わたしはナウザードのことが少し心配になっていた。ナウザードはいまランにひとりでいるため、遊び相手がいないのだ。ランの配置を変えて以来、わたしがごはんをやるのは楽になったし、またとくに食事どきなど、ナウザードが暴れた場合のことを考えると、ほかの犬にとっても以前より安全性は増していた。しかしわたしは、こんな風に隔離されているのは、ナウザードにとってよくないだろうという気がしていた。

運動に連れ出さなければ、ナウザードは一日中クッションの上に寝転がったまま、おしっこをするときだけにしか起きあがらない。しかしナウザードの場合、拠点で出会うほぼ全員に対して、どういう反応に出るか予測がつかないため、安心して散歩ができるのはどうしても夜のあいだだけになった。

なんとももどかしかった。ナウザードは生まれつき凶暴なわけではない。原因はこれまでの生活において、ナウザードが受けてきた扱いにある。あらためて訓練をしてやるだけの時間は取れず、かといってナウザードが誰かに噛みつく危険を犯すわけにもいかないので、わたしは文字どおり、常に手綱をきつく締めておかなければならなかった。

補給の際に使われたパラシュートから切り取った太いストラップを使って、わたしは犬用のリードをこしらえた。このリードを首に巻いて歩いているときでも、ナウザードはまだ突然前に飛び出したり、うしろ足で立って知らない人を威嚇しようとするのだった。わたしはそのたびにがっくりと肩を落とした。こちらがなにを言おうとも、どれだけきっぱりとした態度を見せようとも、ナウザードは誰かが自分から三メートル以内を通るたびに、グルルルという恐ろしいうなり声をあげて歯をむきだすのを、決してやめようとはしなかった。

ナウザードの攻撃性の根っこにあるものがなんなのか、わたしにはわかっていた。ナウザードはわたしを守ろうとしているのだ。その気持ちは、落ち着かせてやることができるものだと、わたしは確信していた。ただしそれには時間がかかる。そして時間こそ、わたしにいちばん足りないものだった。

すべての犬たちのなかで、わたしが将来をもっとも心配しているのはナウザードだった。たとえレスキューに無事送り届けられたとしても、ナウザードをペットとして選ぶ人はいないだろう。結局はレスキューのスタッフが、やたらと頑固な闘犬を嫌々ながら世話することになるのがオチだ。もしそうなれば、スタッフに残される選択肢はひとつしかないだろう。

そんなことは考えるだけでも耐えられなかった。

ジョンがウォーターポンプの脇に立って、燃料缶《ジェリカン》に水を入れていた。わたしは方向を変えてジョンのほうへ歩いていった。ジョンはまだ年若い青年だったが、わたしたちはお互いやけに馬が合い、わたしは彼と顔を合わせるたびに二、三分、そのときどきで思いついたことをおしゃべりするのを楽しみにしていた。この夜わたしはふと、そういえばジョンがどこの出身だとか、いま何歳かという話を聞いたことがなかったなと思い、聞いてみることにしたのだ。

「元気かい、ナウザード」とジョンは言い、ポンプについているタップをひねって、近づいてくるわたしたちのほうに向き直ろうとした。

　そのとき突然、なんの前ぶれもなしに、ナウザードがジョンの足に飛びかかって、背筋が寒くなるような荒々しい吠え声をあげた。幸い、ジョンはすばやく体を引いたので、ナウザードの歯の餌食にはならずにすんだ。ジョンの動きがもう少し遅かったら、ひどい怪我をしていたに違いない。

「おい、いったいどうしたんだよ」ジョンが叫んだ。

　ジョンはわけがわからないという表情だったが、わけなどわたしにもわからなかった。ジョンは見知らぬ他人ではない。ときどきナウザードにごはんをあげにきているではないか。

　心の奥のほうで、なにかがぷつりと切れた。タリバンから射撃練習の的にされていることへのイライラや、何ヵ月も続く睡眠不足のツケが一気に吹き出した。もうたくさんだ。

「ナウザード！　いいかげんにしろ！　もうおしまいだ」わたしは叫んだ。即席で作ったリードをグイッと引き、ナウザードの尻が地面につくほど力まかせに引っ張る。そしてナウザードをそのままゲートのほうへ引きずっていった。「レスキューに行ったって、おまえのことなんて誰ももらってくれないぞ。おまえはどうしようもない厄介者だ！」

　ジョンはショックを受けたような顔でこちらを見ていたが、しばらくするとポンプのほうへ向き直った。

　ゲートを犬が通れる分だけ開くと、わたしはすかさずナウザードのがっしりとした体をその隙間から押し出した。ナウザードは最初、前足で地面をひっかいて抵抗したが、わたしの力のほうが強かった。ナウザードは一声も鳴かなかった。おそらく、こんな夜中にわたしに無理矢理追い出されたことで、すっかり動揺していたのだろう。

　月はやけに明るく、霜に覆われた地面はキラキラと輝いていた。わたしはナウザードがゲートを離れ、道を渡って隣の建物を囲う壁を通り過ぎ、町の東側の空き地のほうへ去っていくのを見つめていた。

　角まで来たところでナウザードは足を止め、ほんの一瞬、わたしのほうを振り返ってから、夜のなかへと消えていった。

大きく二回息をつくと、いま起こったことが実感として迫ってきた。一緒にあれだけのことを乗り越えてきたナウザードを、わたしは追い出してしまった。もうこれでおしまいだ。

罪悪感が胸を突いた。でもわたしにはどうすることもできない。すでに過ぎたことだ。

わたしはベッドを目指して、いまや無用の長物となったリードを手にしたまま歩いていった。眠りたい。ドッと疲れを感じた。

わたしは完全にまいっていた。この二ヵ月間、自分はアフガンの闘犬の面倒をきちんと見られるはずだと、なんとか思いこもうとしてきたというのに、すべては水の泡と消えた。ナウザードのせいではない。ただこれが自然のなりゆきなのだ。もう一度、自分は正しいことをしたのだと、自分に向かって言ってみる。氷のように冷たい部屋でベッドに腰をかけ、ブーツを脱いだ。おっくうで服を脱ぐ気にもなれない。あとたったの三時間で次の無線番だ。

ナウザードのことを考えないようにしながら、わたしは夢の世界にただよっていった。


暗闇を切り裂くアラームの音で目が覚めた。一〇分後には、司令室で無線の前に座る順番がまわってくる。時刻はそろそろ午前三時。すべては順調だった。

いや、すべてではなかったなと考えつつ、急いで冷え切ったブーツの紐を結んで、多少なりとも体を暖めようと足踏みをしながら、ダウンジャケットと帽子を身につけた。

外に出る。月はまだ水晶のように透きとおり、あらゆるものが薄い氷のベールに覆われていた。地面の霜をパリパリと砕きながら、わたしは司令室に向かって歩いていった。

そのとき、早朝のしんとした空気を伝わってくるかすかな音に気がついた。

それは犬の遠吠えでも、映画に出てくるような狼人間の吠え声でもなく、クーンクーンという、助けを求める低い声だった。犬が鳴いている。

それが誰だか、わたしにはわかっている。

まだ何分か余裕があるし、寝過ごしてしまったことにすればいいのだからと、わたしは壁に立てかけてある手作りの木のはしごのところまで歩き、上にのぼって、頭を壁のてっぺんから外に突き出した。こうすれば、正面ゲートのすぐ前のひらけた空間を見おろすことができる。

「なんだってんだ。ちくしょう」

胸がジーンとしびれた。

拠点を追い出されたナウザードが、途方にくれた様子でゲートに寄りかかっている。ナウザードはゲートのなかに――自分の家だと思っていた場所に、入れてもらえるのを待っていた。わたしが彼に作ってやった家だ。

「変な考えを起こすんじゃないぞ」わたしははしごを下りながら、自分をしかりつけた。「あいつもじきにあきらめるさ。すぐにどこか適当な隠れ家を見つける。放っておけばいい。もうどうしようもないんだ」

自分自身の心と戦いながら、わたしは司令室の方向へ足を動かし続けた。

ぼんやりとしたまま引き継ぎをすませる。どうせいつもと同じだ。二ヵ月前からずっと変わらない。

時計の針はひどくゆっくりと進み、わたしは座ったまま、地図で埋めつくされた目の前の壁をじっと見つめていた。建物や路地を示す線が徐々にぼやけて、ぐるぐると渦を巻いてひとつの黒い染みになった。

フェンスに寄りかかって鳴いているナウザードの姿が、頭から離れない。犬が孤独や恐怖を感じるとしたら、ナウザードはいままさにそれを感じているのだろう。

「黙れ、ファージング」わたしは自分に言った。「ナウザードは自分でチャンスを捨てたんだ。もう忘れろ」

ふたたび時計に目をやる。分針はどこを指すともなく止まってしまったかに見えた。

わたしは思い切り机をなぐりつけた。

「くそっ！」

通信兵のスリムが椅子から飛びあがった。スリムに限ってそんなことはないのだが、まるで眠っているところを起こしてしまったかのような慌てぶりだった。

「なんだなんだっ」まわりを見まわしてスリムが早口で言った。

「なんでもない」わたしは立ちあがった。「トイレだ。三分で戻る」

わたしはすでにドアを出て走っていた。


もう一度はしごをのぼり、壁の向こうをのぞき見た。ゲートのそばでナウザードを見かけてから、すでに一時間近くがたっている。そこにナウザードはいなかった。

自分がホッとしたのかどうなのか、わたしにはわからなかった。

しかしはしごを一段下りたそのとき、ゲートの下で丸くなっている犬の姿が目に映った。長くのびた影のなかで、ギュッと縮こまっている。

ナウザードはできる限り小さく体を丸め、頭をうしろ足の下にうずめて暖をとろうとしていた。なるほど、最初にのぞいたときに彼の姿に気づかなかったのは、毛皮がキラキラと光る霜に覆われているせいだったようだ。ナウザードの体は長くのびた影と混ざりあって、すっかり見えなくなっていたのだ。

わたしはすべり落ちるようにしてはしごを下りた。心臓が早鐘のように打っている。

しんとした真夜中の拠点に、巨大な金属のバーがあげられ、続いてゲートが開く音が響き渡り、わたしは顔をしかめた。まるでタイタニック号の船体をガンガンと叩いているような騒音だった。

ゲートを自分の頭を突き出せる分だけ開く。ナウザードは頭をあげたが、動こうとはしなかった。

「ナウザード、おれだよ。おいでワン公」わたしはささやいた。

それがわたしの声だとわかると、ナウザードはよろよろと立ちあがった。罪の意識に胸がうずく。短い尻尾をめちゃくちゃに振っているナウザードの毛皮を、丁寧にこすってやる。水晶のような霜が、キラキラと光って地面に落ちた。

ナウザードの頭をなでる。「ごめんな、相棒。こんなことはもう、絶対になしにしような」

わたしが立ちあがると、入れてもらえたことですっかり有頂天になっているナウザードが、わたしの足を前足でちょんちょんとつっついた。ナウザードと一緒に、わたしはゲートのそばで跳ねまわった。こうしてまたナウザードに会えたことが、たぶんナウザードがわたしに会えてうれしいのと同じくらいに、ただただうれしかった。

第16章　笑う警察官

舞い立つ砂ぼこりが徐々におさまり、砂漠にうずくまる人影が見えてきた瞬間、わたしは思わず自分の目を疑った。膝をついている五、六人の男たちの体は、うっすらと砂に覆われていたが、くすんだ青色の服と、彼らが背負っている独特の形状をしたＡＫ47アサルトライフルの筒先ははっきりと確認できた。あれはアフガニスタン国家警察《ANP》だ。

「あいつらは、いまヘリから降りてきたのか?」わたしはつぶやいた。

バカげた質問だった。そのほかにどこから来るというのだ。それにしても誰かが前もって、新たなANPの部隊が来ることを教えておいてくれてもよさそうなものだ。

以前の部隊は数日前、慌ただしく拠点を出ていってしまった。ANPがいなくなったことには、ここにいる誰もが驚かされた。わたしはいまでは、拠点で一緒に過ごしていたあいだ、われわれはもしかすると彼らを完全に誤解し、彼らもまた、こちらを誤解していたのかもしれないと思うようになっていた。ふたつのまったく異なる文化と信条は、最悪の形でぶつかり合い、どちらの側も妥協する余裕を持たなかった。ここ一ヵ月ほど、彼らは何度か彼らなりの流儀の哨戒に出かけて近隣をめぐり、ときおり補給物資を持ち帰ってきたが、それ以上のことはなにもなかった。しかしここを出ていく直前、彼らは突然通訳のハリーを呼んで、これから自分たちはラシュカルガーへ行くので、それをわれわれに伝えてくれと言ったのだそうだ。ハリーがまだ誰にもそれを伝えないうちに、彼らの古い四輪駆動車《フォーバイフォー》のエンジンがかかり、排気ガスを吐き出す耳慣れた音が拠点に響いた。

われわれはただ突っ立ったまま、彼らを見送った。司令官がハンドルを握り、車が加速しながら裏ゲートを出て南へ向かうと、濡れた地面にはタイヤの跡だけが残された。若い警官たちはAK47をいつでも撃てるように抱えたまま、うしろの荷台に積みあげられたカバンや荷物のあいだに座り、轍がついているだけの道を、ガタガタと揺られながら去っていった。車が荒れ地の向こうに見えなくなったあとは、丘《ヒル》の連中が0に、南に向かう彼らの様子について報告を続けていた。

「タリバンの検問がいくつもあるってのに、やつらどうやって通るつもりなんだろう?」ANPの突然の出発に誰もが呆然としているなか、ジョンが言った。

「いちかばちかの勝負ってやつを楽しんでるのかもな」わたしにはそのくらいのことしか言えず、われわれはぶらぶらと拠点のなかに戻って、あまりの慌ただしさに閉める暇もなかったゲートをぴたりと閉じた。

わたしはジョンのほうを見て、それからまた、体の埃を払いながら、互いに興奮しておしゃべりをしている六人の新たなANPのほうを見た。チヌークはすでに、冷たい夜空に浮かぶ黒い点になっている。ANPの集団は、まさに寄せ集めといった風情だった。青い制服は、地面に伏せているあいだに、ヘリが巻きあげた埃にすっかり覆われていた。ひと目見て、彼らの年齢の幅がやけに広いのがわかった。せいぜい一三歳くらいの子もいれば、最年長はわたしと同じ三〇代後半に見えた。

ANPの横には、ひとりの海兵隊員が、こちらも泥にまみれて立っており、青い郵便袋の山のあいだからのんびりと自分の荷物を拾いあげている。ANPのメンバーは、個人的な荷物は持っていないようだった。

「どんなやつらか会いにいってみるか」わたしはジョンにそう言うと、フォーバイフォーのうしろから出てANPのほうへ歩いていった。フォーバイフォーの側面には、このところますますへこみやひっかき傷が増えていた。ヘリから吹きつける暴風よけとして使われるたびに、砂に打たれるせいだ。これが自分の車でなくて本当によかった。

長身で色が黒く、顔の下半分を覆いつくすあごひげをきれいに整えたアフガン人が、前に進み出た。もじゃもじゃとしたくせ毛には、ヘリが巻きあげた砂がうっすらと積もっている。

「サラーム・アライクム」右手を心臓の上に置いてわたしは言った。

彼はにっこりと笑って同じ挨拶を返したあと、ただそこに立ったまま、じっとわたしの顔を見据えてきた。まるでわたしがパシュトー語で先を続けるのを待っているかのようだ。真正面から見つめられて、わたしは思わずそわそわしてしまった。

「オーケー、あー、わたしのパシュトー語はこれだけ。おしまいです」そう言いながらわたしはジョンに「おいどうしたらいいんだ」という視線を送った。

六人のアフガン人は黙ったままわたしを見つめており、彼らの表情は、おそらくは生まれてはじめてだろうヘリの旅を経験したせいで、明るく輝いていた。

「オーケー、車に乗って」ピックアップ・トラックの後部を指さしてわたしは言った。彼らはトラックをちらっと見てから、またわたしを見て、やけに熱心にうなずくと、車に向かって歩き出した。

「おい、そっちは大丈夫か」わたしはひとりだけでやってきた海兵に声をかけた。「ナウザードへようこそ」

「絶好調ッスよ」彼は答えた。

すぐに誰の声だかわかった。「スティーブ！ よく来たな！」

はじめて会ったとき、わたしはスティーブに手の甲をヘラでピシャリと叩かれた。ほんのしばらく滞在したゲレシュクで、朝食の時間にわたしがホットプレートからソーセージを多めにちょうだいしようとしたせいだった。スティーブはわたしより階級が下の伍長だったが、わたしは彼を許してやったし、いまこうして会えたのがひどくうれしかった。スティーブはコックで、しかも腕のほうも確かなのだ。とはいえそのことをスティーブに言うつもりはない。言ったが最後、同じことをはてしなく言わされるのがオチだ。ダッチーとわたしは、これで料理から解放される。

スティーブは一見ぶっきらぼうで、仕事には高い水準を要求し、厨房に圧政を敷くタイプに見えるのだが、実際の彼はとても情が深く、困っている人がいればそれが誰であろうと、懸命に力を貸してくれる。あのときだって、わたしに二本目のソーセージをくれたほどだ。

「どっかの軍曹が卵ひとつもゆでられなくて、大人の手助けが必要だって聞いたもんでね」スティーブはそう言ってわたしをからかった。

「おいおい、なんでおまえが来るんだよ。コックの訓練は世界一パスするのがむずかしいって聞いてるし……」

わたしがオチを言う前にスティーブが割りこんだ。「はいはい、それであんたは訓練にパスしたやつを

「見たことがないって言うんでしょ。ははは。さっさと厨房を見せてくださいよ、負け犬さん」スティーブはそう言って笑いながら、わたしの手を握った。

「もちろん。喜んでお連れしましょう」

いつものように、拠点までのドライブはあっという間に終わった。新たなANP軍団は走っているあいだ、内輪で楽しそうにおしゃべりをしていた。少々驚かされたのは、車が完全に停止する前に、ANPが荷台からやわらかい泥の上に飛び降りたことだった。

彼らはANPの使う建物がどこにあるのかを知っている様子で、わたしたちがハリーを連れてきて拠点で暮らすうえでのルールを説明する前に、勝手に姿を消してしまった。

「前にもここに来たことがあるのかもしれないな」車の座席に座ったまま彼らを見送りながら、わたしは隣のジョンに言った。

あとでボスにANPを引き合わせなければ。

朝食の列に並ぶ兵士たち

スティーブは厨房を見たくてうずうずしていたが、まずは中隊先任軍曹《CSM》との顔合わせのブリーフィングを先にすませてから、ダッチーとわたしがキッチンに案内した。

スティーブは、わたしがこうした状況下にしてはかなりきれいにしているつもりだったガスレンジの表面に人さし指をスーッと走らせた。「チッチッ」油がべっとりとついた指を突き出して、スティーブは舌打ちをした。「きみたち、もう心配はいらないぞ。プロが助けにきてやったからな」

「おいおい。おれたちだって精一杯やってたのに」わたしはわざと傷ついたような声を出した。

スティーブにこのクソ厨房を明け渡すのは大歓迎だった。ついに料理係を免除され、わたしは大いにすっきりしていた。

わたしもダッチーもスティーブの前では決して認めないが、彼がわたしたちよりも腕のいいコックなのは間違いのないところだった。もちろん、悔しいという気持ちなどかけらもない。

そしてどうやらＲＰＧも、わたしたちの意見に賛成のようだった。スティーブがここにきてから数日のうちに、ＲＰＧはランのゲートの隙間からむりやり抜け出し、トコトコと駆けてきて、朝食の列に並ぶ腹ぺこの兵たちの仲間入りをするようになったのだ。ＲＰＧは拠点の裏側の壁際に並べてある砂を詰めた段ボール箱の上に座り、朝食の列がすっかりなくなって、残りものをもらえるのを辛抱強く待っていた。スティーブはいつも、ＲＰＧのためにソーセージを残しておいてやり、ＲＰＧはそれをあっという間にひと飲みにしてしまうのだった。

もう一方の新入りたちも、拠点の雰囲気を変えるのにひと役買っていた。

新たなＡＮＰ軍団はどうやら、前任者たちよりもずっと社交的で気さくな人々らしかった。彼らが庭のまんなかに置いたプラスチック製の椅子に腰かけているところを、わたしたちはちょくちょく見かけた。この庭はおおざっぱに言えば、短く刈り込んだ芝に覆われた正方形のスペースで、三方の辺に沿って低木や奇妙な姿の背の高い花がごちゃごちゃと植えられていた。

今日もＡＮＰは庭に集まっており、そこへ例の動物園でいつものように大興奮のごはんタイムを終えたデーブとわたしが通りかかった。ＡＮＰの様子を見て、わたしたちは思わず微笑んだ。

警察官のうち四人が椅子に腰をかけ、想像上の音楽に合わせて手を叩きつつ、手作りと思われるタバコをふかしていた。武器はぞんざいに地面に放り出してある。

ふたりの若い警察官が、足を高くあげながら、ゆっくりとした動きでステップを踏んでいた。彼らの靴が小さな泥のかたまりを跳ねあげ、周囲の人々は手を叩いてもっと激しく踊れとはやしたてていた。

横を通り過ぎるとき、デーブとわたしは手を振ってハローと言った。このくらいはしても構わないだろうと思ったのだ。以前ここにいた連中に比べれば、まさか彼らのほうがタチが悪いということもないだろう。

警官のなかにひとり、ほかの人よりもいくらか人なつこい性格の人物がいて、彼の日焼けした丸顔の下半分は、短く刈りこんだあごひげに縁取られていた。年齢はおそらく、ヘリの着陸地点でわたしと言葉をかわした警官と同じくらいだろう。この警官は、厨房の開け放たれたドアのあたりをうろちょろするのが大好きで、よくパシュトー語でベラベラとおしゃべりをしていくので、単純ではあるが重労働の厨房作業に取り組むスティーブを少なからずイラつかせていた。

その彼がふいに立ちあがって、わたしたちのほうへ近づいてきたが、輪の中心にいる若者ふたりはあいかわらずダンスを続けていた。「サラーム・アライクム」彼はそう言って右手を差し出した。

警官は目を輝かせ、大きな顔いっぱいに笑顔を浮かべている。わたしたちも思わずバカみたいににっこりと笑い、彼の手を握り返して懸命にパシュトー語で挨拶をした。

彼は太い腕をわたしたちの背中にまわし、椅子のほうに歩き出した。ヘリの着陸地点で挨拶をかわした司令官は、椅子に座ったまま張りついたような笑みを浮かべており、わたしたちはおどおどしながらこの新たなぽっちゃり系の友人のあとをついていった。

「わたしたちは踊りませんよ」意味が伝わらないのはわかっていたが、とりあえずそう言ってみる。

ニコニコしながらわたしたちを庭に案内すると、警官が椅子に座っているふたりの若者に向かってなにやら叫んだ。若者たちは椅子から跳びあがり、椅子の埃を払ってわたしたちにすすめてくれた。

「ありがとう」通じるかどうかはわからなかったが、わたしもデーブもそう言った。

司令官の指示を受けて、一三か一四歳くらいの少年が姿を消した。デーブとわたしは黙ったまま椅子に座り、警官たちは輪の中心でひたすら同じダンスを続ける若者たちに手拍子を送っていた。若者はふたりとも、丈の長い青い制服を着ている。どちらも二〇代前半に見える。おそらくは伝統的な振りつけなのだろうと思われるその動きに合わせて、彼らのくしゃくしゃの黒髪が、軍帽の下でピョンピョンと跳ねていた。

どうか彼らが、わたしたちにも踊れと言い出しませんようにと、わたしは心のなかで必死に祈った。わたしたちをここに引っ張ってきた陽気な警官が目の前に立ち、早口のパシュトー語でなにかベラベラとしゃべっている。

「なにを言っているのかわからないんです」わたしは言い、助けを求めてデーブのほうを見たが、彼は肩をすくめただけだった。

通訳のハリーが都合よく通りかかってくれたらいいのだが、彼の姿はどこにも見えなかった。わたしたちがもう一度肩をすくめてみせても、ご機嫌な警官は目の前に立ったまま、こちらの返答を待っている。ちょうどそのとき、ありがたいことにさっきの少年が、チャイをのせたトレイを持って戻ってきた。トレイにはカップのほかに、大きなボウルに山盛りにしたキャンディものっている。

「ああ、お茶ですね。すばらしい」わたしは言った。ダンスが終わり、トレイのまわりに全員が集まった。椅子にじっと座ったままの司令官に、まず最初にお茶が手渡された。それから銀のポットがわたしたちの前に置かれ、続いて少年がふたつの透明なカップに、やけに濁った薄茶色のお茶をそそいでくれた。水をどこから汲んできたのかが気になったが、のっけからホストの機嫌を損ねたくはなかった。いままではANPの人たちとこれほど親しく話せたこともなかったのだから、なおさらだった。

「ありがとう」わたしは薄汚れたカップを手に取りながらそう言い、お茶をすすった。「あれ、意外とイケるぞ」彼らにはこちらの言葉がわからないだろうという前提のもと、わたしはデーブに言った。どこか違和感があるとすれば、少しだけミントの味がした。

「ありがとうございます、サー」

アフガン人の少年がそう言ったので、思わずお茶を噴き出しそうになった。

「きみ、英語が話せるの？」

「小さいだけ。警察の前に、学校で習う」少年は笑った。

わたしは心のなかで、ANPが到着してからこれまで、彼らに声が聞こえる範囲で自分がかわした会話を必死に再生してみた。わたしたちは誰ひとりとして、ANPが英語を理解しているとは思っていなかった。覚えている限りでは、わたしがなにか機密にかかわるような重要事項を洩らしたことはないと思われた。

司令官が少年に話しかけ、少年はすぐに返事をするとわたしたちに向き直った。

「あなた司令官？」彼は言った。

わたしは自分が軍曹であることを伝えようと、少年に海兵の階級について説明をはじめたが、すぐにこれでは日が暮れてしまうと思い直した。そこでわたしは、手の平を地面に近づけてこう言った。「小さい《スモール》司令官」

それから立ちあがって本部の建物のほうを指さし、手の平をずっと上のほうに掲げて言った。「大きい《ビッグ》司令官」

「ああ！」少年は理解したようで、ボスに向かって話しはじめた。

少年が通訳をすると、アフガン人たちは揃って首を縦に振った。

デーブも負けじと、手の平をわたしがやったよりもさらに地面に近づけて、「すごく小さい《タイニー》司令官」と言い、自分の胸を指さした。アフガン人たちはみな声をあげて笑ったので、どうやらきちんと理解してくれたようだった。

少年は無表情の司令官を指さしてから、汚れた手の平を高く掲げた。「司令官」続いてわたしたちをチャイの会に招いてくれた陽気な警官を指さし、手を地面の近くまでさげた。「小さい《スモール》司令官」

「わかったよ」笑いをかみ殺しながらわたしとデーブは言った。わたしたちはいま、アフガン人と本当に言葉をかわしており、重要なのはその一点だった。

「みんなの名前は？」とわたしは聞いてみた。

少年は司令官からはじめて、座っている警官たちを順々に紹介していった。

司令官は、司令官と呼ばれていた。なるほど。デーブとわたしは司令官に向かってうなずいた。ぽっちゃり系の警官は〝ロジ〟と呼ばれていた。「ロジ？」わたしとデーブは声を揃えて聞き返した。本当に少年がそう言ったのかどうか、自信がなかったのだ。

おおらかな警官はにっこり笑ってうなずいた。「イエス、イエス、ロジ」

それから何分か、わたしたちが名前を復唱し、ANPが熱心にうなずくというのを繰り返して、ようやく全員の名前を覚えた。彼らの名前はティンティン、ジェメル、フセインだった。ティンティンとジェメルは、もしかすると兄弟なのかもしれない。どちらも顔の輪郭が細長く、よく似たほおひげを生やしていた。ふたりのあいだのもっとも大きな違いは、ジェメルがふさふさとしたまっすぐな髪を耳の上あたりでボブのようにカットしているのに対し、ティンティンの大量のくせ毛は小さな帽子の下から飛び出していることだった。ふたりとも同じ紺色の分厚い冬用の上着を着て、前を開けている。フセインはたっぷりとした丈の長いローブを着ており、寒さなどまったく気にならない様子だった。

最後に、少年が自分を指さして名前を言った。「アブドゥル・ラ・ティップ？」デーブがそう言って、正確に聞き取れたかどうかを確かめた。

「イエス、アブドゥル・ラ・ティップ」少年はうれしそうにうなずいた。

「わたしはペニーで、こいつはデーブだ」

「ペニーとデーブ」彼らは声を揃えて復唱した。

それから何分かのあいだ、わたしたちはお互いを指さしては名前を大声で言い合い、あたりは笑い声に満たされた。笑いがおさまると、また手拍子がはじまり、今度はわたしとデーブも進んで手拍子に加わった。

ティンティンとジェメルが立ちあがり、さきほどの踊りを再開した。彼らのすり切れた革のスリッポン・シューズは、重力を完全に無視しており、ふたりが手拍子に合わせてかかとを勢いよく振りあげても、断固として足の先から離れなかった。

わたしが椅子に座ってショーを楽しんでいると、アブドゥル・ラ・ティップがお茶のおかわりをついでくれた。

わたしもデーブも急ぎの用事はなかったし、まともな厨房が欲しいと嘆くスティーブの愚痴を聞いているよりは、ここにいるほうがずっと楽しかった。だからふたりとも椅子に腰を据えたまま手を叩き、もう一杯お茶のおかわりをもらうことにしたのだった。

第17章 隙間から来た犬

今回の徒歩による哨戒は、これまでで最も距離が長くてスピードも遅く、ひどくキツいものになった。しゃがむと広い範囲をカバーするのはいいのだが、道中ではただひたすら止まっては進みの繰り返しだった。しゃがんで射撃姿勢をとり、また立ちあがってというのを何度も続けていると、徐々に背中の痛みが激しくなり、情けないほどつらかった。

しかしそれほどの痛みでさえ、ほんのいっとき忘れて立ちつくしてしまう瞬間があった。そのときわたしの目の前には、これまでにアフガニスタンで出会ったなかでも、とりわけ心が痛む光景が広がっていた。ナウザード西部を通って拠点に帰る途中、わたしたちは町で最大のモスクの脇に立っている、以前は学校だった建物の内部を確認していくことにした。壁に囲まれた広大な敷地のなかには、北と東の壁沿いに校舎が立っており、どちらにもそれなりに広い教室が五、六部屋はあるようだった。

残念ながら、タリバンはわたしたちが来るずっと前にここを訪れていた。

その事実をいちばんはっきりと見せつけていたのは、屋上に土嚢で作られた機関銃の砲座ではなく、白いしっくいの壁に囲まれた教室内の惨状だった。

倒したり壊したりできるものは、ひとつ残らずそのとおりになっていた。ドアやドア枠までが壁から引きはがされている。

しかしわたしがとくに衝撃を受けたのは、ふたつの教室の床いっぱいに、さまざまな形状、大きさ、色の本がばらまかれていることだった。放り出された本の山は、高さが少なくとも三〇センチはあった。教室のなかを歩くには、本を踏まずには進めないほどだ。もっとよく見てみようと、腰をかがめてみる。いちばん上にある本は、開けっぱなしの窓から吹きこむ冬の雨で濡れていた。その下の層にある薄い表紙の本は、どれも端がめくれあがっている。ほとんどの本が、ページ同士が湿気で完全に張りつき、使いものにならなくなっていた。

なにげなく手に取った本には、大きな太字で「English」と書いてあり、その下におそらくはパシュトー語で「English」を意味する文字が並んでいた。表紙のいちばん下には四角い枠があり、この本がカナダの人々からの贈りものであることが書かれていた。

ページをぱらぱらとめくってみる。ページの大半は、果物や家庭用品といった日常的に目にするものの絵で埋められ、その下に大文字でそれぞれに対応する英語の単語が書かれていた。

その本を下に置き、山のなかからまた別の薄い表紙の本を引っ張り出した。やはり雨が染みて、ページ同士が張りついている。こちらはアメリカの福祉団体が寄付した算数の教科書だった。わたしは本を山の上に放った。これはもう使えないだろう。

本の山をあさっていると、手持ちで使う一人用の黒板がいくつかと、濡れた段ボール箱にはいったカラーチョークが出てきた。タリバンはご丁寧にも、チョークでさえ一本一本折っていったので、短すぎてまともに手に持つこともできなかった。

なぜこんなことをするやつがいるのかという思いに呆然としたまま教室を出る。あまりに理不尽な破壊行為に、言うべき言葉が見つからなかった。

部下たちが残りの部屋を見てまわり、ほかも同じ状況だと報告してきた。わたしはボスのところまで歩いていき、いま見てきたものについて伝えた。ボスもやはりわたしと同じく、学校をこんな風に破壊する意味がわからないとあっけにとられていた。教育を捨ててしまえば、タリバンがいずれ失敗するのは目に見えている。いくらタリバンでも、そのくらいは理解できるはずだ。

われわれは黙りこくったまま学校を離れ、拠点へ戻る道をたどった。

通りや路地は、いつものように閑散としている。からっぽの屋台を覆うズタズタに破れたキャンバス地が冬の風にあおられてはためくさまや、永遠に扉を閉じた店舗だけが、かつてはにぎやかだった町の名残を感じさせた。

ナウザード西部を走る大通りの広い交差点に差しかかったとき、われわれは旧ソ連軍のT54戦車が、道のどまんなかに乗り捨てられているのを発見した。それは実に異様な光景だった。戦車はまるで、交差点を飾る風変わりなオブジェかなにかのように見えた。

錆びた金属の車体には見たところ傷もなく、旋回砲塔から突き出している長い銃身は、下を向いて脇道のほうを指していた。砲塔上部のハッチははるか昔に開けられたまま錆びついており、地元住民が苦闘の末に手にした勝利を物語っていた。彼らは人数と火力に勝る軍隊を、みごと退却に追いこんだのだ。

パトロール隊に参加している部下たちと同様、わたしも旧ソ連軍の戦車を生で見たのはこれがはじめてだった。われわれはかつて本国で、幸いにも実際の戦闘には至らなかったあの冷戦のあいだ、外国の戦車を認識するための写真を眺めるのに何時間も費やしたものだったが、いまこうして実物を目にしたことで、わたしは不思議な満足感を覚えていた。

それからはまた、はてしなく続くように思える路地をのろのろと進み、パトロール隊はようやく拠点に戻ってきた。わたしはすぐにでもボディアーマーと、装備を満載したポーチをはずしたくてたまらなかった。背中の下部の痛みは、ここ二、三日続いたパトロールのせいでひどくなる一方だった。たぶんわたしはもう、自分でそう願うほど若くはないのだろう。

厨房の外に立って、ボディアーマーを頭から脱ごうと引っ張りあげていたそのとき、うちの隊で迫撃砲を担当しているグラントがやってきた。

「軍曹、ちょっと一緒に来てこれを見てください」グラントはきついスコットランド訛りでそう言うと、わたしについてくるよううながした。

「おい、いったいなんだ?」と言いながら、わたしはまたボディアーマーに頭を通し、しぶしぶもとのとおりに着なおした。「どこに行くんだ」

風はいつものようにひんやりとした北風で、ボディアーマーがふたたび体に押しつけられたとたん、汗まみれのシャツの冷たさが感じられた。

グラントについて裏ゲートに続く角を曲がると、そこには小さな人だかりができていて、全員が黙ったままなにかを見つめていた。

わたしも隅から顔を突き出してみた。なにを見るべきなのか、まったくわからない。そこにはただいつもと同じゲートが、ぴたりと閉じられて立っているだけだ。

「いったいなにを見ろってんだ、グラント」わたしはややイラついた声を出した。

パトロールから帰ってくると、スティーブはいつもいれたての紅茶を保温水筒に入れて厨房の外に並べておいてくれ、その小さな心遣いは兵たちを大いに喜ばせていた。いまごろはわたしも厨房で、マグにそそいだ紅茶を飲んでいるはずだったのに。

「シーッ、軍曹。ちょっと黙って見ててください」

わたしがその若い兵士に、おれに向かって「シーッ」なんて言うなと言ってやろうとしたそのとき、それが目にはいった。部下に雷を落とそうという気持ちは、またたく間に消えてしまった。

「なんだこりゃ？」

灰色と茶色の混じった薄汚れた毛玉が、金属製のゲートの下の、地面がわずかにへこんでできた隙間から、こちらに押し出されてくる。少し離れたわたしの位置からだと、それは小さなぬいぐるみのように見えた。

「まさか」それがなんなのかがはっきりとわかった瞬間、わたしは思わずつぶやいた。

わたしが見ているのは小さな子犬――おそらくは生後数日しかたっていない子犬が、ゲートの隙間からぎゅうぎゅうと押し出されてくる様子だった。

集まった海兵たちと一緒に、わたしはただその場に立ちつくしたまま、子犬を押し出している犯人が正体を見せるのを見つめていた。まずはきれいなピンク色の鼻がついた埃まみれの顔の先端が見え、続いて泥が縞模様を描くほっそりとした頭が出てきた。それからげっそりとやつれた、落ち着きのない様子の白い犬が姿を現した。わたしがほんの何日か前に、拠点のなかを猛スピードで走っているのを見かけたあの犬だ。隙間を無事通り抜けた犬は、少しだけ子犬を鼻先でつついてにおいをかぐと、その子を歯のあいだにはさんでやさしく持ちあげた。わたしたち全員が見つめるなか、犬はグルカ兵がゲートを作るために壁を吹き飛ばした際、泥壁に現れた小さな横穴へと歩いていった。

「あの犬がはいってきたのは、これで三度目なんです」グラントが言った。

「あの子なら前に見かけたよ。この前はきっと偵察に来てたんだな」

壁のくぼみのほうに目をやる。少なくともくぼみの内部は乾いていたし、冬の寒風から犬たちを守ってくれそうではあった。わたしたちが見ている前で、みすぼらしい白犬は生まれたばかりの子犬を、すでにギュッと丸くなって寝ているほかの二匹の脇におろした。彼女は三匹それぞれのにおいをかぎ、なめてやってから、またゲートに向かった。

「軍曹、町で噂になってるんじゃないですか。あそこは野良犬を歓迎してくれるとかなんとか」グラントは笑った。

「まったくそうとしか思えないな」

わたしは圧倒されたような気持ちで、母犬がせかせかと、とても通れるようには見えない小さな隙間にもぐりこみ、どこかは知らないが、ほかの子犬たちを置いてきた場所へ急いで出ていくのを見つめていた。ほんの数分のうちに、次の子犬らしき毛玉が穴から出てきた。今度の子はお母さんと同じように全身真っ白だ。子犬はすぐに穴を通り抜け、きょうだいたちと一緒にされた。

こんなものを目にしたのは生まれてはじめてだった。さまざまな疑問が頭のなかで渦を巻く。あの犬はどうして、子犬たちを拠点に連れてこようと思ったのだろう？　わたしが出ていけとは言わないことを、犬は知っていたのだろうか？

「ちょっと信じがたい事態だな」やっと口をついて出たのは、そんな言葉だった。

もちろんわたしは、ジーナの子犬たちが数日のうちに仲間入りすることを忘れてはいなかった。自分がこれにどう対処すべきなのか、なにか考えがあったとは言いがたい。

「デーブが非番だったら、ここに連れてきてくれないか。悪いな」わたしはグラントに言った。

デーブを待つあいだに、母犬はあと二匹、子犬を運んできた。どうやらそれで終わりだったらしく、母犬は勢揃いした子犬たちを引っ張ったり突いたりして位置を整えると、そのまわりを包むように自分の体を横たえた。

「おいおい、さすがになにかの冗談だろ」厨房で紅茶を飲み、タバコまで吸っていたデーブは、駆けつけるなりそう言った。「母親があの子犬を全部、ゲートの下から運び入れたって？」

「ああ、まさにその通りだ。それでどうする？　あそこに放っておくわけにはいかないだろ」

デーブはなるほどという目でわたしを見た。

犬が寝転んでいる、かつて誰かがなんのためにかそこに掘ったとおぼしき横穴は、雨風こそ避けられそうだが、あまりにゲートに近すぎた。子犬たちが大きくなれば、だんだんとこの新居のまわりをうろつくようになるはずだ。軍の車が猛スピードでゲートを出ていくときに、あたりをうろちょろしていたらただではすまない。ちょうど手の平に乗るくらいの大きさの子犬たちは、とくにタリバンから攻撃を受けているような緊急時には、とうてい運転手の目には映らないだろう。

「やれやれ。動かしてやらなきゃならないってことか」デーブがわたしを見て、ゆっくりと首を振りながら言った。

「まったくおかしなことになってきたよ。まさかとは思うが、外の犬たちはお互いに話でもしてるんじゃないか」わたしはため息をついた。

デーブは答えなかった。

「食べものを取ってきたほうがいいな。あの犬はどう見てもはらぺこだ」うしろ向きに歩き出しながらわたしは言った。

「それから半ダースの子犬を入れられる大きな箱もだ」デーブがつけ加えた。

二分後、食べものと、携帯食《レーション》がはいっていた空の段ボール箱をたずさえて、わたしとデーブは犬がぎっしりと詰まった横穴に近づいた。白い犬は頭をあげてわたしたちを見たが、そのままじっとして動かなかった。安全なはずの新居に引っ越しを終えたばかりで、疲れきっているのだろう。

子犬たちは互いに重なり合い、懸命に母親のお乳を吸っている。

母犬はやけにくたびれているように見えたが、考えてみればアフガニスタンの犬はたいていそうだった。毛足の長い白い毛皮は、泥だらけの地面に寝転がっていたせいで、薄汚れてくすんでいる。母犬はすぐにでもなにか口に入れたほうがいいだろう。やせた体は、六匹の子犬たちから栄養を吸われ続けたせいで、もうぼろぼろだった。

ポーク&小麦粉団子《ダンプリング》のパックの口を開けると、母犬はすぐさまそのにおいに気がついた。わたしは大きく開げたパックを、そろそろと彼女のほうへ押しやった。

「心配するな。おれたちはいい人間だ」母犬をなんとか安心させようと、わたしはそう言った。パックが徐々に近づいてくるあいだ、母犬は空気中にただよう食べもののにおいをかいでいた。むき出しの食べものが目の前までくるやいなや、白い犬は迷わずそのねちゃねちゃとした物体にかぶりついた。そしてじきに食べつくしてしまうと、銀色のパックの内側を満足そうになめまわした。口のまわりの毛には、パックの中身と同じ赤みがかった茶色の染みがついている。

デーブが持ってきた箱は、すべての子犬たちを入れるのには問題ない大きさだったが、母犬まではちょっと無理だった。

「母親はついてくるさ。大丈夫だ」そんなことをしたら母犬が走り去って、人間が六匹の子犬の世話をさせられるはめになるんじゃないかと言うわたしに向かって、デーブが自信ありげに言った。

そっと横穴の奥に手をのばし、子犬を一匹、母親のおなかの隣という特等席から持ちあげた。子犬はたまらないかわいらしさで、まだごく小さな顔をしかめて、目をギュッとつむっている。手の平にすっぽりはいるほどの子犬を箱のなかに移しても、母犬は動こうとせず、ただじっとこちらを見つめていた。わたしが次の子犬に手をのばすと、母犬が立ちあがろうとした。噛まれるのではないかと思わず手を引っこめたが、母犬は箱のほうへ歩いていって、わたしが最初に移動させた子をなめてやった。

この隙をのがす手はない。母犬があっけにとられているあいだに、わたしは残りの子犬を全部いっぺんに持ちあげて箱に移してしまった。母犬は目を見開いて、最後の子犬を守ろうか、それともほかの子たちを箱から取り返そうかとおろおろしていた。

子犬たちを取り返される前に、デーブが箱を高く持ちあげた。

「出発の時間だよ、お母さん」とわたしが言い、デーブはドッグランに向かって歩き出した。

白い犬はわたしたちの足にまとわりついてきた。どうやら子犬を奪われて少しばかりパニックになっているようだったが、もちろんそれが自然な反応というものだろう。

「大丈夫だよ。この子たちをいじめたりしないから」わたしは母犬をなだめるように言った。

すでにドッグランの脇には、小さめに切断したヘスコ・フェンスを大急ぎで取りつけてあった。フェンスの高さは、子犬たちは外に出られず、母犬は自由に出入りができる程度にしてあった。犬たちを入れておける場所は、ここぐらいしかなかった。ナウザードが使っていたランがあれば理想的だったのだが、もう壊してしまったあとだったのだ。

フェンスで閉じられたスペースの奥には、母犬の注意を引きつけるために、ジョンがもうひと袋、口を開けたポーク&ダンプリングのパックを置いておいた。これが功を奏し、母犬が食べものに夢中になっている隙に、わたしたちはその横に子犬がはいった箱をそっとおろした。子犬たちはほとんど動かない。暖かさを求めて互いにくっつき合うのに忙しいようだ。

太陽がゆっくりと西の山の端に沈んでいく。じきにまた、凍るような夜がやってくるだろう。ナウザード、RPG、AK、ジーナは揃ってそれぞれのフェンスに体を押しつけて、新入りをひと目見ようと場所取り合戦を繰り広げていた。ジーナはか細い声でクーンクーンと鳴いているが、おそらくはこの犬たちの王国で、自分が注目の的になっていないのが不満なのだろう。

新入りの母犬はパックをきれいになめてしまうと、急いで箱に戻ってきて、自分も箱の奥のほうに無理矢理体を押しこんで丸くなった。子犬たちはそわそわと動きまわりながら、お乳をゆっくりと吸えるポジションを確保しようとしていた。

「それで、これからどうするんです?」母犬と子犬たちをそっとしておこうとうしろにさがりながらジョンが聞いた。

もっともな質問だ。この新入りと六匹の子犬を入れると、いま拠点には一一匹の犬がいる計算になる。じきにジーナが子どもを生めば、その数字はさらにふくれあがるだろう。

わたしはデーブを見て、それからジョンを見た。

「どうしたらいいのか、まったくわからないな」とわたしは言った。そしてそれは、紛れもない事実だった。

＊

落ち着きのない白犬の名前をつけるのは簡単だった。あの子にはまさにぴったりの名前があったのだ。タリバン。それを縮めてタリだ。あの子がゲートの下から拠点にはいりこみ、ブービートラップを六つもしかけたというのがその由来だった。

タリは名前を呼ばれてもなんの反応もしなかった。たとえ振り向いたとしても、すぐに拠点の敷地内のどこかへ走り去ってしまう。それでもあの子はいつでもフェンスで囲った狭いエリアに戻ってきて、子犬たちがお乳を飲めるように寝転んでやるのだった。子犬は日に日に大きくなった。だからタリは、子犬たちにお乳をやるだけの体力をつけるために、もっと栄養をとる必要があったのだろう。

信じがたいことに、タリはあるとき、拠点に一本だけ生えている、まだ緑の葉を落としていない木にのぼり、血だらけの口から鳥の羽を何本ものぞかせたまま下りてきたことがあった。タリがすばしこいのはわかっていたが、まさか細い枝の上で遊んでいる、あのツバメに似た小鳥たちを捕まえられるほどのスピードがあるとは、夢にも思わなかった。

ランに立ち寄ったときにタリがどこかに出かけていると、わたしはいつも、子犬たちがゆっくりと目を覚まし、互いに重なりあったまま、小さな前足で押し合いへし合いしている様子にうっとりと見とれた。しばらくすると子犬たちは徐々に互いから離れていき、なにかを探してあたりをうろつきまわる。きっと母親のぬくもりを探しているのだろう。

なかに一匹、焦げ茶と白の子犬がいて、この子はほかの子たちよりも明らかに体が小さく、くしゃくしゃの顔はまるで小さなおじいさんのようだった。この子の成長がいちばん気にかかった。そもそも、自力で歩けるのだろうか？　この子を見ていると、フィズをはじめてブリーダーのところで見た日のことを思い出す。あのときのフィズも、せいぜいこのくらいの大きさしかなかった。リサとわたしは、フィズがほかの子たちのまわりを元気に駆けまわる様子を見ていた。フィズはもっと体の大きなきょうだいたちに、いつもおっぱいをとられてしまうのだった。

わたしは子犬を一匹ずつそっと抱きあげて、体をチェックした。どこを見るべきなのかはまったくわからなかったが、とにかくみんな元気そうで、手の平の上で転がすと、こちらの手にギュッとしがみついてきた。ほとんどの子が、黄褐色か焦げ茶の混ざった模様だった。全体が一色だけなのは一匹だけで、その女の子がきょうだいのなかでいちばん体が大きかった。全身真っ白なその子は、まるで小さなホッキョクグマのようだった。

第18章　新しい年、新しい命

「0、こちら20C。いまのところ異常なし。どうぞ《オーバー》」

「0、了解。以上《アウト》」

無線を切り、ふたたびランから離れながら、わたしは少しでも暖かくならないかと足を動かした。とにかく凍りつきそうに寒かった。少し前にわざわざグローブをはずして腕時計を見たときには、温度計はマイナス一二度を示していた。気温を確かめるまでもなく、今夜が子犬を生むのに最適な夜とは言えないことは確実だった。

数日前から寒さがいよいよ厳しくなると、ジーナはわたしたちが用意した箱のなかに引きこもった。それ以来、一度も外に出てこない。ただそこに寝転がったまま、荒い息をついている。

箱の底には使い古しの布を敷き、ジーナの体には古いタオルをかけてやったが、それでもとうてい追いつかないほどの寒さだった。今日は大晦日。古きを捨て、新しきを得るときだ。

もし今夜、本当にジーナが新しいお母さんになるのであれば、今夜はまた、わたしが本格的にあせりはじめる夜ということになるのだろう。

歩哨所《サンガー》にいる兵たちからは、なにかあったら知らせてくれと言われていた。彼らはいま氷点下の気温のなかで、厳しい寒さに耐えている。

ジーナのところを出たわたしは、これからすべてのサンガーを手短に巡回し、部下たちが問題なくやっているかをチェックしつつ、全員にハッピーニューイヤーを言うことにした。

タフがいるサンガーに着いたときには、わたしはこみあげてくる笑いを必死でかみ殺した。サンガーの銃眼の向こうに広がるくっきりと晴れ渡った夜空を背景に、タフのシルエットが見えたときから、どうもおかしな格好だとは思っていた。タフはなんと、ダウンジャケットを二枚重ねて着ていたのだ。

「いまあのチップスを食べたら、さぞかしうまいだろうな、タフ」わたしはタフの隣の歩哨スペースまでのぼるとそう言った。

「そりゃ間違いないスね」タフはきついウェールズ訛りで答え、わたしたちはふたりとも、先日の出来事を思い浮かべた。

一週間ほど前のこと、わたしはほとんど使われていないISOコンテナのひとつにしまってある稀少な生鮮食品のチェックに向かった。これらのコンテナは、われわれがここに来るずっと前、ナウザードの拠点に最初に補給品を運びこむために使われたものだ。

高さ六メートルの金属のコンテナのあいだを歩いていると、どこからともなくなにかのにおいが漂ってきた。

わたしはコンテナの裏にまわり、コンテナとコンテナのあいだに偶然できた、小さな部屋くらいの隠れた空間をのぞきこんだ。驚いたことに、そこでは誰かがたき火に大きな鍋をかけてその上にかがみこみ、ときどき中身をスプーンでかきまぜていた。すぐ脇の地面には、広げた新聞と塩入れの缶が置いてある。

「おい、そこでなにをしている」わたしは大声を出した。

その海兵は空中に跳びあがりざま、こちらをくるりと振り向いた。現行犯で捕まったと悟ったときの彼の顔は見ものだった。その男こそ、タフだったのだ。

「やめてくださいよ。マジでビビったじゃないスか」タフは心臓麻痺でも起こしたかのように胸に手をあてた。

鍋をのぞきこもうと近づくと、地面にジャガイモの皮が落ちているのが見えた。なるほど。どおりであいうにおいがしたわけだ。タフはチップスを作っていたのだ。

わたしはタフに向かってにっこりと微笑んだ。「それで、具体的にはいま、なにをしているんだ?」

わたしは彼がどんな言い訳をするのかに、非常に興味があった。タフは言いのがれの達人として知られていた。

「家が恋しくて」タフはそれだけしか言わず、また鍋をスプーンでかき混ぜた。鍋のなかでは、カットされたジャガイモがおそらくは四つ分くらい、食用油に浸かって静かに泡を立てていた。この油はコンテナの奥に、生鮮食品と一緒にしまっておいたものだ。ジャガイモも同じところにあったのだろう。

タフの横に腰をおろす。「生鮮食品の窃盗というわけか。なるほどね、伍長殿」わたしはからかうように言った。タフはスプーンを使って、きれいにカットされた揚げたてのジャガイモを二、三切れすくいあげ、広げた新聞紙の上にのせた。それを何度か繰り返すと、油をしたたらせ、パリッときつね色に揚がった全部で一〇本くらいの太いチップスの山ができあがった。タフは塩入れを手に取ってチップスに軽くふりかけ、わたしに何本か差し出した。

「共犯者になりますか?」タフが言った。

わたしはにやりと笑い、賄賂を受け取った。こんな誘惑を断ることなどとてもできない。

「いいか。スティーブにだけは、倉庫にはいったことを知られないようにしろよ」わたしはタフに片目をつむってみせながらチップスをつまみ、舌でゆっくりと味わった。「うーん、こいつはうまい」わたしはそう言いながら目を閉じて、自分がイギリスのビーチにいるところを思い浮かべた。空想のなかには、グラスにつがれたラガーも登場した。

タフがカットしたばかりのジャガイモをひとつかみ鍋に入れた。わたしたちは黙りこくったままそこに座り、それぞれが物思いにふけりながら、次のチップスが揚がるのを待った。

そんなことを思い出しているあいだにも、幅の狭い銃眼からは北風が吹きこんでヒューヒューと音を立て、寒さがいっそう身に染みた。いまの体感温度はおそらくマイナス一九度くらいだろう。

「どのくらい寒いんスかね」タフが聞いた。

目に映るものは、なにひとつ動いていなかった。奇妙なことに、犬の吠え声さえしない。普段は犬たちがうろついたりじゃれ合ったりしている広い空き地もからっぽで、しんと静まり返っていた。今日は本当に寒いのだ。

「おまえのスリムなケツが凍るくらいだな」わたしはわざとタフをたきつけた。

「もうとっくの昔に足の感覚がなくなってるんスよっ」タフは言い返した。「いまごろはいい女と一緒にベッドにはいってるはずだったのに。大晦日にこんなところに座らせるなんて、違法行為もいいとこじゃないスか」

「いいか、タフ。おまえと寝てくれるいい女なんてどこにもいないし、たとえ女が酔っぱらってたとしてもムリなんだから、うぬぼれるのもいい加減にしとけ」わたしは自分のジョークに笑い転げ、タフはわたしに向かって中指を立てて見せた。

「ハッピーニューイヤー」わたしはそう言ってサンガーから降りると、次のサンガーを目指して歩いていった。

ここには新年を祝う花火もなく、ただ冷たい風がひっそりと吹き抜け、地面を覆う霜が足の下でパリパリと音を立てるばかりだった。拠点を歩きまわるわたしの暖かい息は、凍るような月光の下で、氷の結晶の雲を作った。しかしこの国では、それがとりたてて異常というわけでもない。アフガニスタンはこういった類の祝いごとには、あまり関心を持たない土地柄なのだ。

すべてのサンガーをまわって新年の挨拶をすませてから、司令室に顔を出した。無線の前に座った通信兵までが、ありったけの服を着こんでいる。彼は厚い毛糸の手袋をした手で、読んでいる本のページをめくろうと四苦八苦していた。

「よお、ペン」ログを手早くチェックしているわたしに、ジミーが声をかけた。ジミーの横にいる医者《ドク》は、分厚い手袋をしたまま手紙を書いている。「そろそろか？」

「まだだな。もう少ししたらまた見にいってみるよ」わたしは答えた。

カップに紅茶をそそいでから、静寂に包まれた夜空の下に戻った。ほんの少し風が強くなったようだ。わたしは凍った地面の上を、できるだけ静かに歩いていった。

「まったくいい夜を選んでくれたもんだよ、ジーナは」ジャケットのジッパーを首のいちばん上まで引きあげながら、わたしは独りごちた。じきに体の芯まで凍えてしまいそうだ。

ドッグランは水を打ったように静かだった。まるで、ここにはもう犬なんて一匹もいないのではないかと思えるほどだ。ナウザードの名前を呼んでしばらく待つ。しかしナウザードは、暗い物置の奥に引っこんだまま、外よりも多少は暖かい段ボール箱のなかから出てこようとはしなかった。「いいさ。おれがおまえだとしても出てこないよ」わたしは暗闇に向かって言った。

ゲートを閉じている縄を慎重にほどき、ジーナにあてがったランに体を滑りこませる。厄介な結び目をほどくために手袋をはずしていたので、金属のゲートに触れると手が凍るように冷たかった。

わたしはネズミのようにひっそりと、小さな物置にはいっていった。なぜだか外よりもなかのほうが寒いような気がした。頭につけたトーチが、暗闇を光の帯で切り裂く。生まれたばかりの子犬を踏みつぶさないための用心だ。

ジーナの段ボール箱は、底を切り取って、どこかの廃屋で見つけてきた古いカーペットの切れ端の上に乗せてある。カーペットの上には新聞紙を敷き、その上にくしゃくしゃに丸めた紙を入れて、断熱効果が高まるようにしてあった。そうしてやることが、本当に出産を控えた犬に必要なことなのかどうかはわからない。ただ準備を進めるうちに、なんとなくこうなったのだ。それ以外に、たいしてしてやれることもなかった。

　わたしは膝をつき、箱の手前に開けてある出入り口から、トーチでなかを照らした。

「よくやったぞ、ジーナ」トーチの光が、ジーナのおなかの脇に寄り添う二匹の子犬を照らし出した。わたしはトーチを下に置いて、光が箱の内側全体を照らし、またジーナにこちらの顔が見えるようにした。手をのばしてジーナの頭をなでる。ジーナはわたしの手をなめてから、二匹の子犬たちを鼻先でつつき、そして一匹ずつ順番にゆっくりとなめてやった。まるでわたしに子犬たちを見せびらかしているかのようだ。

　わたしは半分に割ったビスケットを差し出した。ジーナの大好きな、軍用級段ボール味のビスケットだ。ジーナは鼻先を突き出して、精一杯のばしたわたしの手からそっとビスケットを受け取ると、ぼそぼそとかじった。

「いい子だ。もっとよく見せてもらってもいいかい?」ジーナにそう声をかけてから、わたしは箱に手を差し入れて、細心の注意を払いながら、手前にいるふんわりとした黒い子犬をすくいあげた。

　ジーナはとくに気にする様子もなくビスケットを食べ続けていたので、わたしは段ボールから子犬を取り出した。子犬を手の平にのせ、全体をじっくりと眺めた。子犬はほとんど動かず、小さな目はギュッと閉じられている。そういえば、子犬の目は二、三日してからでないと開かないという話を聞いたことがある。次にリサに電話したときに確かめなければ。

　子犬は本当に小さかった。体長はわたしの手の平ほどもない。おなかをそっとなでてみると、黒い毛に包まれた小さな体は暖かく、ビロードのような手触りだった。

　その子をもう一匹の子犬のそばにそっと戻し、二匹がくっつくように並べてやると、子犬たちはもぞもぞと動いて、ジーナのおなかにいっそうぴったりと寄り添った。

箱のなかに入れておいた古いTシャツを、子犬たちの上にかけてやる。まだおなかが大きくふくらんでいるところを見ると、あともう何匹かは生まれそうだ。

わたしはもう一度ジーナの頭をなでてから立ちあがった。

「0、こちら20C。二匹、新入りが加わった。オーバー」

一瞬、無線にガーッという雑音がはいってから、声が聞こえた。「20C、ラジャー。まだ増えそうか？オーバー」

「20C。それは間違いない。オーバー」

「20C、こちら丘《ヒル》。五匹になったら教えてくれ。オーバー」

「20C。ラジャー。アウト」

兵たちのなかには、ジーナが何匹子どもを生むかということをネタに賭けをやっている者もいた。賭け金は全部で三〇ポンドほど集まっている。

司令室の当番がまわってくるまでには、まだ一時間はあった。ということは、時間加速器のなかで一時間弱は過ごせるだろう。一刻も早く眠りたかった。

朝のピリッとした空気の冷たさに驚きながら、わたしはジーナに会いにいった。ジーナのところを出てからすでに三時間近くがたっている。あれから何匹子犬が生まれたのか、早く確かめなければ。

携帯食《レーション》を入れてある箱を探り、ポークシチューのパックを取り出した。ジーナはなにか食べたがっているに違いない。子犬を二匹生んだ時点で、あの子はすでにくたびれはてたような顔をしていた。

ひざまずいて箱のなかをのぞきこむと、ジーナは目を閉じて寝転がっていた。おなかはもうさっきまでのようにふくらんではいない。大便と血のひどいにおいが鼻をついた。わたしはジーナの周囲を囲っている段ボールを上から引き抜いた。

「すごいじゃないか、ジーナ」そっと声をかけ、ジーナのおなかの横に寝ている、それぞれに色の違った小さな生きものの数を数えてみる。これで合計八匹が、新たに拠点の仲間に加わった計算だ。

わたしが自分自身に課していた、拠点の犬たちを救うという使命は、もともとむずかしい試みではあった。そしていまや成功の見込みは、無謀とも言えるほど低いものになってきた。この狭い拠点のなかに、五匹の成犬——ナウザード、RPG、ジーナ、AK、タリー——に加え、生まれたばかりの子犬が一四匹いるのだ。認めたくはなかったが、事態は深刻さを増していた。すべての犬を救うのは、とてつもなく困難な仕事になるだろう。

ジーナの子供たちと著者

わたしは血で汚れた紙を捨て、また別の紙をくしゃくしゃに丸めて、ジーナのおっぱいのそばのいちばんいい位置をめぐって争っている子犬たちの上にかけた。小さく裂いた布を使って、ジーナの体をそっとふいてやる。わたしが体に触れるとジーナは目を開けたが、頭は寝かせたままだった。頭をそっとなでてやり、口を開けたレーションのパックを差し出した。ジーナは食べようとしない。そしてそのまま、ゆっくりと目を閉じた。

「大丈夫だぞ。あそこに置いておくから、またあとで食べような」

わたしは固まって寝ている犬たちの上に、段ボールをもとのようにかぶせてやってからランを出た。例の賭け金はどうやら、わたしが少しずつ集めはじめている犬の保護基金に加えられることになりそうだった。ジーナが八匹も子どもを生むとは、誰も予想しなかったのだ。

わたしはリサに電話をかけてこのニュースを伝えた。電話の向こうがしんとしているのは、きっとリサが頭のなかで数を数えているためだろう。

「ということは、子犬は全部で一四匹ね」

「そうだよ、ハニー。おれにもわかってる」とわたしは言った。嫌みっぽく聞こえていなければいいのだが。

「いったいどうやって、一四匹もの子犬をレスキューに届ければいいのかしら」

「正確には一四匹の子犬と、五匹の成犬だよ」わたしは訂正した。「レスキューに電話をかけて、これだけの数を届けるけど大丈夫かと聞いてくれないか」

「ええ、明日電話してみる。あなたが拠点を離れるのはいつになるか、まだ見込みはつかないの？」

「おそらく母の誕生日の一週間後だ」日付や場所を電話でおおっぴらに話すことはできないが、ちょっとした暗号を使えば問題はなかった。もしタリバンがこの電話を聞いていたとしても、やつらがわたしの母の誕生日まで知っていようはずがない。

「輸送のほうはどう？　誰かと話せた？」リサが聞いた。どうやらリサも、わたしと同じくらい心配になってきているらしい。

「いいや。頼もうにも、トラック運転手にまるで会えないんだ。このまま見つからなかったら、それ以上どうしたらいいかわからないよ」

「あ、そうそう、お義母さんといえばね、このあいだ地元の新聞に、お義母さんがあの犬たちについての記事を投稿して、それが掲載されたのよ」リサが言った。

「なんだって？」どんな内容が新聞に載ったのか、少し不安になった。わたしはすでに軍から、犬を保護するなという通達を受けている。新聞に犬の話が載ったというのは、わたしにとってあまりいいことではないかもしれない。

「あら大丈夫よ。記事には、あなたが拠点に住んでいる犬を助けようとしているとしか書いてないし、それに新聞に投稿したのはお義母さんであって、あなたじゃないもの」

「まあそうだな。そのくらいなら大丈夫だろう……たぶん」とわたしは答えた。

第19章　パトロール・ドッグ

太陽がのぼるずっと前から、拠点では人が慌ただしく動きまわっている。いまも慰労休暇《R&R》期間が続いており、交代要員が来ないせいで、人手不足が深刻さを増していた。隊の人数が通常よりも少ないので、今日予定されている町の南東エリアへの哨戒には、手のあいている者のほぼ全員が狩り出されることになった。

スティーブが、定位置についたわたしに親指をあげてみせる。パトロール隊は出発を前に隊列を組んでいるところだった。

「準備はできてるか？」

「とっくにできてますって。とっととはじめましょうよ」普段の朝のようにソーセージを焼くのではなく、哨戒に参加できることで、スティーブは見るからに興奮していた。

「とにかくおれから目を離すなよ、わかったな」

「了解です、軍曹《サージ》」スティーブはわたしに向かって敬礼し、重い背嚢を持ちあげて背中にかついだ。人手不足を補うため、わたしはスティーブに自分と一緒にまわる班にはいってもらったのだ。こうすれば、うちの若い部下をひとり、もっと自由に動きまわる班にまわすことができる。

「0、こちら0A。いまから出発する。以上《アウト》」

合図を受けてから、わたしたちは開いたゲートを走り抜け、拠点の東側に広がる、瓦礫が散乱したひと気のない路地が無数にからみ合う迷路のなかへ突進していった。

ほんの数メートルも進まないうちに、スティーブから声がかかった。「ペン。新兵を訓練してるんスか?」

うしろを振りむくと、スティーブがわたしの右斜め前方を指さしている。わたしは思わず二度見してしまった。

一匹の大きな白い犬が、ある兵士の横についてパトロールに参加していた。兵が足を止めて地面にしゃがみこむたびに、犬も同じようにしゃがみこむ。まるで、わたしたちと一緒にパトロールするために訓練を積んできたかのような動きだった。

わたしはスティーブを振り返り、やれやれと首を振った。

スティーブはただ声をあげて笑っている。

「おれがおまえのうしろを守るのと、おまえがおれのうしろを守るのと、どっちがいい? ダシュカ」

わたしがダシュカにはじめて目をとめたのは、数日前の夜だった。がっしりとした体格で、白と茶色の毛皮に覆われ、両目のまわりに焦げ茶色のブチがあるその若い犬は、スティーブが夕飯を配っているあいだ、裏ゲートのまわりをうろついていたのだ。

スティーブとわたしはしばらく前から、残りものをナウザードの通りを徘徊している犬たちにやるようになっていた。蝶つがいがギーッと鳴る音が、表にいる野良犬たちに、じきにごはんがもらえると知らせる合図の役割をはたしていた。

白と茶色のダシュカは、力強いうしろ足でサッと立ちあがると、ゲートから三〇メートルほど離れた位置まで走っていく。そしてわたしが何枚かの使い古しの皿に食べものをよそい、それを裏ゲートの近くに等間隔に並べるまで、そこでおとなしく待っている。ダシュカはわたしが一歩うしろにさがったとたん、そろそろと近づいてきて、ごちそうのにおいをかぐのだが、その目はじっとわたしを見つめ続けている。

　ダシュカの耳は、ナウザードのそれと同じ運命をたどっていた。耳があるはずの場所には、毛がワサワサとのびている。ほんの少しだけ残された尻尾の付け根は、ダシュカがごはんを食べているあいだ、右に左に勢いよく揺れていた。

　あるとき、歩哨所《サンガー》からゲートを見おろしていると、そこにダシュカの姿が見えた。タリにそっくりな小さな白い犬と一緒に遊んでいる。白い犬は、体高のあるダシュカのおなかくらいまでの大きさしかなかったが、そんな体格差はまったく気にしていないようだった。二匹はじゃれ合いながら、泥の地面を転げまわっている。ときおり白い犬がパッと立ちあがると、その子の毛皮は、乾いた泥と白い部分が混ざり合ったパッチワーク模様になっていた。

　この二匹はゲートに集まってくる犬のなかでもとくに人なつこかったが、わたしは彼らを拠点の仲間に加えるつもりはなかった。いまいる犬だけで手一杯なのだ。それでも名前くらいはつけてもいいだろうという気がした。そんなわけで、怪物のように大きな犬はダシュカになった。RPGとAKに続いて、ロシアの武器から取った名前だ［ダシュカはDShK38重機関銃の通称］。そしてもう一匹のほうは、体のパッチワーク柄から取ってパッチスと名づけた。


　一人前の海兵隊員然として歩くダシュカを従えたまま、パトロール隊は拠点から数百メートル離れたあたりまでやってきた。

　周辺の路地や建物のほとんどが、もはや修復の見込みがないほど破壊されている。高さがあるものといえば、ボロボロになった建物の骨組みだけで、それはまるでにぎやかだった町の亡霊のように見えた。

　スティーブに向かって、わたしが指さすほうを見ろと身振りで伝える。そこには一軒だけ、ほとんど損傷を受けていない建物があった。壁が白く塗ってあるせいで、少なくともこのあたりにしては、高級な建造物のように見える。爆弾の破片で壁が削られた部分は、その下から頑丈なレンガがのぞいていた。金属製の窓枠と、二階にバルコニーがあるところを見ると、おそらくは財力と影響力のある人物が住んでいたのだろう。しかし敷地の境界線を示す低いフェンス沿いにそろそろと進んでいくと、さっき見た建物の前面は単なるまやかしであることがわかった。

その家のうしろ側は、存在していなかった。そこにはただ地面にぽっかりと穴があいているばかりで、着弾点から衝撃が放射状に広がったあと、バラバラと降りそそいだと思われる大きな泥のかたまりが点々と散らばっていた。

わたしはスティーブのほうを見て頭を振り、スティーブは肩をすくめてみせた。爆撃が引き起こした混乱と破壊を想像すると、なんとも言えない気持ちになった。

このあたりではかつて、激しい戦闘があったのだろう。タリバン・セントラルがある東に向かって進んでいくと、さらに多くの弾痕や、破壊された建物が目についた。建物の窓は、そもそもガラスがはいっていたのかどうかはわからないものの、いまはボロボロの窓枠だけになっている。われわれがパトロール犬と足並みを揃えて歩いているこの町は、まさしくゴーストタウンだった。

ボスから無線で止まれとの指示が来たので、わたしはその隙にすぐそばにあった建物のなかをのぞいてみた。ドアはなく、泥壁には弾痕が散らばっている。くるりとうしろを振り返り、一八〇度反対の方向を眺める。そこには空高く堂々とそびえる、丘《ヒル》の頂上が見えた。誰かが、なんらかの理由で、この建物を狙いすまして攻撃を加えたのだろう。弾痕の大きさからみて、おそらくはライフルでの狙撃だ。

今日の哨戒の目的は、タリバンの最近の動きを明らかにすることだったので、われわれはあちらこちらで止まって建物をのぞいては、ヒルか拠点が見える窓のそばに、使用済みの薬莢が散らばっていないかどうかを確認した。

建物の外を部下に見張らせておき、わたしはある廃墟となった平屋の建物にゆっくりと足を踏み入れた。ライフルの筒先を先に進めながら、ドアをくぐる。銃の台尻は肩にぴたりと密着させている。自分の身を守ることが最優先だ。

白いしっくい塗りのその部屋には、ものはほとんど置かれていなかった。ひっくり返った椅子が、奥の隅に転がっている。やけに場違いな雰囲気を醸し出しているのは、壁に貼られた、スイスアルプスの高原に立つ美しい山小屋の写真だった。角がすこしだけ破れている。近くまで行ってよく見ると、それはスイス観光局公認の宣伝用ポスターだった。

このポスターには見覚えがある。商店や住宅として使われていた建物のなかで、これまでにも同じようなものを目にしたことがあった。この国の人々がスイスの山小屋のどこにそれほどの魅力を感じているのか、あとでぜひともハリーに聞いてみなければ。

さらに建物の奥に進み、裏の外壁が内側に向かって倒れてこんでできた瓦礫の山をまわりこんで歩いていった。この建物から人がいなくなって以来、誰かがここに来た形跡はない。

わたしは爆撃にさらされて廃墟となったその建物の、いちばん奥まった位置にある部屋にはいった。壁は真っ白に塗られている。鮮やかな色合いの大きな絨毯が床を覆っていた。赤いクロスのかけられたテーブルが、奥の壁際に置いてあるのが見える。唯一、華やかさを感じさせるものといえば、派手な装飾がほどこされた高さ五センチくらいの小さな箱で、それはテーブルのまんなかにぽつんと置かれていた。あれはいったいなんだろうと好奇心がうずいたが、ブービートラップを警戒して、わたしはそろりそろりとテーブルに近づいた。そのときふいに、このテーブルはまるで、即席で作られた祭壇のようだという考えが頭をよぎった。赤いクロスを慎重に持ちあげてテーブルの下をのぞいたが、そこには教会でひざまずくときに使うような、平べったい赤いクッションがいくつか置いてあるだけだった。

背筋をのばして立ちあがり、四角い箱の蓋をそっと持ちあげる。なかには、飾り気のない赤い堅表紙の本があった。イスラム教の聖典、コーランだ。そっと本の表紙を開き、ページをパラパラとめくってみる。自分の目に映っているものがなんなのかはまったくわからなかったが——くねくねとのたくる文字の意味をわたしは知らない——、それでもその本は確かにコーランだった。そうでなければ、どうしてここに残しておく必要があるというのだ？

これは、この家で使われていたコーランなのだ。

注意深く本を閉じ、箱の蓋を閉める。この家に住んでいた人たちが、いつか帰って来られるようにと心のなかで願った。

パトロールはいよいよ拠点から遠ざかり、住人のいるエリアまでやってきた。スティーブはまだ、子どもたちの集団がワーッと押し寄せてきて、ペンやお菓子やなんでもかんでも、こちらがしっかりと確保していないものはすべて持っていこうとする、例の愉快な体験をしたことがなかった。

「なにかあげてもいいんだろ？」スティーブが振り返って叫んだ。わたしたちが角を曲がってぼろぼろの木のゲートをくぐると、そこには三人の子どもが立っていて、パトロール隊をじっと見つめていたのだ。いちばん年上の少女は青い長ズボンと裾の長い青いシャツを着て、頭と肩を鮮やかなピンク色のショールで覆っている。年下の男の子は髪を短く刈り、色あせたオフホワイトのだぼだぼのシャツを着ていた。少年はスティーブに向かって手を突き出した。おなじみのあのジェスチャーだ。

わたしはスティーブに飴をいくつかほうった。「これをあげて、急いで立ち去ろう」

スティーブがいまどういう気持ちでいるか、わたしにはわかっていた。誰もが一度は、そこを通ってきたのだ。それは、まったく罪のない大勢の子どもたちを前にして、自分にはこれ以上のことはなにもできないのだと悟る無力感だった。この子どもたちはみずから望んで、自分のあずかり知らない戦争のさなかに生まれてきたわけではないというのに。

わたしは、前進するパトロール隊を眺めている大人の男たちのほうに目をやった。彼らは声をあげて笑っている。

「ハリー、なにがそんなにおもしろいのか、あの人たちに聞いてくれないか？」

ハリーは足を止めて振り向き、男たちを見た。彼らはみな、丈の長い青いローブを着て、顔の半分を覆う口ひげを胸まで垂らしている。

「聞くまでもありません。彼らはわたしたちの新しい友だちのことで笑っているんです」

ハリーはくるりと反対のほうを向いて、ダシュカを指さした。ダシュカはそこにきちんとお座りして、隣にいる海兵がふたたび動き出すのをじっと待っている。

ダシュカがまだトコトコとパトロール隊についてきていることを、わたしはすっかり忘れていた。地元の人たちからすれば、これは確かにおかしな光景に見えたことだろう。

角を曲がるとそこは大きめの通りで、道の脇には古ぼけた四輪駆動のトラックまで停まっていた。隊列のうしろのほうから、近づいてくるトラックの音が聞こえた。ボスからは、車はすべて停車させて調べろと命じられており、これはわたしにとっては願ったりかなったりだった。言うまでもなく、わたしには別の目的があった。

ボスに無線を入れ、車を調べることを伝える。パトロール隊を物陰で待機させておき、数人で道路を封鎖して、トラックがガタゴトと道を近づいてくるのを待った。運転手は逃げるわけにもいかず、しぶしぶと重装備の海兵隊員の前で車を停めた。

トラックの外観からすると、どうやらわれわれが停めたのは、アフガン版の〝走り屋〟の少年らしかった。トラックは一列シートで、運転席《キャビン》の外装には、想像上の山並みのなかに立つ派手派手しい装飾のモスクが描かれている。

バンパーからは、キラキラと光るハート型の金属板をつなげたチェーンが何本もぶらさがり、そのうえ、フロントガラスの下のほうには、運転手の名前がペンキでしたためられていた。運転手が自分の車をたいそう自慢にしていることは、容易に想像がついた。

ハリーが運転手と話をしているあいだに、ふたりの部下がトラックの荷台を点検する。荷台にはきっちりと詰めこまれた家具と一緒に、やせたヤギが二頭乗っており、ぼろぼろの縄で、トラックの脇に無造作につながれていた。

「ハリー、彼はこれからどこへ行くんだ？」車のうしろから運転席のほうへ戻りながら、わたしは聞いた。

「家族をラシュカルガーへ連れていくそうです」

「どうしてだ？」

短く言葉をかわしたあと、ハリーが言った。「ここにはイギリス人とタリバンがいて、危険だからだそうです」

「タリバンを見かけたことはあるのかな？」答えはノーだとわかっていたが、いちおう聞いてみる。

「ハリー、彼に車で荷を運ぶ仕事をする気があるかどうか聞いてくれないか？　報酬はたっぷり払う」

ハリーはこれを運転手に伝えたが、今回もわたしには彼がなにか言う前から、肩をすくめて手を振る仕草で、返ってくる答えがわかってしまった。

「ノー、ペニー・ダイ。危険すぎると言っています」

ここ数回のパトロールで出会った運転手――といってもほんの数人だが――に頼んでみてはいるものの、答えはいつも同じだった。わたしに手を貸そうという者はいない。手間賃をアメリカ・ドルで支払うと言ってもダメだった。

わたしは運転手に手を振って見送り、意気消沈したままパトロールを続けた。どこかに誰かひとりくらい、わたしのために犬をカンダハールまで運んでくれる運転手が、絶対にいるはずだ。

第20章　排水管騒動

「ちきしょう、いったいどこにいるんだ?」わたしは狭いランのなかをあらためてのぞきこんでいるデーブに向かって叫んだ。

「まるでわからねぇよ」デーブが絶望的な声を出す。

わたしたちは朝食のあと、犬にごはんをやろうと気軽な気持ちでランにやってきた。今日はめずらしく時間がたっぷりとあり、ふたりともタリと子犬たちから熱烈な歓迎を受けるのを楽しみにしていた。ところが恐ろしいことに、六匹の子犬たちが寝ているはずの汚れた箱は、もぬけの空だったのだ。

「ウソだろ」

ナウザードとほかの犬たちは、ヘスコ・フェンスに飛びつきながら、ごはんを催促している。犬たちの期待を裏切るのは申し訳なかったが、まずは子犬たちを探すのが先決だった。

「ANPが連れていったんだろうか」そうつぶやきながら、二週間ちょっと前にタリが拠点にはいるためにくぐり抜けてきたゲートまで走った。

ゲートの下の地面は、タリが掘った穴をわたしが埋め戻したときの状態から変わっていなかった。タリが拠点を出ていったのだとしても、ここを通ってはいないようだ。

「いいや、ANPはそんなことしないだろう」わたしの顔をいぶかしげに見ながらデーブが言った。「そう思わないか？」

　正直に言って、よくわからなかった。新しいＡＮＰの面々が、こういったことに首を突っ込むとは思えない。彼らはこの拠点になじんでいるように見えたし、お茶の席でも話題に出たので、わたしが犬の世話をしていることも知っている。こちらの信頼が裏切られたのでなければいいのだが。

　必死に頭のなかを整理していると、タリはもしかすると、もう少し静かに過ごしたかったのではないかという考えが浮かんできた。あまりに大勢の兵たちがタリとジーナの子どもたちを見にくるので、タリは嫌気がさしてしまったのかもしれない。だからこそあの子は、静かな場所を求めて行ってしまったのだ。しかしいったいどこへ？

「どこに行っちまったっていうんだ」デーブと一緒に居住エリアに向かって走りながらわたしは叫んだ。

　犬たちがこの拠点にいさせてもらえるのは、彼らが普段目につかないところにいて、誰の邪魔にもならないからだ。タリがボスの足もとにひょっこりと顔を出すなどという事態は、なんとしても避けなければならない。

「トム、タリを見なかったか？」当直に向かうトムに声をかけた。

「いいえ。すみません」歩きながらトムが答える。

「くそっ」

　拠点中の兵に聞いてまわっても事態は変わらなかった。

　現状が徐々に明らかになってきた。タリと子犬たちは行ってしまったのだ。ほんの一瞬、かすかな安堵感のようなものが胸をよぎった。これでよかったのかもしれない。どうせわたしたちは、ナウザード、ＲＰＧ、ＡＫ、そしてジーナと八匹の子犬たちの面倒を見るだけで手いっぱいなのだ。タリがここを出ていこうと決めたのは、賢明な選択だったのではないだろうか。

「またあとで探そうか」デーブが言った。「ほかの子たちにごはんをやらなくちゃ」

「ああ、そうだな。よし行こう」

　ゆっくりと霜が解け出した拠点の敷地を歩いていくと、ハリーとロジが、ANPが寝室に使っている部屋の外でなにやら楽しそうに話をしていた。まだ朝早く、気温も低い時間だったので、ほかのANPのメンバーは寝ているようだ。

「ハリー、タリを見なかったか？　白い犬で、子犬を連れているんだが」もしかしたらと思い、わたしはたずねた。

「いいえ。犬は見てません」ハリーが答えた。

　わたしが頼む前に、ハリーはロジに向かって話しはじめ、するとロジがパッと顔を輝かせてニコニコと笑ったので、わたしたちも思わず笑みを返した。

「イエス、イエス」ロジは興奮してそう繰り返しながら、小さな泥のトンネルを指さした。トンネルはわたしたちが立っている場所から三メートルほどしか離れておらず、その先端はANPの庭を横切る小道の下に消えている。

「なんだって？」わたしはそう言いながら、デーブと一緒に、ぽっかりと暗い口を開ける穴のほうへ近づいた。

「ロジは今朝、母犬が子犬をこのなかに運び入れるのを見たそうです」ロジの話を聞いたハリーが言った。

「本当か？」

　わたしはひざまずいてトンネルのなかをのぞきこんだ。穴は直径が一五センチほどしかなく、口から数センチ奥はもう真っ暗でなにも見えなかった。小道の幅は二・五メートルくらいあり、わたしは急いでその反対側にまわった。理屈から言えば、こちら側にもトンネルの口があるはずだ。このトンネルはおそらく、ANPの部屋がある建物周辺の排水管として使われていたものだろう。ここは大雨が降るといつも水浸しになる。トンネルが機能していれば、水は庭のほうへ流れ出てくるに違いない。

ところが、トンネルの出口があるはずの場所にいま見えているのは硬い土ばかりで、どうやらトンネルの穴は、とっくの昔に泥でふさがれてしまったようだった。なるほどどおりで、ANPの宿舎の外には雨のたびに水がたまるはずだ。

「こっちに来て見てみろよ、ペン」デーブがトンネルの入り口で泥の上にひざまずいている。「タリ、バカだなおまえは。そんなところでなにやってんだ」デーブが顔をあげた。右手には懐中電灯がにぎられている。

「まさか、本当にそこにいるんじゃないだろうな」そう言いながらも、わたしにももうわかっていた。

「おう、そのまさかだ。一メートル以上はいったところだな」

ということはタリはいま、石と泥でできた小道の真下にぎゅっと詰まっているというわけだ。

ロジはチェシャ猫のようににんまりと笑っている。わたしたちの手助けができたことがうれしいのだろう。半分土に埋もれたトンネルのなかなど、自分たちだけでは決して探してみようとは思わなかったはずだ。

わたしは北にそびえる雪をかぶった山々に目をやった。黒い雨雲が、またもやぐんぐんと近づいてきている。今日の天気予報は雨で、予報がはずれることはめったになかった。

「子犬たちも全員揃ってるみたいだ」デーブが顔をしかめながら言った。「もうすぐ雨がくるな」

「ああ。このあたりはまた水浸しになる」

非番の部下を呼んできて手を借りようと、わたしがいまにも駆け出そうとしたそのとき、ロジが目の前に立ちはだかった。手にはANPの庭から取ってきたらしいシャベルが握られている。「イエス」にっこりと笑ってロジは言った。

わたしは笑顔を返した。「イエス」

デーブを見ると、彼もロジに向かって笑っていた。「イエス」わたしはもう一度そう言った。さて、トンネル堀りの時間だ。

タリをトンネルの外に誘い出すことは簡単だ。おそらくはポーク&小麦粉団子《ダンプリング》のパックの口を開けて差し出すだけでことは足りるだろうが、それでは子犬たちを外に出してやれない。子犬はトンネルの奥のほうにいるので、地面に寝転がって腕をめいっぱいのばしても届かなかった。タリは実に巧妙に、わたしたちの目から子犬たちを隠したわけだ。

さっきわたしの頭に浮かんできた、タリが子犬たちを連れて出ていったのは、拠点の誰も彼もが、新しくはいった犬を見ようと代わる代わる押しかけてくるのが嫌になったからだという想像は、あながち間違いでもなかったのだろう。

わたしとロジが順番にシャベルを持って、トンネルの土でふさがった側をそろそろと掘っている姿を見て、歩哨当番を終えた兵たちが寄ってきた。いまから休憩にはいる者たちは、すぐに手伝いを買って出てくれた。作業は、ただ穴を掘って子犬を引っ張り出せばいいという単純なものではなかった。小道の下のどのあたりに子犬がいるのかは、正確にはわからない。掘り手は小道の上に立つことになるので、トンネルを崩して子犬を生き埋めにしてしまわないよう、慎重に作業を進める必要があった。だからわれわれは、トンネルの出口がふさがったほうからスタートして、子犬たちがいる場所まで、少しずつ、ジリジリと掘り進んでいった。

土は連日の雨でやわらかくなっており、掘るのはさほど苦にはならなかった。それでも、しばらくのあいだ張りきって掘ったところで、若いアブドゥル・ラ・ティップがわたしの手からシャベルを取っていったときには、正直なところホッとした。アブドゥルがみずから進んで手伝ってくれたのか、司令官に言われて来たのかはわからない。どうやら司令官は、建物の入り口の脇に置いてある金属製のベッドに敷いたマットレスにゆったりと腰を据えたまま、作業を指示しているようだった。

わたしは思わずにやりとした。

ポーク&ダンプリングのパックの口を開けて、排水管の入り口に差し出しても、タリは出てこようとはしなかった。兵たちはできる限り静かにトンネルを掘り進んでいたが、タリはやはりおびえているようだった。食べものにもつられないとなれば、その恐怖は相当なものなのだろう。

「貫通したぞ」ジョンが叫んだ。

みるみる暗くなる空の下で、ジョンはすかさず手と膝をついて、いま掘ったばかりのこぶし大の穴のなかを懐中電灯で照らした。

みんなが一歩さがって見守るなか、ジョンが穴の奥に肩まで手を突っ込んだ。

「よし捕まえた」

立ちあがったジョンの手のなかには、灰色と白の子犬がいた。ジョンが子犬を、アブドゥルがしっかりと抱えている箱まで運んでいくあいだに、わたしは地面に膝をついて次の子犬を取り出しにかかった。暗いトンネルのなかをのぞいてみると、タリの白い体が、残り五匹の子犬たちと寄り添いあっているのがちらりと見えた。はじめて会ったあの日、ゲートのそばの横穴にいたタリの姿が思い出された。

わたしは穴の奥に手をのばし、慎重に大きな白い子犬をつかんだ。子犬を取り出すときにタリに嚙みつかれるかとも思ったが、それはいらない心配だったようで、わたしは無事、まだ眠っている子犬をトンネルから引き出すことに成功した。

今度はロジがやってみたいと言い出した。ロジは少しふらつきながらひざまずき、穴のなかに手を入れて、頭を地面に押しつけながら、その手をできるだけ遠くまでのばした。微笑みながら見ていると、ロジはきょうだいたちのなかでいちばん小さなあの子犬を取り出し、箱のなかでまだうとうとしながら待っている、先に救出された犬たちのそばへおろしてやった。

最後の子犬がジョンの手で無事救出されたとたん、タリはパッとトンネルから姿を現した。箱を持ったまま子犬たちのランへ向かうと、タリもついてきて、わたしたちの足のまわりをピョンピョンと跳ねまわった。

「なんとかランに工夫をして、タリが外に出られないようにしたほうがいいな」歩きながらデーブが言った。「でないとまたタリは子犬を動かしちまうだろ」

「ああ、だろうな。これから一時間くらいあいてるか?」わたしがそう言ったとき、雨の最初のひと粒が、乾ききった砂の地面に勢いよく跳ねた。

第21章 ディナーへの招待

ANPとの関係は、ますますよくなっていった。

午後には毎日のように、とくに急ぎの用事がない限り、デーブとジョンとわたしは、ANPの庭か居住エリアの入り口あたりで、青いシャツの警察官たちと一緒に一時間ほど過ごすようになった。みんなで椅子に座り、チャイを飲みながら、ハリーがその場にいて通訳をしてくれるときには(アブドゥル・ラ・ティップの英語はハリーほどうまくなかった)、なんだかんだとたわいもないことをおしゃべりした。幸いハリーもこのお茶の会を、わたしたちと同じくらい楽しんでいた。

ある日のお茶の時間、みんなが笑いながら見ている前で、ジョンが腕立て伏せの体勢をとり、ティンティンにその正確なやり方を実践してみせたことがあった。ANPの警官たちが、海兵がなぜ休憩時間に運動をするのか、その理由がわからないと言ったのだ。ジョンがこうしてデモンストレーションをしてみせ

ジーナと子供

ても、まだ疑問は解消されないようだった。

ハリーを通して、彼らは「なぜ？　なぜ？」と繰り返したずねてきた。

そんなことをしているとき、ふと目をあげると、小さな庭の奥のほうにぎっしりと植えられている木々の向こうを、ジーナがトコトコと歩いていくのが見えた。厨房に向かっているのだ。子どもを生んでからというもの、ジーナはすっかり脱出の名人になっていた。名前をフーディーニ［アメリカで活躍した脱出芸を得意とする奇術師。一八七四〜一九二六年］に変えようかと思うほどだ。いまだにジーナがどうやったのかはわからないのだが、出産後数日がたったころ、あの子はすべての子犬たちを、自分がいるランの隣の、RPGとAKがはいっているランに移動させてしまうという事件を起こした。

最初は、ジーナがどこへ行ったのかが判明するまでにしばらく時間がかかった。すわ排水管騒動の再来かと、誰もが思った。ところがRPGの様子を見にいってみると、そこにはRPGの箱からうれしそうにこちらを見ているジーナがいて、そのまわりには八匹の子犬たちが寝ているのだった。RPGとAKは、もう一方の箱のなかで一緒に丸くなっていた。

「いったいどうやって……？」みんなが信じられない思いで見つめるなか、デーブが言った。

「おれに聞くな。知るわけあるか」呆然と突っ立ったままわたしは答えた。世の中にはきっと、謎のままにしておいたほうがいいこともあるのだ。

わたしは失礼をわびて椅子から飛び出し、大声でジーナを呼んだ。懸命に走ってなんとかジーナに追いつき、ランに連れ戻そうと来た道を引き返した。

困り顔のジーナを両腕に抱えてANPの庭の横を通りかかると、警官たちがこちらを見て大声で笑い出した。

「ハリー、なにがおかしいんだ？」デーブがとまどったようにたずねた。

「ペンと犬のことを笑っているんです」ハリーはにっこりと笑った。

「どうしてだい？」今度はわたしが聞いた。庭に寄り道をしてジーナを地面におろしてやると、ジーナは庭の縁に沿って生えている背の高い植物のにおいをかぎにいった。

ロジがハリーに話しかけ、ハリーがそれを通訳してくれた。顔はにんまりと笑っている。

「ペンが犬に名前をつけて、犬のことを人間にするみたいに追いかけているからです」ハリーが説明した。

「ああ、確かにそうだが、じゃあアフガン人は犬に名前をつけないのか？」

ハリーは向こうをむいて、司令官とロジに話をした。ふたりともじっと耳を傾けてから、すぐに大声で笑い出した。

「いいえ、つけません」ハリーが言った。「犬のことは犬と呼びます」

そしてハリーも一緒になって笑い出した。

わたしはジョンとデーブのほうを見た。ふたりとも必死に笑いをこらえている。わたしも我慢の限界だった。そうして全員が、ANPと一緒になって笑い転げた。

わたしはふたたび立ちあがるとジーナを抱きあげた。

「さあ犬、行くぞ」

＊

冷たく湿った空気を肌に感じながら、ANPの建物のなかを、ぼんやりと光るあかりのほうへ導かれていく。頭につけたトーチの光が闇を裂き、飾り気のない灰色の壁を照らし出す。脇に寄り、冷たい金属べッドの骨組みにぶつからないよう注意しながら進む。ベッドはいくつか積み重ねて、人が通れるよう端に寄せてあった。

ついにアブドゥル・ラ・ティップは質素な木のドアの前で足を止め、静かにノックをした。わたしたちを部屋のなかに通す許可を待っているらしい。

ドアの向こうから、ぶっきらぼうな声が聞こえた。

ふと床を見ると、くたくたの革靴が四つ、きちんと重ねて置いてある。わたしはデーブとジョンを振り返った。

「おいみんな、ブーツを脱ぐぞ」

わたしたちは腰をかがめて、長いブーツの紐をほどきはじめたが、アブドゥル・ラ・ティップがすぐにわたしの腕をつかんだ。

「ノーノー、ペニー・ダイ。いいんです」

「靴は脱ぐよ、アブドゥル。ここはきみたちの家なんだから」わたしは言った。

アブドゥル・ラ・ティップは一歩さがって、わたしたちがブーツを黒い革靴の横にぞんざいに並べるのをじっと待っていた。

ドアが押し開けられると、そこは明るい光にあふれた部屋だった。ついさっきまで、一時間ほど冬の夜の暗闇のなかにいたせいで、光がやたらとまぶしく感じられ、わたしは目をしばたたいた。

目が光に慣れてくると、自分たちの背後の壁に、ヤギの残骸がぶらさがっているのに気がついた。薄汚れた壁に血がしたたって、大きなハート型の染みを作っている。やわらかい泥壁のちょうどあのあたりに、はらわたを抜いたヤギをフックでぶらさげておいたのだろう。アフガニスタンでは健康や衛生がさほど重要視されていないことはわかってはいたが、彼らがあのヤギを殺したのはもう一週間近くも前のことだ。

「みんな、うしろの壁を見るなよ。ディナーがまずくなるかもしれないぞ」ヤギのほうをあごで指しながらわたしは言った。

「うぐぐ」ジョンは発言をそれだけに留めた。

アブドゥル・ラ・ティップがドアを支えてくれ、わたしたちは夢のように暖かな部屋に足を踏み入れた。さっきまでいたすきま風のはいる部屋とは、恐ろしいほど気温が違う。ふと見ると、部屋の奥にあるガス・ファンヒーターから温風が吹き出している。

司令官とロジが、わたしたちを待っていた。われわれはまるで何年も会っていなかったかのように心を込めて握手をかわしたが、実際には数時間前に会ったばかりだったので、少しおかしな気分ではあった。

ハリーも招かれていた。彼がいなければ、今夜はさぞかし静かな夕餉になったことだろう。ハリーが来てくれたのはまた、彼自身が何人かの警官たちとかなり親しくなっているためでもあるようだった。

「司令官はあなたがたが彼の家に来てくれたことを歓迎し、彼が出す料理を楽しんでくれることを願っています」わたしたちのあいだに立ったハリーが言った。

「ありがとうございます、司令官。お招きいただき、たいへん光栄です」わたしは答えた。

ことのはじまりは数日前の午後、お茶の席で何気なく出た話だった。わたしやデーブが、彼らが普段どんなものを食べているのかとたずねたのだ。それが本格的なディナーの招待に結びつこうとは、そのときは考えもしなかった。

わたしたちは絨毯敷きの床に腰をおろした。めいめいが、部屋の端に置かれているやたらと大きなクッションのなかからひとつを選んで、下に敷いていた。

壁はきっちりと二色に塗りわけられている。下半分が灰色で、上半分が少し濁った黄色っぽいオレンジ色だ。ANPの制服である厚手の青い上着が何着か、外でヤギをつるしているものと同じタイプのフックを使って、壁にかけられている。

彼らのAK47アサルトライフルも同じ壁に、銃口を下に向けて無造作にさげられていたのには、つい笑ってしまった。洗面器のような髪型で、薄い口ひげを短く整えたジェメルが、水を入れたボウルと布を持って部屋にはいってきた。彼はわたしたちに向かって腰を曲げ、ボウルを差し出した。

「手を洗う水です」不安げなわたしたちの顔に気づいたハリーがそう言い、警官たちと一緒にクスクスと笑った。

照れ隠しに笑顔を作りながら、わたしたちはありがたく手をすすぎ、ジェメルは部屋をぐるりと一周した。アブドゥルが洗いたてのカップと、熱々のチャイがはいった銀のポットをのせたトレーを持ってそのあとに続く。トレーにはイギリス製のように見える砂糖の袋ものっていた。

アブドゥル・ラ・ティップはまず最初に司令官にお茶をついでから、わたしたちのほうへやってきた。わたしの隣にはジョンが、もう一方の隣にはハリーが座っている。デーブはハリーの向こうにいて、その左側にはいつにも増してテンションの高いロジが座っていた。ANPのそのほかのメンバーは、わたしたち三人を黙って見つめている司令官の両脇に並んでいる。

いくらじっくりと眺めてみても、司令官がいったい何歳くらいなのかは、まるでわからなかった。顔色を読むのがむずかしいタイプだ。

日焼けした顔はほぼ無表情で、目にだけときおり感情が見え隠れする。司令官は、ドアのそばでじっと待機しているアブドゥル・ラ・ティップに向かって指を鳴らした。ティンティンはまだ姿を見せておらず、どうやら彼が今夜の料理を担当しているらしかった。

アブドゥル・ラ・ティップがドアを出ていったので、きっと食事を急がせるよう言われたのだろうとわたしは考えた。

司令官がハリーに話しかけた。わたしたち三人は、司令官がなにを話しているのかがわかるまで、おとなしく待っていた。

「司令官は、あなたがたが兵士になってからどのくらいたつのかを知りたいそうです」司令官に向かってうなずくのを終えてから、ハリーが通訳した。

「わたしは海兵になって一七年になります」わたしは答えた。

司令官は通訳を聞いて満足そうにうなずいた。

「それから、どこで戦ったのかと聞いています」

「ナウザードに来る前は、ゲレシュクで戦いました。その前は、ここにいる全員がイラクへ行っていました」またもや司令官は満足そうにうなずいた……ような気がした。

「それから、あなたがたがタリバンを何人殺したかを知りたいそうです」

わたしがデーブのほうを見ると、デーブはただ肩をすくめてみせた。

「司令官に、それはわからないと伝えてくれないか。わたしたちは攻撃を加えたあとで、タリバンが静かになったという知らせを無線で受け取るだけなのです。いつかタリバンと戦わずにすむ日がくることを願っています」とわたしは答えた。

これを聞いた司令官とロジのあいだで言葉がかわされ、わたしがハリーに彼らはなにを話しているのかと聞こうと思っているところへ、デーブが自分の質問をぶつけた。

「ハリー、ロジにこれまでに何人タリバンを殺したのか聞いてくれるかい？」

ハリーがロジに話をすると、ロジはすぐに勇ましい叫び声をあげて、腕をぶんぶんと振りまわしながら、おそらくは彼が経験した数々の戦いの様子を興奮気味に話した。

「彼はすごく、すごくたくさんのタリバンを殺したと言っています。彼がパトロールに出ると、タリバンは恐れをなして逃げ出すのだそうです」

部屋にいるANPの面々は一斉に笑い出し、ロジに喝采を送った。わたしたち三人もつられて吹き出し、まだ腕を振りまわして叫んでいるロジに向かって拍手をした。

おしゃべりと笑い声に、部屋はさらに暖かさを増した。あとでもう一度外に出るときには、寒さがひどく身に染みるに違いない。

アブドゥル・ラ・ティップとティンティンがドアを開けてはいってきたので、外の部屋からひんやりとした空気が吹きこんだ。ふたりが運んできた大きなプラスチックのトレーが部屋のまんなかに置かれると、みんなからまた拍手が起こった。

一方のトレーには、白いごはんを山盛りにしたボウルがふたつと、平たいパンが一〇枚ほどのせられている。もう一方のトレーには、濃厚な白い液体のはいった水さしと、湯気の立つ大きなボウルがふたつ置かれていた。ボウルのなかでは、見るからにねっとりとした肉のかたまりが、薄いスープに浮いている。

わたしはデーブとさっと目配せをかわした。わたしたちはここに来る前、この夕食の招待を受けるかどうかについて、さんざん時間をかけて悩み抜いた。声をかけてくれたこと自体には、心から感激していた。問題はこちらが感謝しているか否かではなく、彼らがどこで、どのように料理を作っているかを、わたしたちが知っているという事実だった。わたしはANPの若者たちが裏ゲートのそばで、熱した石を使って、夕飯のおかずと平たいパンを調理しているのを見たことがあった。

パンをつくるANPの若者

パンの生地は、ふたつの大きなボウルのなかでこねられたあと、黒焦げになった巨大な金属製のプレートの上でのばされる。彼らがどうやら毎日食べているらしい米は、直火にかけるせいで外側が真っ黒になった大きな厚手の鍋で調理される。そこまではまだいいのだが、まずいのは調理の最終段階だった。鍋とボウルを使い終わると、彼らはそれを夜のあいだ外に起きっぱなしにして、朝食の前に洗うようにしている。夜だとあたりが暗くて寒いので、洗いものをしたくないのかもしれない。しかしわたしは、夜中にときおり野良猫がやってきて、鍋やコップやボウルをうれしそうになめまわしているのを見たことがあるのだ。それどころか、RPGとナウザードを、山と積まれた食器の前から追い払ったことさえあった。あれはまだここにやってきたばかりで、わたしが毎晩、二匹に運動をさせてやっていたころのことだ。

朝になり、ANPが洗いものをするときに使うのは、冷たい水と手の平だ。それが彼らの常識だし、おなかのほうもそれで問題ないのだろう。しかしわれわれのおなかも大丈夫なのかどうかは、はなはだ疑わしかった。

ここ二ヵ月半というものわれわれは、食べものに手を触れる前には、毎度律儀にアルコール入りのジェルで手をふくよう努めてきた。調理に使用した鍋やフライパンはすべて、使った直後に石けんを入れたお湯で洗った。重要な任務を抱えている以上、病気をもらうわけにはいかなかった。一〇分おきにトイレに駆けこむというのは、とくにタリバンから攻撃を受けているようなときには、あまり愉快な状況とは言えないだろう。

ANPには本当に申し訳ないのだが、わたしはどうしても、以前エジプトでの任務の最中、イギリス海軍の補給揚陸艦サー・ガラハッドに搭乗したときのことを思い出さずにはいられなかった。あのときは乗組員の九割以上が、下痢と吐き気に同時に襲われたのだ。ああいった病気が発生している最中に狭い環境に閉じこめられる体験は、二度とごめんこうむりたかった。

もうあと戻りはできない。われわれはここに、ANPと食事をするのは一生に一度のチャンスだと思ってやってきたのだ。それでも念のために、三人とも自分が使うトイレットペーパーだけは、きっちりと確保しておいた。

司令官がみんなに、自分たちで料理を取るようにと合図をした。わたしは取り分け用のスプーンを探したが、どこにも見あたらない。

「指を使うんですよ、ペニー」ハリーは笑って、右手でごはんをすくう仕草をしてみせた。

なるほど指か。わたしはボウルを手にとると、やわらかいごはんを大きく二回すくって、目の前の床に置かれた皿にのせた。ボウルをジョンにまわす。

　わたしがヤギ肉をふた切れ、皿に取っていると、ハリーがおたまを使って濃厚な白い液体をすくい、それをこちらに手渡した。

「これはなんだい、ハリー」

「ヒツジの乳です」

「ヤギの乳だろう?」

「いいえ。ヒツジからとった乳です」

　デーブはクスクスと笑いながら、わたしがおたまから一口するのを見ていた。口をひん曲げたりしないよう精一杯がんばってはみたのだが、苦みのある乳の味に味蕾《みらい》を直撃された。せっかくの努力は実を結ばなかったようだ。わたしの顔をじっと見つめていた警官たちが、ワッと笑い出した。おたまをハリーに返す。ハリーはおたまをジャグに浸して、ヒツジの乳を一口飲んだ。平然とした顔をしている。

「こいつはデーブもぜひとも飲んでみたいよな」わたしは言った。

　デーブがわたしを「あとで殺す」という目でにらみつけた。

　肉は固くて脂っぽかったが、味のほうはオニオン入りのグレイビー・ソース［イギリスでポピュラーな、調理中の肉から出る肉汁をもとに作られるソース］で煮こんだような感じだった。われわれ三人は、絨毯を敷いた床にごはん粒をこぼさないよう、慎重に手を動かしていた。警官たちはガバリと料理をすくっては口に運び、それでいて少しも食べものをこぼさなかった。

　皿がからっぽになると、アブドゥル・ラ・ティップが大きなボウルに残っている分を取り分けた。わたしたちの皿には、多めに盛ってくれたようだ。おかわりをもらうのは気が引けたが、司令官はぜひにと言って譲らなかった。

　皿が片づけられ、いつものお茶がカップにそそがれると、おしゃべりがはじまった。司令官はイギリスについて知りたがり、また、わたしたちがアフガニスタンにいないときには、イギリスにどのくらい滞在するのかと聞いてきた。警官たちはみな、わたしの妻がWREN《レン》だと知ると、興奮して口々になにかをしゃべり出した。司令官は、女性がなぜわたしと同じくらいの階級にまで昇進して、男たちにあれこれ命令できるのかが理解できないと言った。しばらくすると、話題も尽きて静かになった。

ここ数日わたしは、ANPはわれわれがいないとき、どうやって拠点の外をパトロールするのだろうかと考えていた。そこでふと、あることを思いついた。

「ハリー。司令官に、パトロールのときにはトラックや車を停めてなかを調べるのかどうか聞いてもらえるかな」

ハリーがさっそく司令官にたずねてくれ、やがてわたしに向かってうなずきながら、ANPは車を調べていると言った。

「司令官に、わたしのために車を探してくれるかどうかを聞いてくれないか」わたしは三〇分もたたないうちにすでに三杯目となったお茶をすすりながら言った。アブドゥル・ラ・ティップは、からっぽのカップを見のがさない。

「司令官はなぜかと聞いています」

「わたしが世話をしている犬たちを、カンダハールまで運びたいんだ」

この発言のあと、ロジ、司令官、ハリーのあいだを何度も言葉が行き交った。やがて三人はわたしのほうを向き、そしてハリーが、わたしが三ヵ月近く待ち望んでいた言葉を口にした。「司令官がそれを実現させるそうです」

わたしは目を閉じた。ついにわたしのために犬を運んでくれる人が現れたという事実が、にわかには信じられなかった。しかもその人物は、きっと約束をはたしてくれると確信が持てる相手なのだ。

それからの三〇分間で、段取りや支払いの方法が話し合われた。費用は四〇〇米ドルになる。わたしたちも警官たちも興奮していた。計画はシンプルだ。司令官がナウザードからラシュカルガーまで行く車を雇い、そこからは別の車が犬をカンダハールまで運び、リサが手配するレスキューのワゴンと落ち合う。

わたしは司令官と握手をした。計画はひどく簡単そうに思えた。いったいどうしてもっと早くこの手を思いつかなかったのか不思議なくらいだ。しかしおそらくは、四〇〇ドルという金額が功を奏したのだろう。

「それではお祝いをしましょう」ハリーが言い、アブドゥル・ラ・ティップがなにか言いつけられて部屋を出ていった。すぐに戻ってきたアブドゥルは、手にトランプを持っていた。

「いや、でもおれたちは金を持っていないんだが」デーブが言い、わたしたちは顔を見合わせた。

「ノーノー、デーブ。お金のためではなく、ただ勝つ楽しみのためにやります」

わたしたちはもう一度顔を見合わせた。

「やりかたを教えます」ハリーが言った。

それから、本当は睡眠をとるはずだった二時間のあいだ、わたしたちはのんびりとアフガニスタン流のトランプのゲームを楽しんだ。ゲームに勝つには、相手よりも強いカードを出せばいいのだが、ハリーはわたしたち三人分の手札を見ながら、自分の手札も見なければならなかったので、最後にはたいていロジが勝利を手にした。

そしてついに、四回目か五回目のゲームの最中に出されたオレンジの最後のひと切れが食べつくされると、おひらきの時間となった。

警官たちと握手をし、さよならを言った。夜の冷たい空気のなかに足を踏み出しながら、わたしはここへルマンド州に来て以来、感じたことのなかったなにかを感じていた。自分が手助けをするためにここまでやってきたアフガニスタンの人たちとのあいだに、とうとうつながりを持つことができた気がした。

そしてたぶん、まだたぶんとしか言えないが、わたしはついに、ナウザードの犬たちを救い出す方法を見つけたのだ。

第22章　リワネイ

犬たちにごはんをやり、そのまま朝食抜きで、補給ヘリを待つためにジョンと一緒に早朝の砂漠に出た。

いつもは、ヘリの着陸地点まで車を出すときには常に気を張って、どこかにとんでもない危険がひそんでいないかと目を光らせている。今日はしかし、普段よりもリラックスしたドライブになった。一緒に走ってくれる仲間がいたのだ。

丘《ヒル》の監視のもとで車を走らせていると、ダシュカとパッチスがうれしそうに隣をついてきた。

その様子を見たヒルの連中は大喜びだった。

「20C、こちらヒル。今度は犬のフィットネスでもはじめたのか？　どうぞ《オーバー》」

「ヒル、こちら20C。黙ってタリバンを警戒してろ。オーバー」

兵たちはまだ順番で慰労休暇《R&R》をとっている最中で、中隊先任軍曹《CSM》も拠点を離れていたので、わたしが彼の仕事を引き継いでいた。それ自体はたいした負担ではないはずなのだが、正直なところいまは、これ以上余計な責任を引き受けたくはなかった。ダッチーまでがR&Rにはいってしまったため、ふたつの中隊がどちらもわたしの管理下にあったのだ。これらの仕事をすべて問題なくこなすのは、並大抵のことではない。文句を言ってもはじまらないが、わたしにはこのほか、犬たちの世話をする時間がさらに短くなるという悩みもあった。これからはいっそう時間を有効に使わなくては。

防御陣地に到着し、ヘリが来るのを待つ。犬たちはしばらく走ったあとで荒い息をついていたが、車を降りたわれわれのそばにこうして座っていられるのがうれしいようだった。

背筋をピンとのばして満足そうにしているダシュカの頭を、ひとりの兵がくしゃくしゃとなでてやった。

「ヘリが来たら、どうしますか?」ジョンが犬に目をやりながら言った。

「逃げてくれればいいんだがな」そう言って南のほうを見ると、水色の空にふたつの黒い点が現れた。

「装備を準備しろ」わたしは叫び、ヘリに着陸地点を知らせるための発煙弾を放り投げた。ヘリのうち一機は着陸せず、機体に吊り下げた補給物資のパレットを投下するだけだ。

みんなからちやほやされていたダシュカとパッチスはふいに立ちあがり、モクモクと立ちのぼる煙のほうに目をやった。四輪駆動車《フォーバイフォー》の影に身を隠そうと歩きながら犬たちを見ていると、彼らは近づいてくるヘリの低いうなりに耳を澄ませていた。

だんだんと大きくなる騒音は、とうてい犬たちが耐えられるようなものではなかった。二匹は驚いたガゼルのように走り出した。

ジョンとわたしが互いに寄りかかってしゃがんでいると、ヘリのパイロットはわたしの発煙弾を完全に無視して、こちらに正面を向けて着陸した。頭の上から石やらべちゃべちゃとした泥やらが降りそそぎ、わたしは小声で悪態をついた。このフォーバイフォーが自分のものでなくて本当によかったとあらためて思った。われわれとヘリのパイロットたちとは、力を合わせて、この車をボロボロにする任務を着実にこなしていた。

ヘリが無事バスティオン基地に向かって飛び去り、ようやく埃が収まってきたころ、わたしは目の前の地面に転がるパレットを軽い驚きの気持ちで見つめていた。

「ジョン」郵便袋をフォーバイフォーのうしろに積みこんでいるジョンに大声で呼びかけた。ジョンはまだパレットを見ていない。

「どうしたんですか？」袋を荷台に向かって放る手を休めずにジョンが答えた。

「電気の配線は得意か？」

「なんの話です？」ジョンは今度は作業を中断してこちらにやってくると、やはり困惑した表情でパレットを見つめた。

「ストリップ・ライト［細長いテープ状の照明器具］だ」わたしはジョンに向き直った。「やつらはなんだってストリップ・ライトなんて送ってきたんだ？　ここには電気も通ってないってのに」

わたしたちはすでに飛び去ったチヌークの方角に目をやった。どうやらパイロットは、間違った荷を運ばされたようだ。われわれが本当に必要としている新鮮な食糧や弾薬は、バスティオンに置きっぱなしになっているか、悪くすると、ほかの場所へ運ばれてしまったに違いない。

拠点へ戻る途中、ヘマをやらかした誰かに向かってさらに文句を並べながら、わたしたちは目でダシュカとパッチスを探していた。しかしわれわれの食糧や弾薬と同じように、二匹の姿はどこにも見えなかった。


「シェフ、Happy のつづりには、p がふたついるんじゃないか？」わたしは体を暖めようと紅茶をすすりながら、何食わぬ風を装ってスティーブに言った。

「え、まさか、やっちまったスか!?」スティーブはしまったという顔をして、コンロの前で作業をしていた手を止めた。

スティーブは今日、どこからか材料をかき集めてきて、ある兵士のためにバースデーケーキのようなものをこしらえた。そのできばえはみごとなもので、丸めた新聞紙から絞り出した青いアイシングでデコレーションがほどこされ、仕上げに赤いクリームで大きく Happy Birthday と書かれていた。

Happy Birthday のつづりを二度目に確認していたそのとき、スティーブははたと、わたしにかつがれたことに気がついた。「くっそ、出ていけ、軍曹《サージ》。どっかでなんか役に立つことでもしやがれっ。クソでも燃やしてろっ」

「残念だったな。クソなら今朝、拠点に戻ってくるときにもう燃やしたよ。おまえはいびきをかいて寝こけてたから知らないだろうけどな」

わたしは紅茶を飲み干すと、補給ヘリが運んできた手紙を取りにいった。いつもどおりのリサと母親からの手紙のほかに、今回はめずらしく、見覚えのない筆跡の手紙が何通か混ざっていた。一通を手に取り、封を破く。なかからは一枚のカードが出てきた。表に印刷されているのはクリスマスの風景だ。ラブラドールの母犬と二匹の子犬が、雪をかぶった教会を見あげて座っている。絵のなかには子猫も三匹いた。

カードを開き、丁寧な字でしたためられたメッセージを読む。

みなさんへ

あなたがたが従事されているすばらしいお仕事に感謝いたします。そしてまた、貴重なお時間を割いて見捨てられた犬たちを助けてくださっていることにも。小切手を同封します。

幸運を
コルチェスターにて

カードを持ちあげると、膝の上にぽとりと小切手が落ちた。宛名はわたしの名前で、二〇ポンドと書いてある。

わたしは大急ぎでそのほかの手書きの封筒を開けた。どの手紙にも同じようなことが書かれていた。小切手を数えてみる。すべて合わせると、寄付金の額は一〇〇ポンド近くになった。どうやら母親が地元紙に投稿した話が、いくらか反響を呼んでいるようだ。

この施設内でいちばん暖かい場所といえば厨房で、寒い日には誰もが引き寄せられるようにここに集まってきた。ANPも例外ではない。

とりわけロジは、ドアのそばをうろついて、スティーブが背中を向けた隙に食材を〝借りる〟のを常としていた。現行犯で取り押さえられるたび、ロジはなんのことやらという顔をして両手をあげるので、まわりにいる兵たちのあいだに爆笑が巻き起こった。

ロジにはすでに何度か、司令官に頼んだ犬を運ぶ車の手配はどうなっているのかとせっついてはいたが、ロジはいつもただ空を指さして頭を振るのだった。彼がなにを言いたいのか、正確にはわからなかったが、だいたいのところは察しがついた。まだ適当な車が見つからないのに違いない。しかしそれでは困るのだ。いまとなっては、すべては司令官が約束を守ってくれるかどうかにかかっていた。

すでにジーナの子犬たちはランのなかを駆けまわるようになっており、とくにRPGは、ひなたぼっこをしている最中に長い耳に噛みつかれてひどくいらついていた。ナウザードとAKはその逆で、子犬たちにちょっかいを出されてもまったく気にしなかった。ナウザードはフェンスの格子越しに前足を突き出してくる子犬たちに、自分の体を叩きたいだけ叩かせてやっているし、AKはいくら体によじのぼられても、なんのリアクションもしなかった。その姿はまるで、自分が母親になる日のための訓練をしているかのようにも見えた。RPGとAKの仲が、そこまで深くなっていなければいいのだが。拠点のなかを、これ以上たくさんの子犬がうろつきまわるのだけは勘弁してほしかった。

タリの子どもたちはジーナのところよりも大きいので、外の世界を探検したくてしかたがない。わたしたちはタリの一家を、ランが作りつけてある古い建物のなかに移してやり、入り口の前には岩を置き、さらに木材で補強して簡単にはあかないようにしておいた。タリは開いた窓になんなく飛び乗れるので、好きなときに出入りができるし、なによりの利点は、子犬たちが逃げ出す心配をせずにすむことだった。

朝になると、わたしはドアを開け、子犬たちのなんともおかしな日課を眺めて楽しんだ。子犬たちは開いた入り口のほうへよたよたと近づきながら、部屋のなかにふいに押し寄せてきた新しいにおいに向かって、そっと鼻を動かす。

入り口から部屋にあがる段差は、高さが一五センチほどある。子犬たちが段の端にギリギリまで寄って、六匹ずらりと並んでいる様子は、まるで誰かが下におろしてくれるのを待っているかのように見える。しかし六匹が互いに押し合いへし合いしているうちに、たいていは彼らのリーダーであるシロクマのような子犬がバランスを崩して、地面にまっさかさまに転げ落ちる。子犬はすぐに飛び起きると、「続け。敵はいない」と合図を送り、残りのきょうだいたちについてくるよううながす。

それから子犬たちは爆弾が爆発したようにあらゆる方向へ走り出し、わたしは子犬を必死になって追いかけるのだが、タリはその一部始終を、部屋の隅からつまらなそうな顔で眺めているのだった。こうやって犬たちと過ごす時間は、いつだってわたしを笑顔にさせてくれた。

＊

リサにはすでに、ANPが力を貸してくれるかもしれないという朗報を伝えてあった。

「本当によかったわ」リサは言った。いかにもホッとした様子が声から伝わってきた。「レスキューのトラックはもう準備を整えて、カンダハールから犬を回収するのを待っているそうよ」

「いつになるかがわかったら、すぐに電話するから」とわたしは答えた。

しかしわたしには、まだ危機を脱したわけではないことがわかっていた。ANPの司令官が約束を守ってくれなければ、どうにもならない。

あの食事の日からもう一週間になろうとしていたが、ロジはわたしが幻のトラックについてたずねるたびに、ただ頭を振るばかりだった。

ロジは実に個性的な男だ。彼は毎日のように厨房の入り口にやってきては、われわれの話す英語を適当にまねしながら、何時間も居座っておしゃべりをしていくのだった。彼が英語を完全に理解しているかのように続けられる会話を、兵たちはいつも大いに楽しんでいた。

「元気かい、ロジ?」ロジが厨房の入り口にやってくると、誰かがたずねる。

「イエス」ロジは力強く答える。素足にすりきれた黒い革靴をはき、頭から肩のまわりには、汚れたブランケットをぎゅっと巻きつけている。

ロジを眺めているのは、いつでも愉快だった。にっこり笑うと日に焼けた顔がくしゃくしゃになり、われわれと話をするときには、ぽっちゃりとした大きな手を、目の前で大げさに振りまわす。

「おれたちは雨が嫌いなんだ」わたしが言う。

「イエス」とロジは答え、眉をこれ以上ないほど高くつりあげる。

「きみはどうだい、ロジ?　雨は好きかい?」デーブがたずねる。

「イエス」とロジは言う。それからちょっと間をおいてまた言う。「ノー」

そしてロジはくもり空を指さし、こちらに向かって「バラム」のように聞こえる言葉を口にする。われわれが声を揃えてその言葉を繰り返すと、ロジは狂ったように手を叩きながら笑い転げる。

「たぶんさっきの言葉は、パシュトー語の雨じゃないかな」わたしは言った。

ロジには、独特のおかしな振る舞いで、いつでもまわりの人間を明るい気持ちにさせてしまう才能があった。とくにおもしろかったのは、ロジが興奮したニワトリを追いかけて拠点の敷地中を走りまわった事件だ。そのニワトリは夕飯の鍋のなかから、うっかり逃がしてしまったものらしい。ロジが必死になってかわいそうなニワトリに向かって突進し、彼の水色のローブがヒーローのマントのように背中になびいている様子は、実に傑作だった。

「パシュトー語でクレイジーはなんて言うんだい?」わたしは一緒になって笑っているハリーにたずねた。

「リワネイ」とハリーは言った。

拠点にはじきに、リワネイの大合唱がこだまし、夕飯を追いかけているロジは、低木の茂みにつまずいて地面に転がった。

ついにニワトリを泥壁のくぼみに追いつめて捕まえると、ロジはワールドカップで優勝を収めたチームのキャプテンのように、それを頭上高く掲げた。ANPの居住区画に向かって行進しながら、ロジはずっと「リワネイ」と叫んでいた。

兵士たちはみな、ロジと一緒に過ごす時間が好きだった。わたしは早くも、われわれがここを離れたら、そのあと彼はどうなるのだろうかと考えはじめていた。

拠点を明け渡す予定日まで残り六日を切ったところで、ボスが上級兵の会議を招集し、最後の週にわれわれになにができるかについての話し合いがもたれた。部屋がしんと静まり返ったので、わたしはこういうときにたいていそうしているとおり、発言をすることにした。

「ボス、ナウザードの町で見た、あのひどく荒らされた学校にもう一度行き、まだ使える本を取ってきて、バラクザイの学校に届けてはどうでしょうか」

「なぜだ?」わたしの真剣さを見てとったボスがたずねた。

フッと鼻で笑うような音がいくつか聞こえた。わたしの意見にピンときていないのだろう。

「バラクザイの子どもたちは、きちんとした学校を作ってほしいとあれほど強く願っています。われわれはいまのところ、町の再建のためになにか貢献をしたとは言いがたいと考えます」わたしはでしゃばりすぎないよう、慎重に言葉を選んでそう言った。

ボスは副司令官と言葉をかわしてからうなずいた。

「やってみろ。今夜、計画を提出するように」

会議での成果に満足したわたしは、そのまま狭い部屋に残って計画を練った。まずはナウザードの学校に行って、本を拠点へ持ち帰り、ふたたびバラクザイへ向けて出発する。

ことは迅速に運ばなければならない。不必要に誰かを危険にさらすようなまねはしたくなかった。手際のよさが鍵になる。

パトロール隊にはいつもの面々が、みずから手を挙げてくれた。コックのスティーブもいる。スティーブは前回の哨戒でここの生活を間近に見て以来、とくに子どもたちのためになにかしてやりたいと思っていたようだ。

先行隊が学校周辺の安全を確保し、わたしのチームが銀行強盗さながらに学校の敷地内に直接車を乗り入れた。

「いいかみんな、五分だ」わたしは叫んだ。「とにかくなんでも引っつかんで来い！」

トラックの荷台に本を山積みにすると、われわれはいったん安全な拠点内に戻り、急いで戦利品の仕分けを開始した。

三〇分もしないうちに、まだ使える本の山がいくつもできあがった。種類もさまざまな本の大半は小学生向けで、動物、算数、英語／パシュトー語辞典のほか、なぜかアメリカの地理についての本もいくらかあった。

それからすぐに、われわれはバラクザイの村の学校に本を届けるために出発した。拠点のゲートを出るわたしの気分は浮き立っていた。自分がついになにか役に立つことをしているのだという気がした。しかしその喜びは、すぐに泡と消えることになる。

　村に着いたわれわれは、前回の哨戒のおりに言葉をかわした長老のところへ向かった。ハリーの通訳を介して長老が語ったのは、われわれが先日ここに来たあと、タリバンが長老を訪ねてきたときのことだった。タリバンは彼らを強い言葉で脅し、もしイギリス軍からなんらかの支援を受けるようなことをしたら、痛い目に合わせると言ったのだという。

　自分が村人を守るためにできる唯一の賢明な選択は、本を断ることだと長老は言った。われわれは、なんの役にも立てなかったのだ。彼らを守るために、ここにいたはずだというのに。

　ハリーが通訳する長老の言葉を聞きながら、わたしの気持ちはどうしようもなく沈んでいった。またもやわたしは、物事はすべてシンプルで、最後にはきっとうまくいくはずだと、バカみたいに信じこんでしまった。アフガニスタンは、わたしが間違っていたという事実を、ここでふたたび証明してみせたのだった。

　車に戻る途中、ハリーはわたしの前をゆっくりと歩いていた。わたしは彼の腕をつかんだ。ハリーは足を止め、こちらに向き直った。いつもの笑顔は消えている。

　風が強くなり、空気がまたひんやりと感じられた。拠点に向かうわれわれは、もう村の外まで来ていた。

　わたしはハリーの目をまっすぐに見て言った。

「ごめんな、ハリー」そこで言葉を切る。「おれたちは三ヵ月もここにいたのに、きみにも、この国の人たちにも、なにもしてあげられなかった」

　ハリーはわたしをじっと見つめ返した。「いいえ、ペン。あなたがたがここにいたのは、三ヵ月ではありません」

　わたしは困惑してハリーを見た。ハリーの英語はいつも完璧なはずだ。

「いや、三ヵ月だろ」わたしは言った。言い合いはしたくなかった。

ハリーはまだ、まじろぎもせずにわたしを見据えている。「いいえ。あなたがたはここにもう五年もいるのに、人々はいまもおびえています」

わたしは目をそらした。なにを言っていいのかわからない。

われわれがアフガニスタンに来たそもそもの理由は、タリバンの残虐行為ではない。もとはといえば、ひとりの男と、彼のくだした命令が、ニューヨークの世界貿易センタービルを破壊して、何千という罪の無い人間の命を奪ったことが原因だった。現在、われわれの使命は変容し、アフガニスタンの人々を助けることと、彼らが耐え忍んでいる苦しみに対処することが主眼となっている。アフガニスタンの荒野を攻略するのには時間がかかる。そんなことは誰でも知っている。しかしあるいは国際社会が、はたすべき役割をまだ十分にはたしていないのではないだろうか。

わたしはハリーに、タリバンの悪夢が終わる日は必ず来ると言ってやりたい衝動にかられたが、いまこの場でそれを口にすることはできなかった。どこかの国の政治家が本当に決意を貫くかどうかなど、わたしが保証することはできない。そんなことは、わたしの責任の範囲をはるかに超えている。

「すまない」やっとそれだけ絞り出した。

わたしはくるりと向きを変え、冷たい風の吹く砂漠をふたたび歩きはじめた。

拠点を目指し、畝が作られた二枚の畑のまんなかを貫く小道に沿って進んでいると、ナウザードの町の外に出るのは、これが最後だという痛切な思いが胸を突いた。たとえもう一度アフガニスタンに戻ってきたとしても、この拠点に配属されることはまずないだろう。

失敗に終わった今日の哨戒はまるで、われわれがここで過ごした無駄な三ヵ月の象徴のようでもあったが、そう決めつけてしまうのはおそらく、大局的な見方とは言えないのだろう。われわれがナウザードで拠点を確保し続けたことの成果は、あと二年たたないとはっきりとした形を取らない。いまから二年後の二〇〇八年の夏までにタリバンをこのサンギン渓谷から追い出すことができれば、戦略上重要なカジャキ・ダムにタービンが設置されるはずなのだ。

しかしいまは、バラクザイの長老に教材の受け入れを拒否されたことに、わたしはひどく打ちのめされていた。

乾いた泥の屋根が連なる南西の方角を向いて座り、夕方の太陽が遠い山の向こうに落ちていく直前の光を眺める。

ほんの五〇センチほど先にある鉄条網さえ、わたしの目には映っていなかった。わたしはあの山の尾根を歩いており、すぐ横にはうれしそうについてくるナウザードがいて、ふたりでアフガニスタンの未踏破の峰々を探検しているのだった。ふたりはちょくちょく足を止めては、目の前に広がるすばらしい景色にみとれ、わたしは手をのばしてナウザードの頭をぽんぽんと叩いてやり、ナウザードは風に乗ってやってくる新たなにおいや音に、不思議そうに首をかしげている。

ナウザードはいい子だ——もしあの子がイギリスにいたなら、人々からひどく誤解されてしまうに違いない。傷だらけの顔と、乱暴に切断された耳を見ただけで、どんなに犬好きで勇敢な人でも、おじけづくに決まっている。しかし彼の茶色がかった瞳の奥をのぞいてみれば、そこにはただ人間のそばに座っているだけで幸せになれる犬がいることが、きっとわかるはずなのだ。

「ペニー・ダイ、ペニー・ダイ」ふいに拠点の内側から、わたしを呼ぶ声がした。

「上だよ、ロジ」

ロジは腕を振りまわしながら、わたしに向かってなにか早口でまくしたてた。なにを言っているのかは、さっぱりわからない。

ここ数週間のあいだに、ロジと話して覚えられたまともなパシュトー語は、「こんにちは」と「ありがとう」だけだった。たぶんロジは、車はまだ見つからないと言っているのだろう。彼の目には、申し訳なさぞうな色がありありと浮かんでいる。わたしはロジのつらい立場を思って首を振った。

「いいんだ、ロジ」彼の腕を叩いてそう言った。わたしがなにを言っているのか、ロジにはわからないと知っていたが、わたしのほうからもなにか返事をしないといけないような気がした。

「トラックが見つからないんだろ――たとえ世界中のお金を積んだって、犬をカンダハールに運ぶことはできないんだ」

ロジが本当にそう言っていたのかどうかはともかく、それは真実だった。残された時間もあと数日となり、わたしは犬をレスキューに送ることをあきらめかけていた。もうこれ以上、できることはなにもない。ロジはこちらの返答にいかにも満足したような顔で、わたしの隣に腰をおろした。ふたりにはもう、なにも言うことはなかった。

黙りこくったまま、わたしたちはまた遠い西の山を眺めた。太陽はもう、暗くなる山の端の向こうにかすかなオレンジ色の光を残すばかりだ。わたしは山の稜線に立つ自分とナウザードの姿を思い描こうとしたが、今度はいくらがんばってもできなかった。

希望に満ちた空想の時間は過ぎ去ったのだ。

第23章 タクシー

ダシュカは不思議そうな顔でわたしを見つめ、頭を少しだけかしげて、切断された耳をうしろにぴたりと倒している。

困惑するのも無理はない。こうやって誰かにじっくりと相手をしてもらうことなど、生まれてはじめてなのだろう。

わたしはダシュカを無視しようと、精一杯努力してきた。ナウザード、RPG、ジーナ、AK、タリとお別れをするだけでも、十分につらいのだ。あと数日でここを出ていくというのに、これ以上仲のいい犬を増やすのはごめんだった。しかし当然ながら、それは言うほど簡単なことではなかった。

夜になると、拠点の壁の外では、ダシュカがパッチスに寄り添って体を丸めている姿がちょくちょく見られた。二匹の犬が寒々しい空き地に横たわって眠り、彼らの厚い毛皮の表面がうっすらと霜に覆われているさまを見つめながら、わたしは自分にしてやれることはなにもないという思いを噛みしめていた。

しかし今夜、犬たちに残りものをやりにきたわたしは、どうしても我慢できずにダシュカにちょっかいを出してしまったのだった。

頭をくしゃくしゃとなでると、ダシュカは頭をわたしの上着のふところに突っ込んできた。わたしはお返しに、ダシュカのいまはもうない右の耳に向かって、そっと話しかけてやった。ダシュカは、わたしがこれほど間近で接したことのある犬のなかで、いちばん体が大きかったが、同時にいちばんおだやかな性格をしていた。あのビーマーでさえ、ダシュカのおだやかさに比べれば、二番手に甘んじざるをえないだろう。

ここの犬たちが生き抜いてきた生活がどんなものだったのかは、わたしの想像のおよぶところではない。しかしこんな風に人間から、おそらくは生まれてはじめての愛情を示されることが、ダシュカやほかの犬たちにとって、はたしていいことなのかどうか、わたしにはわからなかった。わたしのせいでこの子たちのなかには、人間への根拠のない信頼が生まれてしまった。わたしがここを離れてしまえば、その信頼は彼らにとって必ずしもいい結果をもたらさないのではないだろうか。

翌日は、夜が明けると灰色の雲が広がっていた。霧雨が降っているうえ、凍るような東風も吹いている。朝のミーティングを終えたわたしは、前夜の残りものをもらいに厨房へ向かった。そこで目にしたのは、ランを脱け出してきたジーナが、朝食の列の先頭でおとなしく待っているいつもの光景だった。わたしは頭を振り、ジーナをなでてから、朝ごはんはランで食べることになってるはずだろと言った。

「おまえももう親なんだから、責任を自覚しろよ」

ジーナはうれしそうに、わたしと、昨日の残りもののソーセージのにおいのあとについてランまで戻ってきた。ほかの犬たちはそれぞれのランのなかで待っていたが、みんなめずらしくおとなしい。おそらく朝の気温が急激にさがったせいだろう。ジーナは飽きもせずに脱走を繰り返しており、最近はこちらも、この子が毎日披露する離れ技にすっかり慣れっこになっていた。

犬たちに朝ごはんをやり、一匹ずつ順番になでてやる。このうちの何匹かには、ごはんをやるのはこれが最後になるだろう。

わたしは肩を落としてランを離れ、デーブとジョンを探しに行った。あとひとつだけ、やるべきことが残っている。

「この場所なら大丈夫だろう」塀に四角く囲まれた敷地をあらためて見まわしながら、わたしは言った。悔しさがこみあげ、足で地面を蹴りつける。胸が痛くてたまらない。デーブとジョンのほうを見た。ふたりともぐったりと疲れきった顔をしている。彼らもわたしと同じ気持ちでいるのだろう。

すでに制限時間を過ぎ、これ以外に選択肢はなくなった。

ナウザードで過ごす時間は、じきに終わりを迎える。あと二時間もしないうちに、第四二大隊L中隊がわれわれと交替で任務に就くのだ。ボスはこれまで、われらのささやかな犬救出作戦を、見て見ぬふりをしてくれていた。しかし次にここへやってくる将校も、きっとボスと同じくらい親切だろうなどと、都合よく考えることはできない。それにわたしは、今度やってくる中隊のメンバーのなかで、犬にほんのわずかでも興味のありそうな人間をひとりも知らなかった。

万が一そんな人間がいたとしても、拠点を明け渡すとき、わたしはその場にいることができない。そのころには砂漠に出て、バスティオンまで陸路で戻るわれわれを護送する部隊の配置を指示しているはずだ。デーブとジョンも明け渡しのときにはそれぞれの仕事があるので、犬の面倒をみられるものは誰もいない。犬たちはわれわれと同じタイミングで、ナウザード拠点を離れなければならないのだ。

「水はどうするんだ？」デーブが聞いた。

「あそこにバケツがありますよ」ジョンが言い、敷地の隅で、とっくの昔に見捨てられたディーゼル発電機の脇に転がっている、錆びついたバケツを指さした。

わたしはぐるり三六〇度をゆっくりと見まわし、一〇平方メートルくらいの広さがある敷地を隅々まで眺めた。

敷地の四方を囲む高さ五メートルほどの泥壁にはひびがはいり、下のほうから徐々に崩れはじめている。敷地の出入り口は、北側の壁に設けられた両開きの金属製ゲートだけだ。

干からびた草が敷地の隅にほんの一カ所、ちょろちょろと生えているだけで、それ以外の地面は泥に覆われている。例のディーゼル発電機のほかには、本当になにもない。この発電機が以前、なんのために使われていたのかは謎のままだった。

わたしは自分が立っている地点からいちばん遠い隅まで歩いていった。太陽の光が、つや消しの金属に反射したのが見えたのだ。

「おい、こいつを見ろよ」わたしはこの寂しい庭の、ほかの隅をチェックしていたふたりに声をかけた。

わたしから三〇センチも離れていない地面に転がっているのは、茶色がかった緑色をした、全長三〇センチほどのＲＰＧの弾頭だった。爆発はしなかったと見える。

「こんなところに不発弾だ」近づいてくるふたりに向かってわたしは言った。

「勘弁してくれよ」雨ざらしでぼろぼろになった薬莢をひと目見て、デーブがつぶやいた。

わたしは膝をつき、弾頭のまわりの地面を調べた。着弾点のやわらかい泥がくぼんでいるのがはっきりとわかる。

慎重に手をのばし、安全なほうの端をつかんで持ちあげた。デーブとジョンの足が、自然と一歩うしろにさがった。

「どこに置いておくつもりだ？」くるりとまわれ右をして、開いたゲートのほうへゆっくりと歩いていくわたしにふたりが口々に聞いた。

「犬をこの場所に入れるなら、機関兵にここでなにか爆発させてもらっちゃ困るだろ」わたしはすぐ目の前の地面に目をこらしながら言った。ＲＰＧを抱えたままつまずいて、地面に激突するのだけはごめんだった。


わたしたちにできる唯一の対策は、ふた組の子犬たちを母親のジーナとタリと一緒に、拠点のすぐ脇にあるこの敷地に移すことだった。うちの隊が拠点に来て以来、この場所を誰かが使っているのは見たことがなかった。

ＡＮＰの面々は、この拠点に少なくともあと一ヵ月はいることになっているので、わたしはロジに話をして、ここにいるあいだ子犬に食べものをやってもらえるよう頼んでおいた。

携帯食《レーション》のパックはすでに、敷地の隅に積んでロジが使えるようにしてあった。あとはロジを信じてまかせるしかない。ロジは子犬を地元の人たちにゆずらないと約束してくれた。ＡＮＰがここを離れるときには、この敷地のゲートを開け放しにしておいてもらう。子犬たちはじきに空腹に苦しむことになるだろうが、少なくともこうしてやれば、多少なりとも体重が増えて、ナウザードの路地で自分の身を守るために戦うことができる可能性が、わずかなりとも増えるはずだ。

いちばんつらい思いをするのはおそらく、ナウザード、RPG、AKだろう。彼らはきっと、拠点のなかに戻ろうとするに違いない。わたしが三ヵ月のあいだ、一日にほぼ二度のごはんを、あの子たちにあげ続けたせいだ。この習慣を捨てるのは、あの子たちにとって生やさしいことではない。いまになって、わたしはようやく気がついた。もっと早く追い出してやるべきだったのだ。こうすることを最後の最後まで先のばしにしてきたのは、大きな間違いだった。

もう何日も前から、わたしは自分が置かれた状況についてくよくよと思い悩み、避けられない処置を最後の瞬間まで遅らせてきた。いまのいままで、わたしはANPの司令官が、あの約束を守ってくれるはずだとどこかで信じていたのだ。司令官はすでに、犬たちをラシュカルガーからカンダハールまで運ぶトラックの手配をすませてくれていた。しかしこの旅の最初のわずか六〇キロの道のりを、犬を乗せて走ってくれる人間だけが見つからなかった。

今回の旅では、タリバンの影響力がとくに強いエリアを走らなければならないことはわかっていた。それでもわたしは、愚かと言われればそれまでだが、きっと運転手を見つけることができるという希望に、すがりつかずにはいられなかったのだ。アフガニスタンで経験したこれまでのあれこれを考えれば、こうなることが予想できないはずはなかったのに。

開いたゲートを出て、近くの歩哨所《サンガー》に向かって不発のRPGを振ってみせる。監視任務についている兵が手を振り返した。敷地の入り口から十分に離れてから、慎重に不発弾を下におろし、歩いてゲートの内側に戻った。機関兵にこの件を伝えるのはあとでもいいだろう。

「ふたりとも、仕事にとりかかろう。ぐずぐずしていられないぞ」わたしはデーブとジョンに向かって叫んだ。ふたりはライフルを体の脇にだらりとさげたまま、小声でなにか話している。ふたりの顔には、静かなあきらめの色が浮かんでいた。「あの古い波形鉄板を使えば、向かい合った隅に、ふた組のためにそれぞれ個別のシェルターを作ってやれるはずだ」とわたしは続けた。

がらんとした正方形の敷地のなかを、もう一度見まわしてみる。「さあやるぞ、タリとジーナを連れてこよう。もうあまり時間がない」

少なくともこの敷地内にいる限り、子犬たちはひどい雨風からは守られるはずだ――そう思ってみたところで、気持ちは少しも軽くはならなかった。

デーブとジョンが合流するのを待って、わたしはゲートのほうに向き直った。

その瞬間、ティンティンが興奮して叫ぶ声が聞こえてきた。顔をあげると、ティンティンの黒いシルエットが、敷地の壁の上からこちらを見おろしている。なにか叫んではいるが、なにを言っているのかわからない。

「どうしたんだ、ティンティン」わたしは叫び返した。

ティンティンがそれを理解できないことはわかっていた。

「聞けよ」デーブが手振りでわたしを黙らせた。

そのとき、わたしたちはティンティンがひとつの言葉を、何度も何度も繰り返しているのに気がついた。

「タクシー！」

「あれは弾痕か？」わたしはデーブに聞いた。ゲートまで走ってきたせいで、まだ少し息があがっている。そばには満面の笑みをたたえたロジもいた。

「ああ、おれにも弾痕みたいに見えるよ」わたしたちがまじまじと見つめているのは、おんぼろの白いミニバンの、泥はねで汚れたフロントガラスだった。そのバンは突如として、拠点のゲートをはいってきた。

車の横には、ANPの司令官とアブドゥル・ラ・ティップが歩いている。

ハンドルを握っているのは、よれよれの服を着た地元の中年男性だ。ダッシュボードには日に焼けて色あせたプラスチックの花が飾ってあり、前方のバンパーは乱暴な運転のせいでひどくゆがみ、あちこちがへこんでいる。でこぼこの小道をたどって拠点の敷地内に車を進めながら、運転手の暗い瞳は、わたしたちのあいだをおどおどと行ったり来たりしていた。どう見ても不安そうだったが、状況を考えれば無理もないだろう。

司令官はこれ以上ないほどのいい笑顔を浮かべながら、こちらに歩いてきた。アブドゥル・ラ・ティップをすぐうしろに従えつつ、司令官は両手でわたしの右手を握りながら話をした。

「友よ、司令官はあなたのためにタクシーを連れてきました」アブドゥル・ラ・ティップが通訳した。

「司令官、このご恩は一生忘れません」わたしは『不思議の国のアリス』に出てくるチェシャ猫のようににんまりと笑いながら言った。「本当にギリギリでしたが、本当に感謝します」

拠点に駐在しているオランダ人復興アドバイザーのクラウスと、通訳のハリーが、騒ぎを聞きつけてやってきた。ニコニコと笑っているふたりの顔からすると、彼らはすでになにが起こっているかを察しているようだった。ふたりとも、犬たちを助け出すことがわたしたちにとってどれほど大切かをわかってくれている。

わたしはハリーの手を握り、一緒に小さな子どものように笑いあった。

「ハリー、運転手に言ってくれないか。犬たちを入れるケースを持ってくるからって」わたしは返事を待たずに、デーブとジョンと一緒に、まさにこの瞬間のためにずっと以前から作っておいたケースを取りに駆け出した。

わたしはそのちょっとしたやりとりを聞いていなかったのだが、RPGとAK用のケースを手に戻ってくると、なにやらもめごとが起こっていた。ハリー、運転手、司令官が、激しく言い争っている。やがて彼らの会話が途切れると、ハリーがこちらに向き直った。

「運転手はそのケースを持って行きません。危険すぎるのです。もしタリバンに停められたら、西洋人のために仕事をしているとわかってしまいます。わたしたちが普通やるようにすれば、犬を運ぶそうです」

「それはつまり、犬をそのまま車の後部座席に放しておくってことか?」

「ノー、ペニー・ダイ。犬はしばりあげなければなりません」ハリーが言った。

わたしは運転手を見て、それからじっと表情を崩さない司令官を見た。言い合いをしている時間はない。

「ジョン、倉庫から頑丈な縄を探してこい。それからデーブ、住居施設の脇に置いてある、あのブリキの箱を取ってきてくれ。あれにタリの子犬を入れよう」

「子犬が外に出ないように、なにかで蓋をしないといけないな」デーブがまわれ右をして走り出しながら叫んだ。

「ハリー、たしか司令官は鳥かごを持っていると思うんだが、あれをもらえるよう頼んでくれないか?」

礼儀など気にしている暇はなかった。鳥かごを目にしたのは、三ヵ月以上前、わたしたちがここにはじめてやってきて、ANPの居住区をちらっとのぞいたときのことだった。

「はい。だけど急いでください。運転手はここにいたくないのです」

「運転手に急いでいるからと伝えてくれ」

目的地までは数日はかかるだろう。以前からの取り決めによって、まずは地元の運転手が犬をラシュカルガーまで運び、そこからは警察の協力を得て、犬たちをカンダハール近くの待ち合わせ場所まで輸送する手はずになっている。わたしにどうこうできることではなかったのだが、犬を運ぶ車はどうしても二カ所で変わることになる。その二カ所で乗せ替えの作業をするアフガン人は、犬が好きではないという可能性も大いにあった。

ケージにも入れずに、いったいどうやって犬を動かすつもりなのだろう。それにナウザードはどうなる? ナウザードはわたし以外の人間が嫌いだし、そのわたしでさえ、あの子にはまだ慎重に接するようにしていた。いまだにデーブとジョンを恐ろしい目つきでにらみつけるくらいなのだ。

犬をバンに入れる準備を進めていると、さらに大きな問題があることがわかってきた。狭苦しい車内にはどう見ても、すべての雄犬を入れるだけの余裕がなかった。

わたしは選択を迫られていた。ナウザード、ダシュカ、それにパッチスまで、この小さな六シーターのワゴンに詰めこむことはとうていできない。そんなことをしたら犬を殺すようなものだ。三匹のうち、二匹は置いていくことになる。

頭で考える前から、わたしにはわかっていた。置いていくのはダシュカとパッチスだ。心の底では、ダシュカのほうが人間に慣れやすいとわかってはいたが、ナウザードをいまさらここに置いていくことなどとてもできない。ナウザードとは、三ヵ月をともに過ごしてきたのだ。

すでに物思いにふけっている時間さえなかった。感傷にひたるなら、バスティオンまで車で七、八時間かけて走るあいだにすればいい。

それでもわたしはすでに、もしこれがうまくいったら、運転手にもう一度同じことをしてくれと頼んで、ダシュカとパッチスを連れていってもらえるかもしれないと考えていた。あまり可能性の高い話でないことはわかっていた。

犬たちをタクシーに乗せる準備を急がなければ。このチャンスをのがすつもりはさらさらなかった。縄を手にしたジョンが、タリを連れてきた。タリはなにが起こっているのかわからないまま、尻尾を振って、なでてもらおうとわたしたちのほうへトコトコと歩いてきた。

「ごめんな、タリ。こうするのがいちばんいいんだ」わたしはそう言って、タリの体を持ちあげ、背中が下になるようひっくり返した。タリは抵抗しようともせず、前足とうしろ足をしばられているあいだも、ただおとなしくじっとしていた。

慎重にタリの体を抱きあげ、待機しているバンへと運ぶ。タリは後部前列のシートに乗せることにした。

タリはひょいっと体を起こすと、不思議そうな目でわたしを見つめた。わたしはタリの耳をなでてやった。デーブが古ぼけたアフガニスタン製の金属のスーツケースを持って現れた。何ヵ月も前から、居住エリアの外に置きっぱなしにされていたものだ。デーブはスーツケースの蓋を取り去り、使い古しのやわらかい針金を使って、子犬たちが外に出ないようにするための柵を大急ぎでこしらえた。

そしてタリの子どもたちを一匹ずつ、そっと金属の箱に入れていき、頭をやさしく押しさげながら、交差させた針金をしっかりと固定して箱の上部を塞いでいった。するとすぐに、明るい茶色の毛皮で、鼻のまわりが黒っぽい大きな子犬が、格子の隙間から頭を突き出したが、デーブはその頭をやんわりと押し戻して、針金をさらにピンと張りつめた。

タリがじっと見つめる前で、デーブはスーツケースをミニバンの床に置いた。

ジーナを縄でしばっていると、ティンティンが、司令官がくれた古い木製の鳥かごを手に戻ってきた。

タクシーの中のタリ

鳥かごは手作りの品で、繊細な作りの骨組みが木製の底部に三つの小さなツメで止められている。ツメは簡単にはずれたので、底部にジーナの八匹の子どもたちを慎重に乗せてから、もとどおりに骨組みをかぶせた。強度を確保するため、鳥かごの周囲に紐をめぐらせる。この鳥かごが、これほどの重量を想定して作られたものとはとうてい思えなかった。

幸い、子犬たちはまだ小さく、お互いにくっついて眠るのが好きな段階だったので、鳥かごに押しこめられることもさほど苦にはならないだろうと思われた。ただひとつの気がかりは、レスキューに到着するまで、母親の乳が一度も飲めないことだ。

それについてはどうすることもできない。あらかじめ用意してあった犬用のケースなら、タリとジーナがそれぞれの子どもたちと一緒にはいれるようになっていたのだが、こちらがタリバンの妨害の可能性を考慮していなかったのだからしかたがない。

取り扱い注意の荷物を詰めた鳥かごを、タリの子犬たちを入れた箱の脇に置く。

RPGはすでになにかがおかしいと感づいており、捕まえようとすると身を沈めたり跳びあがったりして逃げるので、デーブとわたしでランの隅に追いつめるのに数分かかってしまった。しかし捕まったあとは、RPGはタリやジーナと同じようにおとなしくなり、黙って足をしばらせてくれた。

言葉をかわさずともわかっていた。デーブとジョンの顔を見れば、ふたりが犬をしばりあげることに、わたしと同じくらいつらい思いをしているのは明らかだった。それでもこれはどうしても必要な措置だった。犬をしばるか、さもなくば過酷な未来が待つナウザードの通りに放り出すかのどちらかだ。選択の余地はない。

RPG、ジーナ、AKはバンの後部座席に乗せた。三匹はぎこちない体勢で身を寄せ合っている。わけがわからないと訴える犬たちの目を見つめながら車のドアを閉めるのは、胸が痛かった。しかし頭をなでてやる時間はないし、おそらくはこれでもう二度と会えないだろうということさえ、このときのわたしは実感できていなかった。ただ自動操縦の機械のように、ひたすら体を動かしていた。カウントダウンを刻む時計の音が頭のなかで鳴り続け、わたしはナウザードを連れてくるためにランまで走った。

ビニールのカバーがかけられたシートに犬を乗せたら、運転手は嫌がるのではないだろうかと少し心配

タクシーを待つタリの子供たち

だのだろう。

だったのだが、彼はとくに抗議もしていないようだった。おそらくはANPの司令官が、手間賃をはずんだのだろう。

「さあやるぞ、デーブ。ナウザードをしばるのを手伝ってくれ」ナウザードのランにはいるゲートの縄をほどきながらわたしは言った。

「冗談だろ。ナウザードは機嫌のいいときだっておれのことを嫌がるんだ。ひとりでやってくれよ」ジョンと一緒にフェンスの外に立ったままデーブが言った。

「腰抜けめ」わたしはくるりと向き直り、こちらに跳ねてくるナウザードに向きあった。ナウザードの尻尾の根元は、ひっきりなしに揺れている。

いまから自分がやることを思うと、申し訳ない気持ちでいっぱいになった。

「よう、ナウザード。出発の時間だぞ」

急いでビスケットを二枚やってナウザードを座らせ、その隙に前足をしばる。ナウザードはあおむけにするには大きすぎるし、おそらくは嫌がって暴れるだろう。わたしとナウザードは仲良しではあったが、そこまで許し合えるほどでもなかった。

ナウザードのうしろ足をしばってから、よたよたと歩く彼をゲートのほうに引っ張っていく。ナウザードはランを出られるのを喜んでおり、それはとうとう車を見つけることができたわたしとて同じだった。しばりあげたナウザードをなんとか持ちあげて角を曲がると、運転手がナウザードを指さしてなにやら大声で訴えはじめた。目に恐怖の色が浮かんでいる。

「ハリー、運転手はなんて言ってるんだ?」

「闘犬はだめだそうです」

「大丈夫だと言ってくれ。犬の口もしばっておくから」

ハリーと運転手はしばらく話し合っていたが、最後には運転手が折れてナウザードを乗せることに同意した。ANPの司令官が鋭い目でにらんでいたのが、効いたのかもしれない。

　こんなことをする自分がうらめしかったし、英国王立動物虐待防止協会《RSPCA》から表彰されるような行為では決してないとわかってはいたが、わたしはナウザードの口のまわりに黒いマスキングテープをぐるりと巻きつけた。息をしたり、水を飲んだりできる程度には余裕を持たせておく。長い旅のあいだに、ナウザードにわざわざ水をあげようと思ってくれる人がいないとも限らない。

「ごめんな、ナウザード」わたしはナウザードの体を慎重に持ちあげてバンに運び入れ、三列あるシートのまんなかに一匹だけで乗せた。それから残った縄でゆるい首輪を作り、それを車内の手すりにしっかりと結びつけた。これなら少なくとも、シートを飛び越えて運転手に飛びかかることはできないはずだ。

「急いでください、ペニー・ダイ」ハリーがわたしの肩を叩いた。「運転手はもう出発したがっています」

「わかった」

　わたしは犬たちにもう一度目をやった。犬たちが揃って窓の外を眺めている様子はどこか非現実的で、ディズニーアニメによくある、動物がバスに乗っている場面を思い起こさせた。

「運転手に、犬をよろしく頼むと言ってくれ。駐車するときも、ドアは閉めておいてほしい。ドアが開いていると逃げてしまうから」わたしはハリーに言った。

　ハリーが運転手にこれを伝えていると、司令官が話に割りこんで、みずから運転手に指示を与えた。司令官には、運転手が犬をきちんと送り届けるまで、こちらは費用を支払わないことを伝えてある。司令官はおそらく、これを運転手にあらためて言い聞かせ、おかしな考えを起こさないよう念を押してくれたのだろう。

　わたしがジョンとデーブと並んで立っている目の前で、運転手は車に飛び乗り、ドアをバタンと閉めた。車のキーがまわると、マフラーからディーゼルエンジンの煙が勢いよく吹き出した。

　バンはガタガタと揺れながら拠点の外に向かい、司令官がゲートのほうへ誘導していく。泥はねで汚れたリアウィンドウの向こうに、RPGのほっそりとした頭が左右にせわしなく動いているのがちらりと見えた。いったいなにが起こっているのかと、慌てているのに違いない。

すべての犬を車に積みこむまでに、結局全部で二〇分かかった。

わたしはふたりの仲間のほうに向き直った。彼らは三ヵ月のあいだ、自分のために使えるはずの時間とエネルギーを割いて、わたしに力を貸してくれた。

「これは夢かな、それとも本当に起こったことかな」まずはデーブに、それからジョンに手を差し出しながらわたしは言った。

「まさにギリギリセーフだったな」デーブは言った。ホッとしたように顔をめいっぱいほころばせ、たったいま起こった出来事を噛みしめている。

「うまくいきますかね」ジョンが言った。

「ここまできたんだ。必ずうまくいくさ」とわたしは答えた。

「ランを解体するぞ。ANPか誰かが、もうあそこに犬を入れられないようにしておこう」わたしたちがいなくなれば、あそこは闘犬を入れておくのにおあつらえむきの場所になるだろう。「先に行ってはじめておいてくれるか。ちょっとクラウスに話があるんだ」

クラウスはカメラをしまっているところだった。われわれが犬をしばっているあいだ、クラウスはその様子を撮影していたのだ。「きみはうれしい――イエス？」わたしが近づくと彼は言った。

「ああ、最高だ」わたしは言った。「ひとつお願いがあるんだが」

クラウスは、わたしたちがこの拠点を去って新たな中隊に仕事を引き継いだあとも、まだ二週間はここにいることになっている。

「もし犬がレスキューにたどり着いたら、司令官に支払いをしてくれないか？」

わたしは上官から借りておいた、くしゃくしゃになった四〇〇ドル分のお札をポケットから出して、ク

デーブ、ジョンと著者、そしてANPの面々

ラウスに手渡した。「無線で連絡を入れるから」

「きみがやったことは、いいことだよ」クラウスはにっこりと笑い、お札を胸ポケットにしまった。

「ありがとう。おれたちがこの場所で、なにかしらいいことをしたんだと思うとうれしいよ」わたしはそう言って、アフガニスタンの青い空を見あげた。バラクザイの学校まで行きながら、なにもできずに帰ってきたあの日のことは、いまは考えたくなかった。

「もし今回のことがうまくいったら、次のタクシーに、ダシュカとパッチスを乗せてやってくれるかい？」

こんなことまで頼むのは、ちょっとずうずうしすぎるだろうか。

「もちろんさ。あの子はわたしに噛みついたりしないだろう？」クラウスはクスクスと笑いながらそう言い、わたしたちは握手をした。

「きみが目玉をつついたりしない限りはね」

デーブがさっきまでナウザードの犬たちの家だった箱と毛布に火をつけると、あたりは煙のにおいに包まれた。

それからの一時間はL中隊を迎えるための準備に追われ、飛ぶように過ぎていった。

ハリーがめずらしく黙りこんだのは、わたしたちが本国から送ってもらったプレゼントを手渡したときだった。それは本格的なクリケットのバットで、兵士たち全員のサインがはいっていた。ハリーはただうなずいて、わたしたちの手を握った。その顔には満面の笑みが浮かんでいた。

ほんの数分しか時間がとれないなか、わたしたちはANPの面々にさよならを言い、みんなで一緒に写真におさまった。互いの武器を交換してから、われわれ三人が椅子に座った警官たちの前にひざまずいてポーズをとった。立ちあがると、わたしたちはＡＮＰのひとりひとりと握手をして抱きあった。もう二度とこうして会うことはないと、その場にいる全員が知っていた。

夕闇が迫るころ、わたしは三ヵ月間暮らした拠点のゲートを徒歩で出発した。ダシュカとパッチスはいないかとあたりを見まわす。

二匹の姿は見えなかった。きっとまだどこかで遊んでいるのだろう。

わたしは振り返らなかった。あの泥壁の内側は、あまりにたくさんの思い出と、あまりにたくさんの感情と、分かちがたく結びついていた。

第24章　さらばアフガニスタン

「またおでましだ」誰かが叫び、全員が空を見あげる。「来るぞっ」

二月の早朝の太陽の下でびしょぬれの軍服を乾かそうというもくろみを瞬時に捨て去り、わたしたちは最寄りの建物のなかに駆けこんだ。

「なんだってこんなとこにはいっちまったんだよ」ハッチが、ぞっとするほど至近距離から聞こえる１０７ミリロケット弾の音に負けじと声を張りあげた。

彼が嘆くのも無理はない。この建物が立っているのは、ヘルマンド川が流れ出すカジャキ・ダムのふもとで、あたりの景色は文句なしにすばらしかった。またこの場所は、かつてアフガニスタン王族が別荘として使っていた、見るからに豪華な施設の敷地内でもあった。

ただし問題はこの建物が、約一ヵ月分の弾薬の保管場所になっているという事実だった。一発でも爆弾が直撃すれば、王族の別荘どころか、われらがK中隊もこの世から消え去ってしまうことだろう。

タリバンは八キロ以上離れた位置から攻撃をしかけてきており、こちらの迫撃砲が反撃できる射程をはるかに越えていた。われわれはただじっと座ったまま、ジェット戦闘機が一刻も早く来てくれることと、タリバンの弾が運良く命中したりしないことを祈るしかなかった。

あたりの空気が震えて敷地内に轟音が響き渡り、その反響が周辺の山々にこだました。

「おい。いまのは壁の内側に落ちたんじゃないか」タフが叫んだ。わざわざ口に出して確認するまでもなく、全員が壁際でめいっぱい背中を丸めている様子を見れば、タフの指摘が事実なのは明らかだった。

わたしはなぜかこのとき、建物の敷地内にいる二頭の野良ラクダのことを思い出していた。この騒ぎのなか、あのラクダたちはどうしているだろう。

ラクダの運命について考えていられたのは、そう長い時間ではなかった。新たなロケット弾が飛んでくる音が聞こえ、わたしは冷たいコンクリートの床に、いっそう強く体を押しつけた。

さらに一一発のロケット弾が至近距離に着弾したあとで、ようやくジェット戦闘機が仕事をこなし、警戒は解除された。

あたりが落ち着きを取り戻すと、わたしはそろそろと立ちあがった。右の足首がひどく痛む。最後に飲んだ鎮痛剤の効き目が薄れるにつれ、ドクンドクンという痛みが増していた。これはごまかしきれそうもない。拠点の医者に診てもらうしかないだろう。

わたしが足首を痛めてから、すでに三六時間が経過していた。それは、ダム周辺の閑散とした村の安全を確保するための作戦を遂行している最中の出来事だった。そのときわたしは暗闇のなか、手作業で耕された畑を横切って走っていたのだが、転んだ瞬間、これはやばいと感じた。バカバカしいほど重たい装備を背中にかついだまま、やわらかい土の上に顔から先に倒れこむとき、足首のなかにあるなにかがパチンと音を立てるのが、わたしの耳にははっきりと聞こえた。

すばやいテーピング処置と強力な鎮痛剤、それから迫撃砲手のグラントがわたしの荷物を軽くしてくれたおかげで、しばらくのあいだは耐えられた。しかしその後の作戦は長時間におよび、夜中になるまで終わらなかった。まさに泣きっ面に蜂というやつだ。

ダムのほうに戻る途中、往路で横切った水のない涸れ谷《ワジ》まで来ると、そこは最近降った豪雨のせいで腰ほどの深さがある濁流と化していた。デーブとわたしはそれから四時間近くも、重たい備品をワジの向こうの臨時拠点まで運ぶ作業を続けた。わたしたちふたりが四輪バイクを使って備品を運んでいるあいだ、そのほかの兵は手で弾薬を持ってワジを渡し、それを王族の別荘に運びこんだ。

この作戦のあいだ中、ブーツを脱ぐチャンスは一度もなかったのだが、結果的にはそのほうがよかったようだ。いったんブーツを脱いでしまっていたら、そのあとでもう一度足を入れられたとはとうてい思えない。

医者は仮設診療所の外にある階段に腰かけていた。彼はおそらく、この隊のなかでも一、二位を争う鍛えあげられた肉体の持ち主だったが、ここは仮にも海軍なのだから、本人に向かってそれを指摘しようとするものは誰もいなかった。

「先生、ちょっと足を診てもらえますか」わたしは言った。

靴紐をすべてはずさなければ、ブーツを脱ぐこともできなかった。靴下を脱ぐ前から、足が盛大に腫れあがっているのが見てとれた。医者は足をあちこちからつつきまわし、わたしは相手をぶん殴りたくなるのをやっとの思いでこらえた。

「こりゃひどい」医者が言った。

そんなのわかってる。その足はおれのだ。

「おそらく折れているだろうな」と医者は言って、ふくれあがった足首をさらに何度かつついた。「決まりだ、軍曹。レントゲンを撮る必要がある」

「いつですか？」そう聞いてはみたものの、答えはわかっていた。

「できるだけ早くだ。気は進まないだろうが、バスティオンに戻りなさい」


着陸地点《LS》に座ってヘリを待っているあいだ、あたりは不気味に静まり返っていた。

そよ風がすぐそこの泥道沿いに並ぶ木々の葉を揺らす音をのぞけば、聞こえるのはゆったりと流れるヘルマンド川の水音だけだ。遠くの空には、周囲を囲む山々のギザギザとした崖が、青灰色の空に向かってそびえている。こうして座っていると、まるで休日にぶらりと散歩に出かけて、ほんの少しだけ休憩をとっているようにも思えてくる。

現実にはしかし、わたしはまだ交戦地帯にいた。しかも部下たちをそのまっただなかに残したまま、ここを離れようとしているのだ。

わたしは足を引きずりながら歩きまわり、なんとか部下たちのほぼ全員にあいさつをすませた。もう一度ブーツに足を押しこむときは死ぬほど痛かったが、LSまで誰かに運んでもらうのはごめんだった。

わたしがデーブを見つけたとき、彼はまだ濡れた装備を干している最中だった。

「ナースと約束があるんだって？」わたしが口を開く前に、デーブが言った。

噂が伝わるのはなるほど早い。

「まあな」にやりとしてわたしは言った。

「おまえさんは結婚してるんだから、おれの電話番号を渡しておいてくれよな」わたしの手を握りながらデーブが言った。

「そのからっぽの頭に弾があたらないように、しっかりとさげておけよ。向こうに帰ったら一杯やろう」

「了解」

ジョンには会えなかった。敷地内のどこかで、なにかの用事をすませているらしい。よろしく伝えてくれと、デーブに頼んでおいた。

部下の大半は歩哨所《サンガー》で見張りについており、おそらくは夕飯のときに、わたしが出発したことを知らされるのだろう。時間はいつだって足りない。わたしは足を引きずりながら、LSにたどりついた。

背嚢に寄りかかって座っていると、数日前からの緊張とストレスが遠のくにつれ、まぶたが重たくなってきた。なぜかこのとき、わたしの頭に浮かんできたのはRPGの姿だった。RPGは砂を詰めた箱の上に座って、朝ごはんを待っている。幸せな思い出がよみがえり、わたしはひとり微笑んだ。

ここ何日かの出来事を思い返してみる。日々はやたらと慌ただしく過ぎていった。ナウザードを出てから今日で六日目。犬たちをタクシーに乗せてから、もう六日がたっていた。その後の報告はまだ来ていない。

中隊がバスティオンに到着したおりに、リサとはゆっくり話をする時間がとれた。またリサの声が聞けたのはうれしかったが、彼女のところにも、アフガニスタンからはなんの連絡も来ていなかった。この国の北部まで行くには、少なくとも三、四日はかかる。車の乗り換えもあるし、全部で三人の運転手がかかわることになる。実際のところ、犬たちの長い旅はあのとき、まだはじまったばかりだったのだ。

バスティオンに着いてから二日もしないうちに、われわれはここカジャキに再配属されることになった。出発前に与えられたわずかな時間では、洗濯室から洗濯物を取ってきて荷物を詰めることくらいしかできず、われわれはすぐに隊列を組んで今回の作戦に出発した。しかしそれからほんの数日で、わたしはすでに帰路につこうとしている。おそらくはもう、帰ってくることはないだろう。

バスティオンの病院まで戻れば、少なくともインターネットの端末を使うことはできる。犬たちの状況について、なにか新しい情報が聞けるかもしれない。わたしは心のなかで、ひたすら幸運を祈っていた。あたりは川の音に満たされ、そんな物思いを最後に、わたしは眠りに落ちた。それからどのくらい眠ったのか、やがてわたしの目を覚ましたのは、降下してくるヘリの爆音だった。

リサがEメールを二度目に読みあげてくれたときには、一度目のときよりもさらに短く、最低限のことしか書かれていないように思えた。

「いい、読むわよ。『こんにちは。こちらはヘルマンド州から、茶色い犬二匹と、一三匹の子犬と一緒の白い犬を受け取りました』」

「本当にそれしか書いてないのか?」わたしはもう一度聞いた。

「そうよ。このほかにはなんにも書かれてないわ。そう言ってるじゃない」リサがあからさまにイラついた声で言った。

イギリスとアフガニスタンのあいだで意思の疎通を図ろうとしても、すんなりといった試しがない。そのことはわたしも、かろうじて理解しているつもりではあった。

リサとの電話を切り、メールに書かれていたそっけない情報についてあらためて考えていると、頭のなかに疑問符が次々と浮かんできた。

白い犬というのは、間違いなくタリのことだ。縄でしばってタクシーに乗せた犬たちのなかで、白いのはタリしかいない。しかし茶色い犬とはどの子のことだろう。

ナウザードもRPGもジーナもAKも、色の濃さが違うだけでみんな茶色だ。ということは、そのうちの二匹はレスキューにたどり着くことができたのだ。そしてあとの二匹は、たどり着けなかったことになる。

メールには、いなくなった一匹の子犬が、どちらの犬の子どもなのかは書かれていない。それについては、きっとたずねてみてもわからないだろう。

リサの言葉が徐々に染みてくるにつれ、わたしのなかに複雑な気持ちがわきあがってきた。喜びと悲しみの雄叫びを、同時にあげたいような気分だった。

ナウザードを離れてから一週間のあいだ、わたしはありえそうな筋書きを、頭のなかで百万遍も思い描いてきた。もしすべての犬が無事にたどり着いたとしたら？　保護施設にはそれだけの余裕があるだろうか？　もし一匹もたどり着かなかったら？　もしナウザードが無事にたどり着いたとして、そのあとあの子はどうなるだろう？

リサがくれた断片的な情報しかない現状では、あいかわらず確かなことはわからない。これならまだなにも知らなかったほうがマシなくらいだ。そうであれば少なくとも、どの犬が無事で、どの犬がそうじゃないのかと、あれこれ思い悩まずにすんだだろう。なにも知らないでいたさっきまでの自分は、むしろ幸せだったのだ。

こんな事態になるとはおかしなものだと、わたしはひとり考えた。無事が確認された唯一の犬はタリ――わたしにとっていちばん馴染みの薄い犬だ。タリはあの犬たちのなかでは拠点に最後にやってきて、そこでの時間の大半を、ひとりでちょっとした狩りに出かけることに費やしていた。わたしがとくに親しかった犬たち――RPG、AK、ジーナ、そしていちばん気がかりなナウザードは、いまも事実上、行方不明のままだ。

心の奥でわたしは、いなくなった犬たちのうちの一匹は、きっとナウザードだろうと思っていた。三人の運転手のうちの誰かが、なんらかの理由で犬を一匹放り出すとしたら、ナウザードを選ぶに決まっている。ナウザードはお世辞にも、あちこち連れまわされておとなしくしているような我慢強いタイプとは言えない。

もしかするとわたしは、ナウザードをあの町の路地に放して、ひとりで生きていかせるべきだったのかもしれない。そうすればあの子は、せめて故郷にいられたのだ。

子犬が一三匹しかいない理由は、いくら考えてもわからなかった。あの日、ナウザードの拠点で、わたしたちは確かに一四匹揃ってケースに入れてやったはずだ。行方不明の子犬には、いったいなにが起こったというのだろう。それ以上の想像はしたくなかった。

レントゲンの結果を待つあいだも、あまりの情報の少なさに、イライラはつのるばかりだった。松葉杖をついてバスティオンをうろつきまわりながら、ちょっと転んだだけで怪我をするなど、まるで小ずるいいかさま野郎だと自分を責めているだけでも、わたしはもう相当に滅入っていた。しかし二匹の犬が道端に捨てられて、おなかをすかせている悲惨な光景を思い浮かべると、胸が引き裂かれそうに傷んだ。しかもそれがどの犬かもわからないのだから、これ以上もどかしいことはなかった。

バスティオンの医療センターの軍医に言われ、わたしは椅子に腰をおろした。ついさっきまでは病棟にいて、隣のベッドの海兵とおしゃべりをしていた。彼は車で地雷に乗りあげたものの、幸い足を折っただけですんだのだそうだ。助手席にいた海兵はしかし、さほど幸運ではなく、怪我の程度が重かったため、すぐにイギリスに戻されたという。

少々驚かされたのは、向かい側に並ぶベッドには、治療を受けているアフガニスタンの市民たちが寝ていたことだ。わたしたちはふたりとも、そのことになんの抵抗も感じなかったが、海兵のなかにはおそらく、さほど呑気でない者もいるだろうと思われた。

軍医の話は短く、要点をついていた。もしかすると彼は今日ひどく忙しくて、わたし程度の怪我など、ごくささいな仕事だったのかもしれない。

「たいした骨折ではない。長くても六週間から八週間で完治する」医者は淡々と言った。「言われたことを守り、バカみたいに走りまわらないように」

「それはどうも」なんとかそれだけ口にした。

「二日後にイギリスに戻る飛行機を予約しておいた。きみがここですることは、もうなにもない」

わたしは言い返さなかった。そんなことをしてもなんにもならない。どうせ六週間後には帰国する予定だった。たった六週間では、自分はちょっとした荷物を背負えるようにさえならないだろう。わたしのアフガニスタンでの日々は終わったのだ。


椅子に腰かけたまま、光がチカチカと揺れるパソコンの画面をじっと見つめる。ここはバスティオンで通称〝インターネット・カフェ〟と呼ばれている建物で、外からはただのプレハブ小屋にしか見えないように工夫されている。

目の前には、メールで送られてきた三枚の写真があり、わたしがよく知っている三匹の犬が、画面のなかからこちらを見つめ返していた。

写真に添えられたメールは短かった。


親愛なるヘルマンドの犬と子犬たちの友人へ

ファランが二匹の雌犬と、一匹の雄犬を届けてくれました。雌犬のうち一匹は白くて五匹の子犬と一緒です。二匹目の雌は焦げ茶でやせており、八匹の子犬と一緒です。そして雄犬は耳と尻尾がありません。

犬たちを助けていただき、心から感謝します。

それでは
コーシャン

そうだったのか。これですべてがはっきりした。もうジリジリとした思いで待つ必要はない。

レスキューにたどり着いたのは、タリ、ジーナ、そしてナウザードだ。

RPGとAKはいない。

メールを閉じ、ひょこひょこと歩いて昼間の熱い陽射しの下へ出て、静かな場所を探した。頭のなかでは、またしてもさまざまな思いが渦巻いていた。喜ばしい思いもあれば、あまり喜ばしくない思いもある。基地の外縁を囲む壁のほうに目をやり、ナウザードの町の方角にそびえる遠い山々を眺めた。あのあたりのどこかに、RPGと小さなAKがいるのだ。

わたしたちは以前から、もしあの犬たちに逃げ出すチャンスがあったなら、それをのがさないのはRPGだろうと話していた。実際にはなにが起こったのだろうと、想像をめぐらせてみる。まさか運転手が次のバンに乗り換えるとき、犬は自分のあとを勝手についてくるだろうと思ったわけでもあるまい。

子犬たちはそれぞれ容器に入れられていたのだから、タリとジーナは自然についていったはずだ。ナウザードはおそらく、あの即席のリードをつけっぱなしにされていて、逃げ出すチャンスがなかったのだろう。

しかしRPGとAKは話が別だ。もし運転手が一瞬でも車のドアを開けっぱなしにしておいたなら、二匹はいつもの〝爆弾ダッシュ〟で飛び出したに違いない。運転手のあとをついていくなど、とてもじゃないがありえない。

どうか彼らが足をしばった縄を食いちぎり、身軽になって逃げ出したのでありますように。

二匹が縄でしばられたまま道端に捨てられている悪夢のような光景が頭のなかに広がり、わたしはその想像を必死にかき消した。

気持ちを落ち着けようと、少なくともデジカメの写真に写ったほかの犬たちは、とても元気そうだったじゃないかと考えてみる。

写真のなかのジーナは、針金のフェンスの前で背筋をピンとのばして座り、カメラをまっすぐに見つめていた。首にはおしゃれな緑色の首輪をしている。まだ困惑しきっているといった表情だ。

ゴム手袋をつけた誰かの手が、白い子犬をジーナのそばに掲げている。大きさからして、あれはおそらくジーナの子どもだろう。

タリはいつもと変わらない表情で、木製の犬小屋の上に座ってくつろいでいる。

写真のなかのナウザードは、あまり幸せそうには見えなかった。無理もない。ナウザードは鎖で壁につながれていたのだ。その光景を見たわたしは、またもや心をかき乱され、これでよかったのかという思いにさいなまれた。わたしはナウザードを、よりよい暮らしが待つ場所へと送り出したつもりだった。しかしこれが本当によりよい暮らしだろうか？　わたしがナウザードに用意した未来とは、いったいどんなものだったろう？　おそらくは、まともな未来とは呼べないようなものだ。

現実的に考えて、ナウザードはアフガニスタンの家庭にもらわれることはないだろう。それにナウザードが国を離れて、より犬にやさしい社会の一員として受け入れられるという可能性もゼロに近い。

この新たな環境で、ナウザードがこの先、長く生きられるとは思えなかった。

わたしは目を閉じ、暖かい日光が顔を照らすのを感じた。「少なくとも、ナウザードは生きてるんだ」そうつぶやいてみた。

もしかすると――本当にもしかするとだが、ＲＰＧとＡＫはいまもどこかで、愉快に走りまわっているかもしれない。

しかしナウザードの町に残してきた犬たちにかんしては、その可能性さえないことを、わたしは知っていた。

その前日、わたしは拠点にいるクラウスに電話をかけた。彼にはANPの司令官に謝礼を渡すよう頼んであったので、それをやってくれたかどうかを確かめたかったのだ。それから、残してきた犬たちの様子も気になっていた。

クラウスがダシュカのことを話してくれたのは、そのときだった。

ことの次第を聞いた瞬間に思った。わたしのせいだ。

新たに拠点にやってきたある陸軍の工兵が、夕方、焼却穴にゴミを捨てようと裏ゲートに向かった。そして当然のなりゆきとして、彼が裏ゲートを開けたとたん、ダシュカが突進してきた。おそらくあの子は、わたしがまた残りものをくれると思ったのだろう。あの子をかわいがってやりたいばかりに、自分のそばに来るよう仕向けたのは、そもそもわたしだったではないか。

その若い兵士は、巨大な闘犬が走ってくるのを見てパニックを起こした。

そして間髪をおかずにダシュカを撃った。

心やさしい大きな犬は地面に倒れ、裏ゲートのそばで死んだ。

銃声を聞いたクラウスは裏ゲートに走ったが、到着したときにはすべてが終わっていた。クラウスにできるのはただ、ダシュカを焼却穴まで引きずっていくことだけだった。

クラウスはそれ以来、パッチスを見ていないという。おそらくパッチスは、いまでも路地をうろついて、友だちの姿を探しているのだろう。

心の底から激しいいらだちと怒りがこみあげ、わたしはクラウスに向かって、その兵士の名前を教えろと叫んだ。そいつを殺してやりたかった。

わたしたちのどちらにとっても幸いなことに、クラウスは決してその名前を教えてはくれなかった。

ヘルマンド州の砂漠の上に広がる冷たい青空に向かって、急角度で上昇するC130輸送機の重たいエンジン音を聞いていると、じきに緊張がやわらいでいった。狭苦しいキャンバス地のシートに腰をおろしたまま、こちらをぼんやりと見返す人々のくたびれた顔を眺める。

おしゃべりをする気分ではなかった。それにたとえ話をしたくとも、エンジンの音がうるさすぎる。

いまこの飛行機はおそらく、わたしがあれほど長い時間、あれこれとその様子を想像して過ごした、あの山々の上空を飛んでいるのだろう。アフガニスタンの住民向けにアウトドア・レジャーのビジネスをはじめるにしても、それはまだ遠い先のことだ。

この五ヵ月のあいだに起こった出来事を思い返してみる。海兵たちがよく口にすることわざが、ふと頭に浮かんだ。「一日の終わりには暗くなる」［At the end of the day it gets dark. 物事には常に終わりがある。あるいは、いいことにも必ず終わりが来るの意］わたしはひとりつぶやいた。

「一日の終わりには、いつだって暗くなる」

それはどうしようもないことなのだ。

アフガニスタンで起こったことも、わたしにはもうどうしようもない。

わたしは目を閉じた。とにかくいま重要なことは、このフライトを最後にわたしは家に帰り、もう二度と戻らないという事実だけだ。

第25章　家に帰ろう

高速道路でブレーキをきしらせながら停車すると、わたしはすぐに窓をさげて、車内に新鮮な空気を入れた。ゆらゆらと揺らめく熱気が、黒いアスファルトから反射している。

こういうときには、リサのような行動を取るのが正解だ。彼女は助手席のヘッドレストに頭をあずけて、寝息を立てていた。

どうやらわたしは、ロンドンに向かう車がやたらと多い日を選んでしまったようだ。まるで国中の人間が一斉に動き出したかのように思える。いや正確に言えば、わたしたちはいままったく動いていないわけだが。

今日は特別な日だ。フィズとビーマーとの外出は、いまも変わらずわが家の週末のメインイベントで、仕事のストレスから解放されてのんびりと羽をのばせる時間だったが、その彼らとの外出に輪をかけたほど特別なのが、今日という日だった。

犬と一緒に暮らすことは、すでにわたしとリサの人生の一部になっており、だからこそわたしたちは、犬をもう二匹、わが家に迎え入れることに決めたのだ。フィズとビーマーにはすでに話を通してあったし、彼らは犬の家族が増えることに対して、とくに異論はないようだった。もしかするとその話をしたときに、ビスケットをたっぷりとあげたのがよかったのかもしれない。

そんなわけでわたしたちはいま、焼けるように暑い六月の午後、ジリジリとしか動かない渋滞をものともせずに、ロンドン郊外にある動物検疫センターに向かっているのだった。

アフガニスタンから戻ってからの四ヵ月というもの、わたしの感情はまるでジェットコースターに乗ったかのように揺さぶられどおしだったと言っても過言ではない。たったこれだけのあいだに、あまりにたくさんのことが起こったのだ。

もとの生活に自分を慣らしていく過程は、楽なことばかりというわけにはいかなかった。ブライズ・ノートンの空軍基地に到着したときには、リサが迎えに来てくれたおかげで、救急車で家に帰るはめにはならずにすんだ。

もちろん車にはフィズとビーマーも乗っていて、一緒にわたしを迎えてくれた。二匹をなんとか車の後部座席に落ち着かせてから、われわれは出発した。

家に帰り着くと、まずはビールで帰国を祝い、それからパブに出かけてステーキを食べ、またビールを何杯か飲んだ。じきにわたしは調子に乗って、まるでゾンビのようにぎこちない動きで、地元のパブの店内をやたらとうろつきまわった。もちろんそのあいだも、包帯を巻いた足首を決してスツールにぶつけないよう、細心の注意を払うのを忘れなかった。

わたしは軍から傷病休暇をもらっていたのだが、骨折よりもはるかに重い怪我で帰国している者も何人かいた。あいた時間を使って、わたしは彼らの移動手段や、福祉担当者の家庭訪問日を調整する作業を手伝った。そういう仕事をしていれば、常に基地の周辺にいられるので、アフガニスタンに残っている兵士たちの情報がはいり次第、すぐに聞くことができるという利点もあった。たいていの日はしかし、新しい情報などなにもなかった。

ところがある日、思いがけず中隊先任軍曹《CSM》に会いにいけという電話がはいった。CSMがわたしを部屋に迎え入れ、まあ座れと言ったときから、なにかがおかしいと感じていた。

「きみはK中隊にいたんだったな」CSMが言った。

「ええ、なぜです?」警戒しながらわたしは聞いた。

まわりくどい言い方はごめんだ。そんなことをしてもなんの役にも立たない。

「昨日、ベン・レディ海兵が殺された。中隊は野外でタリバンの待ち伏せ攻撃を受けたようだ。ほかにも数名、負傷者がいる」CSMが言った。

わたしはただじっと座っていた。ベンのにっこりと笑った顔がぱっと頭に浮かぶ。仲間たちはいつもおもしろがって、ベンを映画『ダ・ヴィンチ・コード』[二〇〇六年米。ルーブル美術館で起きた殺人事件をめぐるミステリー]に出てくる色素欠乏症の殺し屋シラスに似ていると言ってからかった。そう言われてもベンは、とくに気にすることもなかった。少なくともそのあだ名がタフな男からとられたものだったからかもしれない。一方わたしのあだ名ときたら、ビクトリア朝時代の自転車の名前で、しかも部下たちのほとんどは、ペニー・ファージング[一九世紀後半に多く製作された、非常に大きな前輪とごく小さな後輪のついた自転車]がどんな自転車なのか知りもしないときている。

ベンは真の王立海兵隊員《ロイヤル・マリーン》で、どんな任務をまかされたときにも、仲間たちと力を合わせることをなによりも大切にしていた。

ナウザードにいたときは、ベンは犬に関心を寄せてくれた兵たちのひとりだった。ナウザード、RPG、AKや、そのほかの犬たちの顔を見るために、何度もランに足を運んでくれた。そのうえ彼は、拠点をうろついている野良猫のことも気にかけていた。わたしは当時は知らなかったのだが、彼は母親に頼んで、アフガニスタンにキャットフードの小袋を送ってもらい、猫たちにあげていたのだという。

ベンはまだ二〇代前半の若者で、母国のために役に立ちたいと強く願っていた。そしてその決意の代償を、究極の犠牲で支払うことになったのだ。

「ベンの棺は、数日のうちにブライズ・ノートンに到着する。棺を運ぶ人間は、もう選んである」わたしを部屋のなかに引き戻しながら、ＣＳＭは言った。

それはそうだろう。彼らはこの気の滅入る仕事を、今回のわれわれの任務のあいだにすでに三度もこなしているのだ。

「わたしがやります」わたしは躊躇せずに言った。

「その足首はどうするんだ」

「足首がなんだって言うんですか」思わずぞんざいな口調で言い返す。

ベンの棺を運ぶのは無理だとしても、棺を運ぶ若い兵たちを先導することならわたしにもできる。ベンをイギリスの土の上に帰してやることは、われわれにとっての名誉だ。

ベンをＣ１３０輸送機からブライズ・ノートンの滑走路に運び出す任務は、わたしがロイヤル・マリーンとして過ごした時間のなかで、最も重要な役割のひとつとなった。その日の空は雲に覆われ、ブライズ・ノートンが静まり返ったときの不気味さが、この瞬間のやるせなさに拍車をかけた。

本国送還セレモニーのあとで、ベンの両親のリズとフィルに会ったときには、さまざまな思いがあふれてきて、なにを言えばいいのかまるでわからなかった。涙で声を詰まらせないようにするだけで精一杯だった。棺を運んだ兵たちは、ベンの両親のために、この瞬間だけは心を強く持とうと必死に耐えていた。

ベンが生まれ育ったアスコットで行なわれた葬儀には、すばらしい顔ぶれが揃った。現役の海兵も、引退した海兵も足を運んだ。さらにはフィリップ殿下［エリザベス女王の夫］までが、教会に姿を見せてくれた。会場にはいりきれないほどたくさんの人たちが集まったという事実に、わたしは大いになぐさめられる思いだった。ベンの家族には、これほど力強い支えがある。この人々の存在が、彼らが悲しみを乗り越えるための力になればと願った。

王立海兵隊コマンドー部隊の精神にのっとり、われわれはその夜、女王と母国への奉仕において命を落とした海兵のために乾杯をした。

乾杯は夜中まで続いた。翌日の朝、ひどい頭痛に見舞われた兵たちは、おれがベンのためにいちばん多く乾杯をしたのだと胸を張った。

それから数週間のうちに、残りの兵たちもアフガニスタンから帰国をはじめ、あとは陸軍がヘルマンド州での任務を引き継いだ。海兵たちは家族との再会をはたし、しばらくのあいだは、世界の反対側で起きたことをすべて忘れて時を過ごした。中隊のメンバーもふたたび集まり、度を超して飲み過ぎるのが日常茶飯事となっていった。

アフガニスタンでの軍事作戦における海兵隊の貢献は、じきに国から認められることになった。われわれの司令官が、孤立したナウザード拠点を守り切った功績により、大英帝国勲章団員に叙されたのだ。

こうしてわが中隊はイギリスの土の上に戻ったわけだが、わたしはどうしても、すべてを忘れて前に進もうという気持ちになれずにいた。自分の一部はいまもアフガニスタンにあり、そしてこの気持ちは、これから先もずっと変わらないだろうという気がしていた。

動物検疫センターの砂利敷きの駐車場に車を停めたときも、暑さはあいかわらずの厳しさだった。リサは完璧なタイミングで昼寝を完了し、ちょうど目を覚まそうとしていた。

高い電流フェンスに囲まれているせいで、ここの建物はまるで刑務所のようにも見えたが、実際、どこか似た部分はあるのかもしれない。

センターの責任者であるレベッカの自己紹介を聞きながら、わたしたちは大きなゲートをくぐった。

「どうしていますか？」わたしは聞いた。

「元気ですよ。なにがそんなに心配だったのか、わからないくらいだわ」

「心配なんてしてませんよ」わたしはにっこりと笑いながら嘘をついた。

ここにたどり着くまでには、書類を山ほど書かなければならなかった。たくさんのことを超特急で学び、何度か障害にもぶつかったが、それでもついにわたしたちは、レベッカの手助けのもと、すべての問題を乗り越えてきた。

レベッカのあとについて、鍵のかかったドアを六つ通り抜けて検疫エリアに出ると、刑務所のなかにいる気分はますます強まった。リサもわたしも、スタッフの案内がなければ、二度と外には出られないだろう。

「好きなときに会いにきていいんですよ」最後の通路を歩きながら、レベッカが言った。ガラス窓のついた扉が等間隔に並び、それぞれの扉の向こうでは、世界の隅々からやってきた犬たちがはりきって吠えている。犬たちが前足でプラスチック製の枠がついたのぞき穴をひっかくので、あたりはなにも聞こえないほどの騒音に包まれていた。

レベッカが立ち止まる。わたしたちが目指してきたふたつのドアの、最初のひとつにたどり着いたのだ。

リサをふり返る。「準備はいい？」

「いいわよ」リサは答えた。たとえ準備ができていなくとも、もう遅い。いまさらあと戻りはできない。

レベッカがドアを開け、わたしは部屋のなかにすばやく体を滑りこませた。

彼は小さな部屋の奥の隅で丸くなっていた。わたしの記憶にあるよりも、やせたように見える。彼はほかの犬たちのように吠えてはいなかった。しかしわたしの声を聞いたとたん、その根元だけしかない尻尾が、ブンブンと左右に揺れはじめるのが見えた。

「おい、ナウザード」わたしが呼ぶと、ナウザードはこちらに向かって飛んできた。

わたしたちは五ヵ月近くも会っていなかったが、そんなことはなんでもなかった。ナウザードはわたしが誰だか、ちゃんと覚えていた。

ナウザードは実際、かなりやせていた。砂色の毛皮を通して、肋骨が浮いているのが見える。わたしがなでてやると、ナウザードは頭をわたしの脇の下に突っ込んできた。

「なんだと思ってたんだ？　おれがおまえをアフガニスタンに置き去りにしたって？　そんなはずがないだろ？」

わたしがアフガニスタンを離れたあと、あの犬たちがたどった運命にも、やはり悲喜こもごもの物語があった。

アフガニスタンから戻った一ヵ月後、レスキューからメールが来て、わたしたちが届けた子犬のうち、一匹がパルボウイルスに感染して死んだと知らされた。ジーナの子どもたちは、すべて死んでしまった。生き残ったのはタリの子どもの二匹だけだ。

ショックだった。あれほどの困難を乗り越えてきたというのに、こんな結末はない。わたしはすっかり打ちのめされた気分だった。

しかし数日後、ジーナにかんするうれしいニュースが届いた。最初にこのレスキューを立ちあげたアメリカ人女性が、現地に足を運んだわけではないのだが、わたしが送ったジーナの写真を見たのだそうだ。彼女はひと目で、レスキューのスタッフが〝小さなチョコレート色のヘルマンド・ママ〟と呼んでいるジーナのことを気に入ってしまったという。

そんなわけでジーナは先日、アメリカで甘やかされ放題のペット生活をスタートさせた。

リサとわたしは、このおめでたい知らせにビールで乾杯をした。子犬たちのことが帳消しになるわけではないが、それでも救われる思いだった。

イギリス国内でもいいニュースがあった。複数の地元紙が、わたしの保護活動を取りあげてくれたおかげで、小切手が続々と届きはじめたのだ。唯一の問題は、小切手の宛名がわたしの名前になっている点で、これはなにかしら手を打つ必要があった。だからある夜、リサとわたしは軽くアルコールを飲みながら、自分たちの人生を変えることになる決断をした。

「チャリティ基金を立ちあげたらどうだろう。お金はかなり集まっているから、なにか有意義なことに使えたらと思うんだ」リサの表情を探るようにわたしは言った。「うまくいけば、そのうちアフガニスタンのレスキューに資金援助ができるようになるかもしれない」

「いまでもやることが山ほどあるのに?」リサは少し皮肉めいた口調でそう言い、りんご酒《サイダー》をひと口すった。

「それほどひどいことにはならないさ」わたしは何気ない風を装って言った。「重要なのは、そうすれば小切手をおれ宛じゃなくて、ちゃんとしたチャリティ用の銀行口座宛に送ってもらえるってことだよ」

それ以来わたしたちは、チャリティ基金を立ちあげるための申請書の数々と、何時間もにらめっこをして過ごした。いちばん簡単に埋められる項目は、チャリティの名称だった。

「ナウザード・ドッグズ。これしかない」わたしは堂々と宣言した。

このチャリティはすぐさま、すさまじい反響を呼んだ。

そしてリサとわたしは、余暇のほとんどをメールや、ゆっくりとではあるが着実に集まりはじめていた寄付金への対応に費やすことになった。

アフガニスタンの治安はあいかわらずいいとは言えず、レスキューとのやりとりには、ときにもどかしいほどの時間がかかった。レスキューのスタッフは、どうしても必要な医薬品を手にいれるのに四苦八苦していた。人里離れた保護施設に医薬品が到着するころには、ひどい暑さでだめになっているか、さもなくば使用期限が切れていた。言うまでもなくそれは、そもそも荷物がレスキューに届いた場合の話だ。補給品のほとんどが、届く前に盗まれてしまうのだった。

レスキューとのコミュニケーションが思うようにいかないせいで、犬たちの状況を知るのもひと苦労だった。とくにナウザードについては、徐々に心配がつのっていた。バスティオンであの写真を見たときから、ナウザードが施設にうまくなじんでいないことはわかっていた。レスキューからは、ナウザードをどうしたらいいかという問い合わせが来ていた。闘犬を引き取りたい人などいないことを、彼らは知っているのだ。

わたしはリサに、ナウザードについての懸念を訴えるレスキューからのメールを見せた。リサがメールを読み終わるのを待って、わたしはリサの顔を見た。

リサはまたもや、例の人の心を読みとる能力を発揮して、いつもの「好きにしたら」という笑顔を返してくれた。

わたしたちにはもう、なにをなすべきかがわかっていた。

ナウザードに必要なのは、どこまでも忍耐強く彼を訓練してくれる人間だ。現状ではその条件を満たす誰かが、彼のまわりにいるとは思えない。

もちろん、わたしとリサを別にすればの話だ。

問題は、これまでジーナ以外に、犬をアフガニスタンの外に連れ出した例を聞いたことがないことだった。この先必要になる手続きを考えると、それだけでもうんざりした。アフガニスタン国内で犬を移動させるのは不可能に近いことを、わたしは身をもって学んでいる。犬を国外に出してイギリスまで運ぼうなどという試みは、山ほどのお役所的な手続きまであることを考えれば、成功の見込みはほとんどない。それでも、やらないわけにはいかなかった。

それから数週間のうちに、数多くの支援者とメイヒュー・アニマル・ホーム・インターナショナルの助けを借りながら、わたしたちは書類を整え、イギリスまで犬を二匹空輸するための飛行機代を用意した。

一匹引き取るなら二匹引き取るのも同じだと言って、わたしはリサを丸めこんでしまったのだ。

「これは貸しよ、ファージング」彼女が言ったこの言葉は、生涯わたしの胸にあるだろう。

こうしてタリもわたしたちと一緒に暮らすことが決まった。

残る二匹の子犬たちは、旅をするにはまだ小さすぎた。当面レスキューに残しておいても、あまり寂しがらずにいてくれることを祈るしかない。あの子たちの将来については、おいおい考えていくことにしよう。

ナウザードとタリをイギリスに運ぶのは、決して安くすむ話ではなかった。二匹の犬を検疫センターに六ヵ月間収容しておく費用は、腰を抜かすほどの金額だ。わたしが送りこんだ犬たちを収容していた期間の運営費の足しにしてもらおうと、小切手をレスキューに送ってしまうと、アフガニスタンからの帰還後に軍から受け取ったボーナスは、みるみるうちに消え去った。

それでもわたしにとっては、それだけの価値があった。ナウザードの犬たちとは、数え切れないほどの苦楽をわかちあってきたのだ。彼らを取り戻すためなら、わたしはなんだってするだろう。

そしていま、二匹はここにいる。

ナウザードと一、二分遊んだところで、リサがレベッカに開けてもらったドアからランにはいってきた。リサには、ナウザードに近づくときには用心しろと言ってある。ナウザードは知らない人間が嫌いだし、まず間違いなく極端な反応をすると思われた。ランに新たな人間がはいってきたのを感じとると、ナウザードはわたしから離れてゆっくりとリサに近寄り、彼女の足のにおいをかいだ。

リサがナウザードの頭のてっぺんをなでた。

「ほら。だから大丈夫だって言っただろ」わたしはうれしくなってそう言った。

しかしそのとき、なんの前ぶれもなく、ナウザードがリサの足に飛びかかった。さほど攻撃的というわけではなかったが、リサは驚いて脇に飛びのいた。

「まったく」わたしはナウザードを捕まえて、厳しく小言を言った。「ナウザード！　前にそれをやったとき、どうなったか思い出してみろ」

リサがそろりそろりとナウザードのほうに近づいてくる。わたしにとってもナウザードにとってもありがたいことに、リサを動揺させるには、ちょっと飛びついたくらいでは足りないのだ。

「ああそうかい、おまえはそうやって自分をアピールしようとしたわけだ。たいしたもんだよ、ナウザード」わたしはぴしりと言い放った。

そのときふと気づいたのだが、リサやレベッカや検疫所の女性スタッフたちは、ナウザードが生まれてはじめて出会う女性だったに違いない。

狭い部屋でナウザードと一緒に三〇分ほど走りまわったあと、いよいよリサをもう一匹の〝新入り〟に会わせる時間が来た。

コンクリートの床にへたりこんでいるナウザードを残して、わたしたちは数メートル離れた隣のランに移動した。

二匹を一緒にしておくと、どういう反応を示すのかまったく予想できなかったので、六ヵ月の検疫期間中は別々の部屋で過ごしてもらうことにしてあった。お互いに友情を育むのは、もう少しあとでもいいだろう。

プラスチック製の格子の向こうにわたしの姿が見えたとたん、タリはすっかり興奮して、グルグルと円を描いて走り出した。タリはわたしが部屋にはいってもずっとそのまま走り続けて、しばらくするとリサの足もとにやってきてお座りをした。リサとタリは、こうしてすぐに仲良しになった。タリは自分の飼い主を見つけたのだ。それは実に自然で、実にあっさりとしたなりゆきだった。

リサがタリにつけたあだ名も、そんな風にあっさりと決まった。タリは遊んでいるとき、唇をうしろに引いて白い歯を見せ、どこか恐ろしげな表情をするのだが、リサはその顔をひと目見て、彼女が大嫌いな、映画で有名なあのモンスターを思い出したのだ。

「こっちへおいで。かわいいエイリアン」リサはそう言ってにっこりと笑った。

わたしたちはナウザードとタリと一緒に一時間ほど過ごしてから、二匹にさよならを言った。

検疫に必要な検査に加え、二匹の犬たちは寄生虫の駆除などの治療も受けることになっている。さらには、それぞれが体にたっぷりと飼っているダニを取り除くという、時間と忍耐の必要な作業も待っていた。しかし犬たちを検疫所に入れておくことにかんしてわたしが持っていたさまざまな懸念は、責任者のレベッカをはじめとするスタッフのおかげで、すっかり解消されていた。

これからの数ヵ月間、タリが検疫センターの人々にかわいがられ、いつも誰かに相手をしてもらいながら過ごす様子が目に見えるようだった。自分の犬を検疫センターに入れているほかの飼い主たちのなかにも、すでにタリに会うためにわざわざ足を運んでいる人たちがいるそうで、タリはすっかり悦に入っていた。

レベッカは、犬の心やさしい側面を引き出す方法を熟知していた。彼女はわたしに、ここにいるあいだの時間を使って、ナウザードのいちばんいいところをのばせるよう最大限の努力をすると約束してくれた。検疫センターを離れるとき、わたしのなかには、きっとすべてがうまくいくという確信が生まれていた。これからもできるだけ時間をとって、あの子たちに会いにいこう。BBCテレビから犬たちを撮影したいという申し出があったときには、デーブとジョンもすぐに飛んできて、わたしと一緒に遠く離れた検疫センターを訪れた。デーブはこれで女の子にモテるようになるのではないかと期待をふくらませていたが、わたしもジョンも笑うしかなかった。

そして、ふたりがナウザードのことを怖がっているのもあいかわらずで、彼らはビスケットをあげるときにも、わたしがナウザードの横についているあいだに、フェンス越しにそっと差し出すのだった。

家に向かって車を走らせながら、わたしは新しい一日がはじまるようなすがすがしさを感じていた。ここ五ヵ月ほどのあいだ、わたしの頭のなかは、自分がアフガニスタンにいたあいだの物事のなりゆきがもっと別の展開をみせていたら、いまごろどうなっていたのだろうかという物思いに占領されていた。これからは過去ではなく、未来のことを考えていこう。大切なのは、わたしたちがこれからなにを成し遂げられるのかということだ。

＊

ビーチに向かう道は、クリスマスにしては驚くほど混雑していた。町から車が続々と流れ出てくる。「こりゃあいったいどういうわけだ？　みんな家にいてプレゼントでも開けてるんだと思ってたのに」わたしはリサに言った。

車を海岸沿いの幹線道路に入れたとたん、ふたりとも思わず「うわ」と低くつぶやいた。何千人という人々が、徒歩で、車に乗って、自転車に乗って、道路を占拠していた。

「あのパブを見ろよ」ビールを飲んで幸せそうな顔をした客が道路にまであふれ出て、外のテーブルに席をとろうとうろうろ歩きまわっている横を通り過ぎながら、わたしは叫んだ。

「見て。あの人たち、どうかしてるわ」リサが大きな声を出した。わたしはリサが指さしている浜辺のほうを見おろした。

「ありえない」

浜辺にはざっと五〇〇人もの頭のおかしい人々が、水着やビキニを着てずらりと並び、荒れた海に向かっていまにも駆け出そうとしていた。こっちは冬のコートを着こんでいるというのに、外がそれほど暖かろうはずもない。

海岸通り沿いにゆっくりと車を進めても、人が少なくなる気配はなかった。それどころか、パブや商店街のあるエリアを過ぎてからは、さらに混雑がひどくなったようにも思える。

「まずいな。人が多すぎる」わたしはぼやいた。

わたしの計画は、ナウザードがはじめて自由に外を歩けるこの日に、のんびりとした静かな場所に連れて行ってやることだった。今日中にそれが実現できるかどうかは、かなり疑わしい状況になってきた。

　ようやく、海に面した駐車場に空きスペースを見つけた。車を停めてエンジンを切る。すぐ目の前に料金メーターがあった。「一年三六五日有料」と書いてある。

「強欲にもほどがあるな」リサとわたしは必死にポケットを探って、駐車料金の八五ペンスをかき集めた。

　こんなにも大勢の人たちがいまここを歩いていることが、わたしにはまだ信じられなかった。遊歩道を新しい自転車でふらふらと走る子どもたちのあとから心配そうについていくパパやママもいれば、腕を組んで散歩する若いカップルもいれば、濡れた浜辺でボール遊びをするグループもいた。それからたくさんの、とにかくたくさんの犬たちが興奮して駆けまわっていた。

ただし、耳のないアフガニスタンの元闘犬の訓練に取りかかろうとしている人間は、わたし以外にはひとりもいない。

「まいったな。ここに来ようなんて言い出したのは本当にマズかった」

「すばらしいアイディアだったとは言いがたいわよね、正直なところ」リサが言った。


　ナウザードとタリを検疫所から引き取ったのは、クリスマスイブのことだった。その日を最後に、二匹は六ヵ月の隔離生活を終えたのだ。しばらく前からじめじめとした天気が続いており、アフガニスタンで過ごした去年のクリスマスを思い出させた。

　わたしもリサも忙しい時期だった。新しい土地の新しい家に、引っ越しを半分だけ終えたところだったのだ。引っ越したかったわけではないのだが、軍からそうしろと言われれば、文句を言ってもしかたがない場合もある。そして当然ながら、引っ越した先にもずっといられるわけではない。軍隊においては、永久に変わらないものなどなにひとつないのだ。急にまたどこか別の場所に転属になる可能性だってある。

　玄関には段ボール、スーツケース、リュック、ビニール袋が山積みになったまま、荷ほどきされるのを待っていた。自分がいつその仕事に取りかかれるのかはわからないが、リサに関係するものであれば、そう長いあいだ置きっぱなしにされることはないだろう。

検疫所のスタッフは、ほぼ総出でナウザードとタリを見送ってくれた。何人かは、涙さえ浮かべていたように思う。

ナウザードとタリにとって、外に出るのは六ヵ月ぶりだ。いちばん舞いあがっているのは自分たちなのか、それとも犬たちなのかわからないくらいだった。家に帰る車までたどり着くだけで、三〇分近くを費やした。二匹の犬に引っ張られて、検疫所の近くにある森まで歩いたからだ。わたしたちは彼らの好きなようにさせてやった。犬たちには当然、そのくらいの権利がある。考えてみればナウザードは、一三ヵ月近くも狭い場所に閉じこめられていたのだ。

二匹とも、目についたあらゆるものをひっかきまわしてはにおいをかいだ。

やがてナウザードが作業を中断し、わたしの足もとに戻ってきた。わたしは彼の頭をなでてやり、ナウザードは検疫所の駐車場にただよう空気のにおいをかいでいた。

アフガニスタンの犬たちと、フィズとビーマーとの顔合わせは、なんの盛りあがりも見せずに終了した。どちらの犬も、互いのにおいをかぎ合い、じきに興味を失って、離れていった。念のためナウザードには口輪をはめていたのだが、その必要さえなかったようだ。

今日はフィズとビーマーも一緒に来ている。浜辺の景色と、たくさんの犬たちが走りまわる様子を見て、二匹は外に出たくてジリジリしていた。フィズとビーマーにかんしては、逃げ出したりする心配はない。気がかりなのはタリと、そしてとりわけナウザードだった。

後部座席を振り返り、それぞれケージに入れられたナウザードとタリ、それからそのあいだにいるフィズとビーマーの顔を見た。

「着いたぞ、ナウザード。せいぜいお行儀よくしろよ」

ナウザードは背筋をのばしてきちんと座ったまま、外に出たら、このおかしな、新しい世界のにおいをもっとたくさん見つけてやろうと待ちかまえている。

「準備はいい?」わたしはリサに言った。

「いいえ」リサはそう言うと助手席からするりと降り、車の後部ドアのほうへ歩いていった。

リサがドアを開けたとたん、フィズとビーマーは外に首を突き出してあたりを見まわした。外国生まれの二匹の犬は、格子になった移動用クレートの扉を前足でひっかきながら、クーンクーンと小さく鳴いている。

わたしがフルボディのハーネスを装着しているあいだ、ナウザードは機嫌よくじっとしていた。ナウザードのことは少なくとも、拠点内の敷地で散歩をさせた経験があった。一方のタリは、これまで一度も散歩をしたことがない。タリがどこかへ走り去ってしまっては困るので、タリにもフルボディのハーネスをつけた。

海岸には波が打ち寄せ、あたりに水しぶきをまき散らしていた。わたしは、繰り返し満ちてくる潮に洗われてすべすべになった大きな岩の上に腰をおろした。

泥板岩の崖のふもとをたっぷり三〇分は歩いたあと、ナウザードはついに、あらん限りの力をふりしぼってリードを引っ張るのをやめ、いまはわたしの隣で静かに座っていた。

体をギュッと丸めて頭だけをあげ、海のほうを眺めている。おそらく彼はさっきからずっと、あの泡立つ白い波はいったいなんなのかと考えているのだろう。

タリはまだリードにつながれたまま、リサのそばを走っており、そのリサはフィズを追いかけている。ビーマーは海からかなり距離をとって、彼らと平行に走っていた。

わたしがナウザードの頭のうしろをなでていると、平らな砂浜を風が音を立てて吹き抜けていった。ナウザードがわたしのほうをふり返った。その大きな茶色い瞳は、まだ悲しそうに見えたが、この見知らぬ土地でこれからなにが起こるのかを案じている気配は、みじんも感じられなかった。もしかするとナウザードはこれまでの経験から、すでに過去のものとなったあの日々に比べれば、ここの生活も悪くはないはずだとわかっているのかもしれない。

わたしは海のほうに目をやった。水平線にはなにもなく、遠くで波頭が砕け、カモメが何羽か、獲物を捕まえようと低く滑空しているだけだ。

わたしはいつしか、アフガニスタン、ナウザードの町、そしてなぜだか、満面の笑みを浮かべた巻き毛のロジの姿を思い浮かべていた。つかの間、わたしはまたロジと一緒に厨房がある建物の屋根にいて、なんだかんだと他愛ないおしゃべりを続けていた。ふたりとも相手の言っていることなど、これっぽっちも理解できないというのに。たぶんわたしたちには、理解する必要などなかったのだ。わたしたちは友人だった。それだけで十分だった。

「ロジはいまなにをしてるんだろうな、ナウザード」わたしは声に出してナウザードにたずねた。しかしナウザードはもう目を閉じて、眠っているようだった。無理もない。ナウザードがこれほど長く歩いたのは、ほぼ一三ヵ月ぶりのことだ。一三ヵ月前、ナウザードはあの拠点に、そしてわたしの人生に、するりともぐりこんできたのだ。

ナウザードの拠点。わたしはあの泥壁に囲まれた要塞と、もう二度と戻らない自分の人生の一部に思いをはせた。目を閉じて海風に顔をさらすと、アフガニスタンで過ごした五ヵ月間を支えてくれた犬たちの姿が浮かんできた。すらりとしたRPGが、厨房のそばに置かれた段ボール箱に敷いたクッションに座り、朝食の列で自分の番が来るのをじっと待っている。あそこにいた犬たちのなかで、いつかこうして自分と一緒にいるとすれば、それはRPGになるだろうとわたしは思っていた。RPGはきっと、ビーマーと浜辺で思いきり駆けまわるのを大いに楽しんだに違いない。いまはただ、前足をしばった縄をなんとか食いちぎっていてくれることを願うだけだ。

小さなＡＫ――ＲＰＧの小型版のようなあの子のことを思い出すと、思わずクスクスと笑いが漏れた。どうかあの子が、ＲＰＧと一緒に逃げ出したのでありますように。そしていまどこにいようとも、互いに取っ組み合い、追いかけ合いながら、愉快に過ごしていてほしい。

あの二匹になにが起こったのかは、この先も決して明らかになることはないだろう。正直に言えば、あの子たちがまだ生きているとは、わたしは思ってはいなかった。

パッチスとダシュカが、わたしたちについて着陸地点《LS》まで走ってきた姿を思い出し、わたしはまた微笑んだ。あれは見ているだけでおかしかった。あふれそうになる感情を、わたしはなんとか抑えこんだ。パッチスがどうなったのかについては、まだまったく情報がない。わたしはこの先もタリを目にするたびに、そこに尻尾を振っているパッチスの姿を見るのだろう。

もしかするとわたしは、あの子たちを救うことができたのかもしれないが、あのときわたしは自分で、そうしないことを決めたのだ。その代わりに、いまこの海辺にはナウザードがいて、わたしのそばに座っている。あれはもう一〇ヵ月近く前のことだ。時は飛ぶように過ぎていく。あまりに多くのことが変わり、あまりに多くのことが起こった。

わたしはまたナウザードの頭をなでた。ナウザードの薄茶色の毛皮は、海風で湿っていた。

「だけどおれたちは、おまえたちふたりをこうして連れ出したんだ。そうだろ?」そう声に出して言ってみる。

きっと誰も、もちろんナウザードも、すべての犬を助けられなかったからといって、わたしを責めたりはしないだろう。それでもわたしには、自分がこの先ずっと、自分自身を責め続けるだろうということがわかっていた。

リサがこちらに向かって浜辺を走ってくる。いつものように先頭はビーマーだ。

「おいで、ナウザード」わたしは言った。「家に帰る時間だぞ」

ふたりでテーブルをはさみ、そのまわりを四匹の犬に囲まれながら、わたしたちはクリスマスディナーを食べた。わたしはずっとニコニコしどおしだった。ナウザードは去年のクリスマスに引き続き、夕食に自分用の七面鳥をもらって、むしゃむしゃとほおばっていた。

クリスマスの夜をリサと一緒にのんびりと過ごしながらも、わたしの心にはどうしても、ナウザードの拠点にいた去年のクリスマスが浮かんでくるのだった。

もしあのときの自分が、いまのわたしが知っていることを知っていたとしたら。過去のわたしは、自分が将来こうしてアフガニスタンという国と、その人々と動物たちを支援するためのチャリティを運営しているなどと、想像しただろうか。とてもそうは思えない。

わたしはようやくいま、前向きなことに取り組むチャンスを手に入れた。もうすでに、チャリティに送られてきたお金の一部を使って、生き残ったタリの二匹の子どものうち、とりあえず一匹を助ける計画が進んでいる。そろそろ一歳になるその子にわたしたちは、ヘルマンドという名前をつけた。

チャリティの資金のおかげで、あの子を一月中にイギリスに空輸する手はずが整えられようとしていた。引き取り手になってくれそうな家庭も、すでにいくつも確保してある。

それに加えてわたしたちは、アフガニスタン人の若い獣医を育てるためのプログラムを形にしたいと考えていた。あの国には獣医が絶望的に不足している。獣医がいれば、犬だけでなく、僻地の村の生活を支えるのに不可欠な家畜の健康を維持するうえでも大いに役に立つはずだ。

とはいえ、とりあえず一、二年のあいだは、チャリティの対象は主に犬ということになるだろう。飛行機でアフガニスタンを離れたあのとき、わたしは何千匹もの野良犬を彼の地に残してきた。彼らの多くが悲惨な環境に暮らし、それどころか闘犬として虐待を受けているものもいる。あの犬たちに希望はない。

子犬のヘルマンドは、これから暖かい家庭を見つけるであろう願わくば数多くの犬たちの、第一号となるのだ。

さっき海辺から戻ったときに、わたしは手早くメールをチェックしておいた。今日がクリスマスだということはわかっていたが、もしかするとなにかニュースが飛びこんでくるかもしれないという予感があったのだ。

そして思ったとおり、ログインしたとたん、一通のメールが目を引いた。件名は端的で要を得ていた。

「アフガンの犬」

ヘルマンド州にいる兵士から送られてきたそのメールは簡潔だった。

　わたしは現在アフガニスタンで任務についており、配属されている基地に住んでいる若い野良犬と仲良くなりました。この子を助けるために、力を貸していただけませんか？　この子をおなかをすかせたまま置き去りにすることは、わたしにはどうしてもできません。

メールを読みながら、わたしは微笑んでいた。わたしにはいま新たな使命があり、しかも今回は、完全武装で走りまわる必要もないのだ。

おそらくときには、ひどくイライラさせられることもあるだろうが、アフガニスタンとはそもそもそういうところだ。それにわたしたちは、この使命が不可能でないことを、すでに身をもって証明している。ナウザードとタリのほうに目をやる。二匹とも新しい犬用ベッドですやすやと眠っていた。すぐに返事を書かなければ。メールをくれた兵士はきっと、この世界のどこかに、自分以外にも同じ気持ちでいる人間がいてほしいと思っているに違いない。

さあ、次の犬を助けにいこう。

「ナウザード・ドッグズ・チャリティ」の活動について

ナウザード・ドッグズ・チャリティは、二〇〇七年、元イギリス王立海兵隊員《ロイヤル・マリーン》のポール・〝ペン〟・ファージングによって設立された。設立の目的は、戦争で荒廃し、また動物福祉活動への関心も低いアフガニスタンの街で、なんとか命をつないでいる野生の動物たち、人に捨てられた動物たちを救うことだ。とくに悲惨な状況にあるのは雄の野良犬たちで、彼らはアフガニスタンで古くから続く習慣である闘犬に使われることもある。

二〇〇六年、傷を負った一匹の闘犬が、アフガニスタンで任務についていたペン・ファージングのもとに現れ、彼の保護下で暮らすようになった。ペンはこの犬に、地元の小さな村の名にちなんで「ナウザード」と名付けた。アフガニスタンの動物たちを取り巻く状況を改善するための団体、ナウザード・ドッグズ・チャリティのベースは、この瞬間にできあがったといえる。

アフガニスタンでの任務を終えた後、ペンはナウザードのほか、彼と縁のあった数匹の野良犬をイギリスへ運ぶという、とてつもなく困難な仕事をやり遂げた。ほどなくペンのところには、アフガニスタンに駐留している兵士たちから、自分たちが現地で「引き取った」動物を助けるのに力を貸してほしいという連絡が入るようになった。危険な任務に従事する兵士たちにとって、動物たちは希望の象徴や、前向きな気持ちを支えてくれる存在となることが少なくない。動物たちのほうも、兵士たちから受けたやさしさに対し、ゆるぎない信頼で応えてくれる。ナウザード・ドッグズ・チャリティはこれまでに、二五〇匹を越える犬、数匹の猫を保護し、西側諸国の兵士たちの家に送り届けてきた。同団体は軍とのかかわりは一切なく、軍の輸送機関や設備は使用していない。

ナウザード・シェルターとTNVR計画

ナウザード・ドッグズは、動物を保護したい兵士たちを助ける活動を今後も継続していく。しかし現在、活動の主眼は、アフガニスタンに残される多くの動物たちを助けることに置かれている。カブールの地元当局や地域住民からの信頼と支持を得ることに成功したわれわれは、二〇一一年一月、アフガニスタンで初となる動物シェルターの開設にこぎつけた。ここを拠点として、ナウザード・ドッグズはカブールと周辺地域にいるたくさんの犬たちを対象に、「捕らえ、不妊手術をし、ワクチンを打ち、放す」という、通称TNVR（trap, neuter, vaccinate, release）計画を展開しており、将来的にはこの活動をアフガニスタン全土に広げることを目指している。

TNVR計画は、動物の数を減らすだけでなく、狂犬病などの病気を防ぐ効果が見込めるため、動物と人間の両方にとって有意義な活動だ。同計画はまた、野良犬を毒殺処分にしている現在の地元政策に対する、人道的な対抗策ともなっている。シェルターでは、地元の人々が飼育している動物や保護動物に対して無料の治療、ワクチン摂種、不妊手術を提供するほか、野良犬や野良猫の治療も行なっている。保護動物は不妊手術をしてワクチンを打った後、シェルター独自の里親制度を通じて地元の人々に引き取られる。また、子どもたちに動物福祉について学んでもらうため、シェルターでは学童の訪問も受け入れている。シェルターはまた、兵士たちが家族として引き取った動物たちを一時的に収容するための最重要拠点ともなっている。

シェルターにおけるさまざまな活動は、英国にいる献身的なボランティア数名と、一名の有給事務員によって支えられている。シェルターで働いているのは、現地駐在のマネージャーのほか、五名のアフガン人スタッフで、うちひとりは通訳として活動している。アフガン人スタッフのうち四名は、獣医としての基礎的な訓練を修了しており、簡単な医療処置や不妊手術を行なうことができる。

シェルターにやってきた犬、猫は、すぐにパルボウイルス、狂犬病、ジステンパーなどのワクチンを接種され、ノミ、ダニ、寄生虫駆除の治療を受ける。

シェルターの建物は借地に立っており、最低限ではあるが、現地の厳しい天候（冬には気温はマイナス二五℃、夏には四〇℃になる）をしのぐための設備が整っている。犬舎には一〇〇匹の犬を、また専用に作られた猫舎には三〇匹の猫を収容できる。最近あらたに、動物診療所の建物が増設された。

働く動物のための協同組合

われわれはまた、ロバ、馬、ラバといった、現在、獣医師の治療を受ける手段を持たない数多くの動物たちを助ける「働く動物のための協同組合」を設立することを目指している。この活動が働く動物たちにとって有意義なのはもちろんだが、こうした動物たちを助けることが、この先ナウザード・ドッグズと地元コミュニティとの絆をさらに強くしてくれることだろう。

ナウザード・ドッグズ・チャリティのこれからの活動

*カブール全土とその周辺地域において、TNVR計画を実践する。

*シェルターの獣医施設を増やし、薬品や医療機器を充実させる。

*不妊手術プログラムをさらに拡大させる。

*西側の獣医師をシェルターに招聘し、常駐獣医師が技術を磨くための訓練を行ない、また動物看護師の訓練と雇用を促進する。

*TNVR計画の拡大に向け、犬の捕獲員や看護師、不妊手術のできる獣医師として働くアフガニスタン人スタッフの訓練と監督を行なう、西側のサポートスタッフを雇用する資金を調達する。

*すでにわれわれが確保済みの安全な土地に、不妊手術のための可動診療所を設立する。

さらにくわしい情報は公式サイトにのっているので、ぜひとも訪ねてみてほしい。
ナウザード・ドッグズ公式サイト= http://www.nowzad.com/
寄付ページ= http://www.nowzad.com/donate-now/

訳者あとがき

常識は変わる。

たとえば車のシートベルト。いまでは運転席に座ったとたんに、誰もが反射的にカチッとしめるのがあたり前だが、数十年前に義務化される前は、シートベルトをしめている人のほうがめずらしかったし（調べてみたところ、かつての着用率は三〇パーセントくらいだったらしい）、義務化された当初は、「こんな面倒くさいことをみんながするようになるとはとても思えない」と誰もが（少なくともわたしは）思っていた。しかしいまは、そんな時代があったことも、そんなことを思っていた自分がいたことも想像できないくらいだ。さらに言えば、エスカレータに乗るときには片側に寄って反対側を開けるとか、タバコを吸うときにはまず喫煙していい場所かどうかを確認するとか、犬が散歩の途中でしたフンは袋に入れて持ち帰るとか、そういったことも、何十年か前には「常識」ではなかったと思う。

だからもしかすると、ある日誰かが犬や猫と一緒に暮らそうと思い立ったときに、「まずは保護された動物を見に行ってみようか」と、そう考えることが日本でも常識になる日が、いつかはくるかもしれないと思うのだ。いまはまだ、そんなことは想像もできないけれども。

「人は書かずにいられないから書くのだ」と言った作家がいる。『犬たちを救え！』を最後まで読んでくださった方は、本書の著者ペン・ファージングについて、「犬を助けずにいられないから助ける人」という印象を持ったかもしれない。善悪の判断さえ単純ではない過酷な戦場で、さまざまに逡巡しながらも犬たちを助けることをあきらめないその姿は、常人とは違う特別な情熱に恵まれた人のように見える。しかしそんな著者でさえ、日本語序文を読んでいただけばわかるとおり、アフガニスタンに行く前は動物の保護活動に興味はなかったというのだから、人の運命はわからない。だからこそ思う。きっかけがあれば人は変わるし、社会の常識もそれにつれてきっと変わっていく。

この世界にはかたづけなければいけない問題が山ほどあって、ちょっと想像してみるだけでも、気が遠くなるほどだ。犬や猫だけでも、助けを待っている数がどれだけいるのかと考えると、とてもじゃないがどうにもできないとしか思えない。それでも、一歩ずつ進むことはできる。たとえばコンビニの募金箱におつりを入れたり、動物保護団体が主催するイベントに足を運んだり、夕食の席でこの本の話を家族や友人にすることはできる。人ひとりにはできることは、いつだってシンプルだ。けれど無意味ではない。それを日々、忘れずにいたいと思う。

本書はノンフィクションだが、ひとりの兵士と犬をめぐる冒険物語として読んでも十分におもしろい。一度読みはじめたら、著者と、著者がかかわった犬たちの運命の行き着く先を、きっと知りたくなるだろう。だからこの本を手にとってくださったみなさまには、まずは彼らの冒険を存分に楽しんでほしいし、もし読み終わったあとで、保護された動物に興味を持ったという方がいらっしゃればさらにうれしい。それからできれば、一〇代くらいの子どもたちにも、この本を読んでもらえたらいいなと思っている。いつか常識を変えることができる力をいちばんたくさん持っているのは、やはり子どもたちだから。

うちの三匹の元野良猫たちが、夕飯を求めてわらわらと寄ってくる時間になった。いつか世界中の犬や猫や人間が、みんな暖かい家で暮らせることが常識になる日を願いつつ、猫にカリカリをあげてきます。

北村京子

Japanese translation published by arrangement with
Pen Farthing c/o Aitken Alexander Associates, Inc.
through The English Agency (Japan) Ltd.

［訳者紹介］

北村京子（きたむら　きょうこ）

ロンドン留学後､会社員を経て翻訳者に。共訳書に『世界の宗教』､『ユダの福音書を追え』､『ビジュアル 大世界史』､『ビジュアル 科学大事典』（すべてナショナル ジオグラフィック社）など、訳書に『なぜ、1％が金持ちで、99％が貧乏になるのか？』（作品社）がある。

［著者紹介］

ペン・ファージング（Pen Farthing）

アウトドアを愛し、物事は何であれ徹底的にやり通す性格の著者は、18才のときに英海兵隊に入隊。20年以上にわたってイラクやアフガニスタンでの任務をこなし、本書に書かれているアフガニスタンでの犬の救出活動をきっかけに、ボランティア団体「ナウザード・ドッグズ（http://www.nowzad.com/）」を設立。アフガニスタンの動物たちを救う活動に従事している。同団体や救助した犬たちは、以下のような数々の栄誉に輝いている。

★「バージェス・ウェットノーズ・アウォード」にて、「ナウザード・ドッグズ」が「ヒーロー・アウォード（英雄賞）」を受賞。

★「アニマル・ヒーロー・アウォード2013」にて、「ナウザード・ドッグズ」が救助した犬ブリンが「サービス・アニマル・オブ・ザ・イヤー（年間最優秀介助犬賞）」を受賞。

英国王立動物虐待防止協会（RSPCA）とデイリー・ミラー紙が主催する賞。「サービス・アニマル・オブ・ザ・イヤー」は、極限の環境で人々を守り、奉仕する働きをみせた動物に与えられる。賞を受賞したブリンはかつてはヘルマンド州の基地のそばにいた野良犬で、あるとき、兵たちが進む方向に爆発物があることを吠えて知らせた。その後も彼らのパトロールを先導し、危険を察知すると方向を変えて隊を誘導した。

★同じく「アニマル・ヒーロー・アウォード2013」にて、「ペン・ファージング」が「ライフタイム・アチーブメント・アウォード（生涯功労賞）」にノミネート。

★「クラフツ・ドッグショー」にて、「ナウザード・ドッグズ」が救助した犬ワイリーが「スクラフツ・ファミリー・クロスブリード・オブ・ザ・イヤー（スクラフツ年間最優秀家庭雑種犬賞）」を受賞。

犬たちを救え!

アフガニスタン救出物語

2014年5月 5 日　第1刷印刷
2014年5月10日　第1刷発行

著者――ペン・ファージング
訳者――北村京子

発行者――髙木 有
発行所――株式会社作品社
〒102-0072 東京都千代田区飯田橋 2-7-4
tel 03-3262-9753　fax 03-3262-9757
振替口座 00160-3-27183
http://www.sakuhinsha.com
本文組版――有限会社閏月社
装丁――小川惟久
印刷・製本――シナノ印刷(株)

ISBN978-4-86182-477-7　C0036